Katrin Ledermann/Ulrich Skambraks

Der Griff nach unseren Kindern

Einblicke in ein (un)heimliches Erziehungsprogramm

Die Philosophie des Erziehens
einer Generation
wird die Philosophie des Regierens
der nächsten Generation sein.

Abraham Lincoln

Katrin Ledermann
Ulrich Skambraks

Der Griff nach unseren Kindern

Einblicke in ein (un)heimliches Erziehungsprogramm

Verlag Schulte & Gerth Asslar

Best.-Nr. 15 093
ISBN 3-87739-093-5
1. Auflage Oktober 1988
2., durchgesehene Auflage Dezember 1988
3. Auflage Februar 1989
4. Auflage Juni 1989
Umschlaggestaltung: Wolfram S.C. Heidenreich,
Büro für Kommunikationsdesign, Grafikdesign, Fotodesign – Mainz
Illustration: Uwe Küstner
Satz: Typostudio Rücker & Schmidt, Niederkleen
Druck und Verarbeitung: Ebner Ulm
Printed in Germany

Inhalt

Teil I

(Ulrich Skambraks)

1 Neue Medien – alte Motive

Vorbilder

Mein Kollege stieß mich an: „Schau mal dort, das gibt's doch nicht!"

Als ich mich umwandte, sah ich, wie gerade eine Stichflamme in den Mülleimer zischte – abgefeuert aus einer Spraydose in der Hand eines Neunjährigen! Neben ihm standen zwei Gleichaltrige, die Schultaschen auf dem Rükken.

Nach der Rauchentwicklung zu urteilen, schien es im Abfalleimer zu brennen. Erneut feuerte der Junge einen brennenden Gasstrahl in die Mülltonne. Ohne sich der lebensgefährlichen Situation bewußt zu sein, ließen sich die drei Jungen von dem Feuerwerk aus der Spraydose faszinieren.

Erst nach dem aufklärenden Gespräch mit ihnen wurde mir klar, wie sie auf diesen lebensgefährlichen Spaß gekommen waren. Am Abend zuvor hatte das „Erste Deutsche Fernsehen" den James-Bond-Film „007: Leben und sterben lassen" ausgestrahlt. In diesem Krimi jagt Sonderagent 007 einen Rauschgifthändler, der den Coup des Jahrhunderts starten will. In der spannenden Handlung kommt es auch zu einer Badezimmerszene, in der Roger Moore als James Bond von einer giftigen Schlange bedroht wird. Der Agent, eine Zigarre im Mund und nur spärlich mit einem Bademantel bekleidet, reagiert eiskalt: Blitzschnell greift er zu einer Spraydose und entzündet deren Gasstrahl an seiner Zigarre. Mit dem exakt treffenden Feuerstoß streckt er das todbringende Reptil nieder. Was die Jungen einen Tag später ausprobierten, hatte Superagent Bond ihnen also im heimischen Wohnzimmer vorgemacht: per Fernsehen!

Welche Folgen Medienvorbilder haben können, zeigt ein ganz anderes Beispiel aus den fünfziger Jahren. Als der amerikanische Filmschauspieler und Frauenliebling Clark Gable in einem Kinofilm sein Oberhemd auszog und darunter das übliche Unterhemd nicht zu entdecken war, geriet die amerikanische Unterwäscheindustrie vorübergehend in eine Krise. Das genaue Gegenteil erlebte Anfang 1988 ein Unternehmenszweig ganz anderer Art: Nach der Ausstrahlung der sechsteiligen Fernsehserie „Anna" klingelten bei deutschen Ballettschulen die Telefone heiß; das Schicksal des Mädchens Anna, dem nach einem schweren Unfall eine Karriere als Ballettänzerin gelingt, löste bei deutschen Ballettschulen einen Riesenboom aus! Der Leiter der Ballettschule Carrasz in Siegen: „Da kann man sehen, wie das Fernsehen doch manipulieren kann."

Wie gefährlich diese Manipulationen werden können, belegt nicht nur das Spraydosen-Feuerwerk der Schuljungen: „Ruhig geht das blonde Mädchen auf die Autobahnbrücke bei Regensburg zu. Es trägt nur Jeans und einen Pulli. Dabei ist es empfindlich kalt an diesem Nachmittag des 9. Februar. Die 15jährige scheint die Kälte nicht zu spüren. Sie wirkt wie hypnotisiert, schaut starr auf den rasenden Verkehr hinunter. Die Schülerin sieht nicht den Wagen, der an der Brückenauffahrt im Schlamm steckengeblieben ist. Sie sieht auch nicht, wie ihre Mutter aus dem Auto springt, und sie hört nicht, wie die Mutter verzweifelt ihren Namen schreit. Zu laut dröhnt der Verkehr über die Autobahn. Unbewegt steht Eva am Brückengeländer. Als sich ein riesiger österreichischer Kühllastzug nähert, geht sie auf die andere Seite und klettert auf das brusthohe Eisengeländer. Mutter M. rennt wie noch nie in ihrem Leben. Sie ist nur noch 50 Meter entfernt, als sie ihre Tochter in den Tod springen sieht. Der Körper des Mädchens schlägt mit solcher Wucht auf das Führerhaus des Kühllastzuges, daß das Dach einknickt und die Windschutzscheibe platzt. Dann wird Eva auf die Fahrbahn geschleudert und von dem 36-Tonner überrollt."[1]

Der Vater des Mädchens, ein Regensburger Pädagoge, glaubt, der Tod seiner Tochter sei durch eine Fernsehserie provoziert worden. Auch die 17jährige Nadja hatte diese Fernsehfilme gesehen. Drei Tage nach dem Autobahnselbstmord von Regensburg legt sie sich auf Zugschienen und wird von den Stahlrädern einer Lokomotive getötet. Nadja machte es so wie der 19jährige Schüler Claus Wagner aus der Fernsehserie „Tod eines Schülers". Auch der Gymnasiast Andi R. ging so in den Tod – zwei Stunden nachdem er mit Freunden den Fernsehselbstmord angesehen hatte.

Nach Untersuchungen des Mannheimer Psychiaters Prof. Heinz Häfner kopieren viele Jugendliche die Selbstmorde, die sie im Fernsehen sehen. Seiner Meinung nach dürfte die Fernsehserie „Tod eines Schülers" bei ihrer Erstausstrahlung 1981 zum Tode von 50 bis 100 Jugendlichen geführt haben. Der Experte hatte herausgefunden, daß die Zahl der 15-19jährigen jungen Männer, die sich vor einen Zug geworfen hatten, nach der Ausstrahlung der TV-Serie 1981 um 175 Prozent angestiegen ist. Der Kreis der Selbstmörder entsprach nach Altersgruppe und Geschlecht der Hauptfigur Claus Wagner. Auch bei der zweiten Ausstrahlung ein Jahr später habe man 16 Wochen lang eine erhöhte Zahl von „Eisenbahn-Selbstmorden" festgestellt. Robert Stromberger, der Autor der umstrittenen TV-Reihe, weist Vorwürfe zurück: „Man kann es sich nicht so einfach machen. Zu sagen: Hier ist ein Film gelaufen, und das sind die schrecklichen Folgen, ist zu simpel."[2] Der Drehbuchautor wollte mit seinen Filmen das genaue Gegenteil erreichen: gefährdete Jugendliche sollten durch die Filmgeschichten von Selbstmorden zurückgehalten werden.

Nicht nur dieses Beispiel zeigt eindrücklich, wie schwer die Wirkung der Medieninhalte abzuschätzen ist. Diese Erkenntnis zieht sich wie ein roter Faden auch durch eine Studie der Kommission für Medienwirkungsforschung, die von der Deutschen Forschungsgemeinschaft (DFG) 1980 eingerichtet wurde. Die Kommission fand 1987 nach Durchsicht von 250 wissenschaftlichen Arbeiten der letzten zwölf Jahre heraus, daß eine direkte Wirkung der Medien nur schwer nachweisbar ist. Daß aber Wirkungen bestehen, belegen eher alltägliche Begebenheiten. So berichtete Martina Hatzenberger, Kinderkrankenschwester in einem Unfallkrankenhaus, daß Kinder in der Aufwachphase nach schweren Unfällen oder aus der Narkose von schlimmen Alpträumen gequält würden: „Die schreien, schlagen um sich, beißen. Die phantasieren von Zombies und weinen: ‚Laßt mich raus aus dem Grab.‘ Das zeigt, wie viel im Unterbewußtsein ist, was die Kinder nicht verarbeitet haben.“[3]

Diese Kinder hatten Horrorfilme der fürchterlichsten Sorte angeschaut, die in ihrem Unbewußten Spuren hinterlassen hatten. Was jedoch so alles in die Seelentiefe absackt und dort für Auswirkungen sorgt, ist nach 20 Jahren Forschung immer noch umstritten. Eine klare Aussage über die Wirkung beispielsweise von Fernsehen und Video auf Kinderseelen fehlt bis heute.

Eines scheint jedoch geklärt. Der Referent für Film/AV-Medien in der „Zentralstelle Medien der Deutschen Bischofskonferenz“, Dr. Reinhold Jacobi, formuliert es für den Bereich Kino so: „Kino bedeutet für Jugendliche und junge Erwachsene eine nicht unerhebliche Möglichkeit von Erfahrungs- und Erkenntniszuwachs, gebündelt als Erleben von vorgestellten Lebenssituationen anderer Menschen, anderer Zeiten, anderer Länder. Eigene begrenzte Erfahrungsmöglichkeiten werden erweitert um die Erfahrung der je neuen Filmwelt.“[4]

Und so eine neue, fremde Filmwelt stellt sich seit Anfang

der achtziger Jahre im Kino und per Video vor. Es ist die Welt der „Ninjas".

Man sucht diesen Begriff in Meyers Lexikon vergeblich, ebenso im Duden oder der Encyclopedia Britannica. Die Ninjas waren vor mehr als tausend Jahren japanische Elite-Krieger, die sich gegen ihren Kaiser zur Wehr setzten. Wegen ihrer sagenumwobenen Fähigkeiten, sich lautlos und nahezu unsichtbar zu bewegen, wurden sie später als Geheimagenten, Guerillas und bezahlte Killer eingesetzt.

Die geheimnisvollen Schattenkämpfer aus dem fernen Japan waren bis vor wenigen Jahren im europäischen Raum fast unbekannt. Publik gemacht durch zahlreiche Filme, Bücher und Zeitschriften, ist in Deutschland ein wahrer Ninja-Boom entstanden. Mittlerweile gibt es sogar eine europäische Ninja-Organisation mit etwa 800 Ninjas allein in Deutschland. Ninjas trainieren sich in der Ninjutsu-Technik, die Körperschulung, Selbstverteidigung und Überlebenstraining beinhaltet. Doch neben den ernsthaften Schattenkriegern gibt es Tausende von „Wald-und-Wiesen-Ninjas", die aus ihrem tristen Alltag gerne in die irreale Welt der Ninjas flüchten.

Diese irreale Welt, in der Konflikte mit Gewalt gelöst werden, wird mittlerweile durch zahlreiche Bücher und Videos ins Haus gebracht, von denen viele durch die „Bundesprüfstelle für jugendgefährdende Schriften" in Bonn als nicht jugendfrei eingestuft wurden. Einer der Prüfer, der Regierungsrat Gerhard Adams, begründet das so: „Da werden in Bild und Text Kampftechniken gezeigt, die regelmäßig tödlich ausgehen. Da ist Gewalt zum Selbstzweck geworden. Außerdem werden die Ninjas als Terrororganisation verherrlicht."[5]

Gefördert durch verschiedene Medien, zeigte diese Ninja-Welle schon erste, schlimme Folgen: Der 23jährige Frank N. überfiel ganz in Schwarz mit Maske und Kapuze ein Behindertenheim im niederbayrischen Deggendorf und richtete mit seinem Ninja-Schwert ein Blutbad an. Daß dieses leider kein Einzelfall ist, beweist eine andere Begebenheit aus der pfälzischen Kleinstadt Lambrecht. Dort brachte im Februar 1987 der 19jährige Kai Metzmann mit einem Schwert und einem Gewehr seine Eltern und seine Schwester um, weil er an das Millionenvermögen kommen wollte. Die Mordtat verübte er als Ninja. „Die Maske hat mir die richtige Kraft verliehen“[6], gestand er später. Polizeibeamte fanden in seinem Zimmer zahlreiche Videos und Zeitschriften über Ninjas.

In seinem Gerichtsgutachten bemerkte der Psychatrie-Professor Johann Glatzel von der Universität Mainz: „Dort, wo die Realität seiner Vorstellung nicht entspricht, sich nicht bereit erweist, seinen Wünschen zu folgen, seine Sehnsüchte zu realisieren, zieht er sich in eine eigene Welt zurück, die er mit Helden, fernöstlichen Kämpfen und Dämonen bevölkert.“[7] Der Professor hält den Jungen für schizoid, leidend unter einem gespaltenen Bewußtsein. Nicht Kai Metzmann begehe diese grauenvollen Taten, sondern der Ninja Metzmann.

Wie sehr Ninja Metzmann eventuell auch durch die religiösen Elemente in den Ninja-Publikationen beeinflußt worden ist, wurde der Öffentlichkeit nicht mitgeteilt. Doch daß fernöstliche Philosophien und Religionselemente in die Ninja-Geschichten eingearbeitet sind, ist unübersehbar. Und daß von solchen religiösen Bestandteilen eine versteckte Wirkung ausgehen kann, zeigt ein anderes Beispiel.

Als neunjähriger Junge hatte er sein erstes übersinnliches Erlebnis mit ES, einer Superintelligenz aus dem Universum. ES gewährte dem Kind Einblicke in kosmische Gegebenheiten. Doch der Junge wird später keine bewußten Erinnerungen an dieses Erlebnis haben. Seit diesem Zeitpunkt jedoch ist in ihm die unstillbare Sehnsucht nach den Sternen geweckt. Rund dreißig Jahre später bricht er als Astronaut mit seinem Raumschiff „Stardust“ zu einer Mondlandeexpedition auf. Nach der geglückten Landung trifft er auf dem Mond mit Angehörigen einer außerirdischen Zivilisation zusammen.

Einige Jahre später kommt es zur ersten bewußten Begegnung mit ES auf dem Planeten Wanderer, dem Sitz der unsterblichen Superintelligenz. Dem Weltraumpiloten widerfährt eine Zelldusche, die sein biologisches Alter auf dem aktuellen Stand „einfriert". Aussehen und Vitalität des Zellduschenempfängers ändern sich nun 62 Jahre lang nicht mehr. Später gründet der Weltraumfahrer die „Terranische Weltregierung" und erhält weitere Einblicke in kosmische Zusammenhänge und in die Bestimmung der Menschheit. Er lernt auch noch weitere, höhere Intelligenzformen kennen: die „sieben Mächtigen" und die „Kosmokraten".

Der neunjährige Junge, der später zum Weltraumfahrer wird, die Menschheit eint und sie zu den Sternen führt, hat natürlich nie wirklich gelebt. Er ist eine Phantasiefigur, die 1961 in Deutschland das Licht der Welt erblickte. Mittlerweile sind von seinen Abenteuern über eine Milliarde an den Mann gebracht worden – in Heftchenform. Möglicherweise werden demnächst weitere Milliarden von Romanheftchen und Taschenbüchern hinzukommen, denn China und Indien haben ihr Interesse für diese Serie angemeldet. 1988 wird der 1400. Band fertig sein, der „selbst die ‚alten Hasen' unter den Lesern verblüffen und Neueinsteiger mit einem ganzen Kosmos voller Wunder und Abenteuer konfrontieren wird."[8]

Dieser Kosmos voller Wunder, übersinnlicher Fähigkeiten, höherer Geistwesen und fremder Intelligenzen wurde einem Weltpublikum durch den Weltraumerkunder *Perry Rhodan* nahegebracht. Die Serie gilt als eine der erfolgreichsten auf dem Romanheftchenmarkt. In den Zeitschriftenabteilungen der Supermärkte, in Buchhandlungen, aber auch an Bahnhofskiosken sind die Science-fiction-Abenteuer zum Taschengeldpreis zu erstehen.

Mittlerweile gibt es Hunderte von Perry-Rhodan-Fanclubs, in denen zumeist Jugendliche sich intensiv mit der

Science-fiction-Welt von Perry Rhodan auseinandersetzen. Die Beschäftigung bleibt nicht ohne Auswirkungen. Reinhard Feldmann, 1983 Vorsitzender des Perry-Rhodan-Fanclubs „Laire“: „Man bekommt eine andere Welt vorgestellt. Man kann sich in anderen Gedankenbahnen üben. Man kann sich auch vorstellen, daß es Lebewesen geben könnte, die in der Mentalität so verschieden von dem Menschen sind, daß man sie begreifen lernen muß … Ich würde alles dransetzen, um eine Reise aus dem Erdenbereich ’raus zu unternehmen, um selbst meinen Beitrag dazu zu leisten, Geheimnisse, von denen wir umgeben sind, zum Teil zu lüften.“[9]

Wie dieser Fanclub Geheimnissen auf die Spur kommen will, führte er einem Fernsehteam des Westdeutschen Rundfunks vor. Ähnlich wie „ihr“ Held Perry Rhodan wagten einige Clubmitglieder einen Vorstoß in eine andere Welt: In einer spiritistischen Sitzung versuchten sie, mittels eines dreibeinigen Tischchens fremde Intelligenzen, Geister aus dem Jenseits, zu befragen.

Wie sehr sich übersinnliche Inhalte über Medien auf die religiöse Gesinnung von jungen Menschen auswirken können, erlebten amerikanische Militärpfarrer im Zweiten Weltkrieg bei einer anderen Heftchen-Heldenfigur. Beunruhigt stellten Geistliche fest, daß junge Soldaten ihr Vertrauen auf Superman, einen Ersatzchristus, setzten, der als Held in Comic-Heften Bedrängten zu Hilfe eilt. „Die Soldaten verhielten sich so, weil es ihnen die Medien so leicht machten, sich Superman vorzustellen, wohingegen Christus, der nur durch das geschriebene und gesprochene Wort zu erfassen war, eine Schattengestalt blieb. Eine ähnliche Verschiebung könnte sich heute wieder vollziehen. Eine Umfrage an englischen Schulen ergab erst kürzlich, daß Teenager eher an außerirdische Wesen glauben als an Christus. Der Stall von Bethlehem ist für die Jugend etwas, was man ihr einzureden sucht, aber Froschmänner, die von der Venus kommen, sind real.“[10]

Die ersten Comic-Hefte mit Superman erschienen 1939 in Amerika. Aus dem „Land der unbegrenzten Möglichkeiten" kommt auch der Superman der achtziger Jahre, der in vielen Kinderzimmern zu Hause ist. Er heißt „He-man" und gehört zu den „Masters of the Universe", den „Giganten des Universums".

Die Masters sind 14,5 Zentimeter hohe Spielzeugfiguren aus Plastik, die, in zwei Gruppen aufgeteilt, gegeneinander kämpfen. He-man ist die wichtigste Figur im Universum, der Anführer der Guten, der stets gegen „Skeletor", den Anführer der Dämonen der Unterwelt, gewinnt.

Auch bei diesem Spielsystem sind zentrale Glaubenselemente eingearbeitet, die bei Kindern religiöse Vorstellungen produzieren. Wie sich diese Glaubensinhalte bemerkbar machen können, zeigt folgendes Beispiel: „Eine Mutter und ihr kleiner Sohn fuhren im Auto und hörten eine Predigt im Radio. Der Prediger begann zu beten: ‚Unser Gott, Herr des Universums ...' Der kleine Junge sprang vom Rücksitz des Autos auf und sagte: ‚Mama, Gott ist nicht der Herr des Universums. Das ist He-man!'"[11]

Fantasy: Märchen und Sagen im neuen Gewand

Die Spielfiguren von „Masters of the Universe" gehören zu einem Bereich, der heute mit „Fantasy" überschrieben wird. Dieser Begriff, der aus dem Amerikanischen kommt, entstand um 1970. Seitdem gibt es Fantasy-Filme, Fantasy-Bücher, Fantasy-Spiele, Fantasy-Spielzeug usw.:

- Für den Filmbereich sind Hollywood-Großproduktionen wie „E.T." oder der Filmdreiteiler „Krieg der Sterne" zu nennen, aber auch „Das letzte Einhorn", „Der dunkle Kristall" oder die „Glücks-Bärchi-Filme".
- Bei den Büchern war es der Engländer J.R.R. Tolkien, der mit seinem „Herr der Ringe" den Hauptstartschuß

gab. Tausende von weiteren Titeln folgten, beispielsweise Michael Endes „Die unendliche Geschichte“ oder Marion Zimmer-Bradleys „Die Nebel von Avalon“.

- Im Bereich der Fantasy-Spiele ist „Das schwarze Auge“ hervorzuheben, das neben vielen anderen Fantasy-Gesellschaftsspielen in der Bundesrepublik zu den erfolgreichsten gehört.
- Beim Spielzeug sind die „Giganten des Universums“ unumstritten die Nummer 1.

Welche Inhalte viele Fantasy-Produkte eigentlich beleben, verdeutlicht ein Abschnitt aus einer „Eltern-Informationsbroschüre“ des „Masters of the Universe“-Herstellers Matel: „Der Psychologe Dr. Christian Büttner sieht die Masters deshalb als ein sehr zeitgerechtes Spielmittel an: ‚Es stellt eine Märchenwelt in Plastik als Abbild von heute scheinbar unbegrenzten technischen Möglichkeiten dar. Die dazugehörigen Gestalten der Masters finden sich in abgewandelter Form genauso in der griechischen Mythologie wie auch in alten Abbildungen aus dem Mittelalter.‘ Unumstritten ist die Feststellung des Psychoanalytikers Bruno Bettelheim, daß Kinder einfach Märchen brauchen. Modernes Aktionsspielzeug, wie es die Masters of the Universe sind, macht nach Ansicht der Psychologin Grosser nichts anderes, als alte Märchenthemen wieder aufzugreifen und in abgewandelter Form zum Spiel anzubieten.“[12]

Vieles von dem, was heute unter dem Oberbegriff „Fantasy“ rangiert, baut auf Grundelementen aus Märchen, alten Sagen und Mythologien auf. Dabei ist auffällig, daß gerade das Thema „Religion“ immer wieder ausführlich zur Sprache kommt.

Die Märchen und ihre religiösen Botschaften

Der bekannte amerikanische Kinderpsychologe Bruno Bettelheim bemerkt in seinem Buch „Kinder brauchen Märchen“: „Die meisten Märchen entstanden in Zeiten, in denen die Religion ein wichtiger Teil des Lebens war; deshalb behandeln sie religiöse Themen direkt oder indirekt. Die Geschichten aus ‚Tausendundeiner Nacht‘ stecken voller Bezüge zur islamischen Religion. Sehr viele westliche Märchen haben religiöse Inhalte; meist sind sie aber heute in den Hintergrund getreten und sind der breiten Leserschaft unbekannt, eben weil diese religiösen Themen bei vielen keine universellen und persönlich bedeutsamen Assoziationen mehr wecken.“[13]

Bettelheims Einschätzung, daß die religiösen Inhalte der Märchen in den Hintergrund gerückt seien, erfolgte Anfang der siebziger Jahre. Just zu diesem Zeitpunkt begannen sich allerdings die Voraussetzungen für diese Beurteilung grundlegend zu ändern. Ganz bestimmte religiöse Themen rückten geradezu sprungartig in den Vordergrund, damals zuerst und am deutlichsten feststellbar im sonnigen US-Staat Kalifornien, dem High-Tech-Superzentrum Amerikas. Im Land der Waffenindustrie und der Computer schossen die Sekten, die Psychoreligionen und Guru-Kulte wie Pilze aus dem Boden. Ein religiöses Erwachen durchfieberte das Land des damaligen Gouverneurs Ronald Reagan. Dieses Erwachen führte zu einer Bewegung, die schon bald die Grenzen Kaliforniens überschritt. Unter der Bezeichnung „New Age“ begann sie, das christliche Abendland zu erobern.

Wenn Fantasy-Produkte so sehr auf Märcheninhalten aufbauen und Märchen sich wiederum sehr stark um religiöse Themen drehen, taucht die Frage auf: Kann man eventuell mit Fantasy Kinder und Jugendliche religiös erziehen? Genau diese Frage behandelte eine Hörfunksendung in der Reihe „Forum Religion“ des Deutschlandfunks. Der Hamburger Religionspädagoge Wolfgang Longardt, Spezialist für neue Formen, für neue Bilder und Gleichnisse in Kindergarten- und Gottesdienst-Kreisen, äußerte sich auf die Anfrage des Moderators Herbert A. Gornik:

„*Gornik:* Es ist also ganz legitim, mit Fantasy, mit diesen neuen Geschichten und Vergleichen religiös zu erziehen. Gibt es Prinzipien, die Eltern beachten sollten, gibt es Dinge, die heute sehr wichtig sind, wenn biblische Grundverhalte neu übersetzt werden in die Sprache und Erfahrungswelt der Kinder?
Longardt: Doch, ich möchte drei Grundanliegen nennen: Das erste sprach ich schon an, die verkürzte Wirklichkeit öffnen für Unsichtbares, öffnen für das Erahnen von Transzendentem, für Dinge, die unsere vordergründige Wirklichkeit übersteigen.
Und das zweite ist dann, ich glaube, wir brauchen eine Einigung in der Sprache der Symbole; denn die Symbole sind ja Grundbestandteil der religiösen Sprache überhaupt.
Und das dritte wäre dann: Wir brauchen Geschichten, die eine Hoffnungsbotschaft haben.
Und all diesen drei Kriterien genügen die Fantasy-Geschichten auf phantastische Weise.“[14]

Die religiöse Erziehung durch Fantasy-Inhalte wurde in der Sendung des Deutschlandfunks am Beispiel der siebenbändigen Narnia-Serie des englischen Autors C.S. Lewis verdeutlicht. Die Narnia-Geschichten versuchen die christliche Heilslehre von der Erschaffung der Welt über den Opfertod Christi bis hin zum jüngsten Gericht auf zauberhafte Weise als Hintergrund spannender Abenteuer zu verarbeiten. Leser mit christlichem „Grundwissen“ werden die christlich-religiösen Bezüge der Lewis-Bücher schnell herausfinden. Ein Buddhist dagegen wird die „christliche Symbolsprache“ weder verstehen noch deuten können. Bruno Bettelheim erklärt dazu: „Die bewußten und unbewußten

Assoziationen, die das Märchen im Hörer weckt, hängen von seinem allgemeinen Bezugsrahmen und seinem persönlichen Anliegen ab. Religiöse Menschen finden daher im Märchen sehr viel Bedeutsames ..."[15]

Daß seit Anfang der siebziger Jahre Sagenhaftes und Märchenhaftes einen Riesenboom erlebt, hat besondere Gründe. Immer mehr Menschen haben das Bedürfnis, eine Wirklichkeit hinter der Wirklichkeit aufzuspüren. Dies ist ein zutiefst religiöses Anliegen, auf das die Medien mit ihren Fantasy-Produkten eingehen. Schon seit Jahren werden Millionen von Kindern und Jugendlichen religiös erzogen – durch Fantasy. Dieses eher verdeckte Erziehungsprogramm konnte aber nicht einfach so starten. Erst durch den Eintritt ins Bildzeitalter wurde diese religiöse Beeinflussung möglich. Die Bilderflut von der Kinoleinwand, aus den Fernsehkanälen oder Videorekordern, von der Computerdiskette oder schlicht als Comic schwemmt eine ganz bestimmte Art der Religiosität in die Seelen der Zuschauer.

Wer das Zusammenspiel zwischen diesen religiösen Inhalten und dem Transportmittel Bild durchschaut, dem wird schlagartig bewußt, daß zur Zeit das Christliche am Abendland sanft aus den Angeln gehoben wird. Der Hebel dazu setzt offensichtlich an der schwächsten Stelle an: bei den Kindern und Jugendlichen. Um dieses Erziehungsprogramm in seiner Arbeitsweise und seinen Zielen umfassend verstehen zu können, müssen wir zunächst beleuchten, zu welchen Glaubensvorstellungen vor allem junge Menschen bekehrt werden sollen.

Dies kann nicht auf zwei, drei Buchseiten geschehen. Deshalb werden die nächsten Kapitel ausführlich das Glaubensgebäude beschreiben, in dem sich die Erwachsenen von morgen zu Hause fühlen sollen.

2
Was ist neu am Programm des Neuen Zeitalters?

Prophezeiungen für eine goldene Zukunft

Tschernobyl, Ozonloch, AIDS, Robbensterben – mehr und mehr macht sich in der Menschheitsfamilie eine „Kurz-vor-zwölf-Stimmung“ breit, eine Endzeitatmosphäre, in der angsterfüllte Menschen bereitwillig nach jedem Strohhalm greifen, der sowohl ihnen als auch dem Rest der Welt Hilfe und Hoffnung verheißt. Und tatsächlich, plötzlich tauchen solche rettungsverdächtigen Strohhalme auf! Hans-Jürgen Ruppert beschreibt die Situation in einem Buch mit dem Untertitel „Endzeit oder Wendezeit?“: „Das Merkwürdige ist nun, daß in ein und derselben, von Ängsten, Resignation und endzeitlicher Katastrophenstimmung geprägten Zeitepoche eine Strömung auftritt, die einen völlig entgegengesetzten, scheinbar noch nie gekannten Optimismus im Blick auf die Zukunft verbreitet, in dem sie an die Stelle der um sich greifenden Endzeitstimmung die Ankündigung von einer bevorstehenden großen Wendezeit setzt ...“[16]

Die deutsche Frauenzeitschrift „Brigitte“ schrieb im Frühjahr 1987 in einer groß angelegten Serie über die neuen Lebensziele: „Eine stille Revolution findet statt in Deutschland. Nicht auf Straßen und Plätzen, sondern in den Köpfen der Menschen. Über den Sinn des Lebens wird so intensiv nachgedacht wie schon lange nicht mehr.
Die Angst vor Atomkatastrophen, das Entsetzen über immer neue Umweltskandale, die Furcht vor AIDS läßt viele

umdenken. Es ist ein Umdenken, wie es vielleicht seit Jahrhunderten nicht mehr stattgefunden hat. Unkontrollierter technischer Fortschritt, grenzenloses Wachstum, Konsum als Lebensinhalt – dies sind fragwürdige Ziele geworden."[17]

Nicht nur in Deutschland erkennen immer mehr Menschen, daß man viel zu lange einen falschen und gefährlichen Kurs gefahren ist. Jetzt, wo der Luxusliner zu kentern droht, heißt es für viele: Nichts wie runter von dem sinkenden Schiff! Genau in diesem Moment taucht am Horizont ein geheimnisvoller Rettungskreuzer auf. Als er Ende der sechziger Jahre in See stach, lächelte so mancher über die Besatzung. Sie bestand aus bunt angezogenen, langhaarigen, flippigen Blumenkindern – Hippies. Sie hatten verrückte Ideen und verkündeten Parolen wie: „Make love not war! – Mach Liebe, nicht Krieg!"

Damals entstand ein Lied, das bald zu einem Welthit werden sollte: „Aquarius/Let the Sunshine in" von der amerikanischen Pop-Gruppe „The 5th Dimension". Dieser Song aus dem Musical „Hair" spricht von einem neuen Zeitalter, dem „Wassermannzeitalter": „Wenn der Mond im siebten Hause steht und Jupiter sich mit Mars verbindet, dann wird Frieden unseren Planeten leiten, und Liebe wird die Sterne steuern. Dies ist die Morgendämmerung des Wassermannzeitalters." Weiter heißt es, „Harmonie und Verständnis, Mitleid und Vertrauen" würden dieses Wassermann-Zeitalter bestimmen. „Visionen und Träume" werden prophezeit, „mystische Kristalloffenbarungen und eine Befreiung des Bewußtseins ..."[18]

Die Vorstellung von einem kommenden Wassermannzeitalter war damals, als das Lied entstand, keineswegs neu. Uralte Prophezeiungen der Hopi-Indianer, der Mayas und der Azteken lassen auch auf ein solches Zeitalter des Friedens schließen. Aber nicht nur die alten Indianervölker prophezeiten einen solchen neuen Zeitabschnitt, auch aus anderen Quellen sprudeln Vorhersagen für diese Zeit.

Zwei Damen und die Meister des Wassermannzeitalters

Eine dieser Quellen tat sich Anfang dieses Jahrhunderts durch eine Frau namens Alice Ann Bailey auf. Nach einer gescheiterten Ehe mit einem Pfarrer der Episkopalkirche geriet die Engländerin an zwei Theosophinnen, die die alleinerziehende Mutter in geheimnisvolle Lehren einführten. Die beiden Vertreterinnen der Theosophie vertrauten einem Gedankengut, das ebenfalls durch eine Frau in die Welt gesetzt wurde – durch Helena Petrovna Blavatsky (1831 - 1891), kurz Mme. Blavatsky genannt. Auch sie trug durch ihre Lehren und Weisheiten einen bedeutsamen Teil zum Fundament für das „Neue Zeitalter" bei. Ihre Informationen erhielt die Russin aus einer Welt, die sich jenseits des normalen Menschenverstandes befindet: Sie verkehrte mit Geistern, mit jenseitigen „Meistern", die zu einer „großen weißen Bruderschaft" gehören sollen. 1875 gründete sie mit dem amerikanischen Obersten Henry Steel Olcott die „Theosophische Gesellschaft", von der sich schon bald zahlreiche konkurrierende Bewegungen abspalteten. Eine von ihnen wurde von dem ehemaligen Theosophen Rudolf Steiner ins Leben gerufen: die „Anthroposophische Gesellschaft".

Die Mitbegründerin der Adyar-Theosophie (nach dem späteren Sitz der Theosophischen Gesellschaft in Adyar bei Madras/Indien benannt) erhielt ihre Geheimlehren von Wesenheiten, für die das Neue Zeitalter eine wichtige Epoche sein soll. „Die Adyar-Theosophie hatte sich unter den Nachfolgern Blavatskys immer stärker zu einer Art hinduistisch-buddhistischem Spiritualismus mit ein paar mehr oder weniger christlichen Bestandteilen (J. Aagaard) entwickelt. Im Zentrum ihrer stark spiritistischen Weltanschauung steht die Konzeption der großen weißen Bruderschaft der aufgestiegenen Meister. Von diesen Meistern oder Mahatmas, die die göttliche Hierarchie gegenüber dem Menschengeschlecht vertreten und zu denen beispielsweise

Mme. Blavatskys Meister Kut Humi (auch Kulthumi, Koot humi oder K.H.) sowie Djwhal Khul (sprich: Daal Kul), Meister Morya, Serapis Bey, der Graf Saint Germain oder auch der aufgestiegene Meister Jesus gehören, empfangen die religiösen Führer oder Führerinnen ihre Botschaft. (Schon immer spielen Frauen in der theosophischen Bewegung, wie auch in manchen gnostischen Sekten des Altertums, aufgrund ihrer medialen Fähigkeiten eine zentrale Rolle!)“[19]

Von diesen „Meistern“, die aus einem unsichtbaren Jenseits heraus herrschen wollen, erhielt auch Alice Ann Bailey Informationen. Sie schrieb bis zu ihrem Todesjahr 1949 annähernd zwei Dutzend Bücher mit präzisen Anweisungen für die Jünger der „Meister“ in der zweiten Hälfte des 20. Jahrhunderts – für unsere heutige Zeit! In den Werken der Engländerin tauchen zum allerersten Mal der Begriff „Wassermannzeitalter“ und der Fachausdruck „New Age“ (Neues Zeitalter) auf. Jetzt, rund 50 Jahre später, soll es da sein. Die Zeitschrift „esotera“ schrieb in ihrer Ausgabe März/1988: „New Age ist ’in‘. Daran zweifeln momentan nicht einmal von Berufs wegen skeptische Journalisten mehr. Kein Massenmedium – kein Fernsehsender, keine überregionale Tageszeitung, keine bekannte Illustrierte, kein Buchverlagsprogramm –, das nicht in den letzten Wochen und Monaten massiv auf das Thema eingegangen wäre. (...)

Amerika ist das Ursprungsland des Begriffes „New Age“ und der Bewegung. Aber zurück geht die Namensfindung auf die weit ältere astrologische Vorstellung von einem ungefähr jetzt beginnenden ‚Zeitalter des Wassermannes‘.“[20]

2000 Jahre lang soll die Menschheit im „Fischezeitalter“ gelebt haben, doch diese Periode ist jetzt angeblich abgelaufen. Nach den „Fischen“ kommt als nächstes Tierkreiszeichen im Weltenjahr der „Wassermann“, deshalb wird dieser Zeitabschnitt danach benannt. Das Wassermannzeitalter soll sich von allen anderen Epochen der bisherigen Menschheitsgeschichte unterscheiden. Dieser neue Zeitabschnitt soll nämlich paradiesisch werden. Unter anderem wird von verschiedenen New-Age-Propheten folgendes angekündigt:

- Verständnis, Vertrauen und Liebe werden die zwischenmenschlichen Beziehungen bestimmen. Eine bisher nicht gekannte Qualität der Menschlichkeit wird dadurch erreicht, daß die Gesellschaft transformiert, umgestaltet wird.
- Nicht mehr die Ausbeutung, sondern eine Harmonie mit der gesamten Natur wird ebenso dazu gehören wie ein weltweiter Friede.
- Ein „Universales Weltreich“ wird angekündigt, mit einem Weltsozialismus, einem neuen Wirtschaftssystem, in dem es keinen Mangel und keine Armut mehr geben wird.
- All dies wird möglich sein, weil die Erdbevölkerung zu einer höheren Evolutions- und Bewußtseinsstufe aufsteigt.

Verständlich, daß bei solchen Verheißungen eine Menschheit aufhorcht, die schwer ins Schleudern geraten ist und auf einen tödlichen Abgrund zu taumelt. Aber wie soll diese Vision Wirklichkeit werden, wie ein Paradies auf Erden entstehen können? All die, die bereits an dieses New-Age-Paradies glauben, wissen darauf eine Antwort.

Die Parole heißt: Bewußtseinswandlung

Michael Ende, Autor der Buch-Weltbestseller „MOMO“ und „Die unendliche Geschichte“, sieht diesen Wandel kommen: „Das naturwissenschaftliche Zeitalter, beginnend mit Galilei und Newton, ist zu Ende. Daß das Gros der zivilisierten Menschheit das noch nicht bemerkt hat oder bemerken will, hat wohl hauptsächlich wirtschaftliche Gründe. Man will noch nicht wahrhaben, daß der Traum vom Fortschritt im materiellen Sinne ausgeträumt ist. Zweifellos wird diese Tatsache zu einer ungeheuren Bewußtseinswandlung führen. Ganz andere Fragen als die des 19. und 20. Jahrhunderts werden schon in naher Zukunft in den Mittelpunkt des Interesses treten. Ich versuche, in dem bescheidenen Maß, das uns Heutigen gegeben ist, an dieser kommenden Bewußtseinswandlung mitzuwirken."[21]

Bewußtseinswandlung, das ist das Stichwort. Schaut man in das Duden-Bedeutungswörterbuch, so findet man für „Bewußtsein" zwei Erklärungen: „1. Zustand geistiger Klarheit, 2. Das Wissen um etwas; persönliche Überzeugung, Gewißheit".[22] Um diese zweite Bedeutung geht es bei der angesprochenen Bewußtseinswandlung: Jeder Mensch soll mit einem neuen Wissen versehen werden, das ihn nach und nach in seinem Denken und Handeln verändern soll.

Nicht nur Michael Ende arbeitet an der Bewußtseinswandlung mit. Mittlerweile sind es schon viele Tausende, die rund um den Globus für diese Veränderung eintreten. Sie wirken in der Politik, den Medien, den Universitäten, den Kirchen, den Volkshochschulen, in Industrie und Wirtschaft – an verschiedensten Orten. Ihr Plan ist es, das menschliche Bewußtsein für ein neues, goldenes Zeitalter zu präparieren – für das New Age.

Die New-Age-Leute sind in keiner bestimmten Vereinigung straff organisiert. Auch gibt es keine niedergeschriebene Vereinssatzung, nach der sich jeder richten muß. Die Konstrukteure des Neuen Zeitalters sind vielmehr durch ein gemeinsames Anliegen verbunden; jeder, der in irgendeiner Weise daran mitarbeitet, gehört dazu.

Was ist das für ein Anliegen? Es ist die Überzeugung, daß diese sterbenskranke Welt gerettet werden kann. Wie? Indem alles „Übersinnliche" wieder gesellschaftsfähig werden muß. Das Übersinnliche ist sozusagen der Schlüssel für die Tür des goldenen Zeitalters des Wassermannes: „Was heute als außergewöhnlich und übersinnlich gilt, wird in

Zukunft das ganz Normale sein", schreibt Reinhard Eichelbeck in einem Artikel mit der Überschrift „Die Zeit im Zeichen des Aquarius".[23]

Nach den Vorstellungen der New-Age-Gläubigen sollen alle Menschen das praktizieren, was früher nur wenige Esoteriker und Mystiker wagten: das Eintauchen in eine unsichtbare Dimension jenseits unserer Sinne. Dort sind angeblich Kraftquellen zu erschließen, die zur Rettung der gesamten Erde – inklusive Menschheit – angezapft werden können. In ihnen liegt das „neue Wissen", das sich in den Köpfen der Menschen festsetzen soll. Durch „übersinnliche Erfahrungen" kann, so heißt es, die gesamte Menschheit auf eine neue, höhere Bewußtseinsstufe klettern. Dieses neue Bewußtsein ist sozusagen die Grundlage für das Neue Zeitalter. Nicht ohne Grund wurde deshalb der Regenbogen als Erkennungszeichen für das Neue Zeitalter gewählt. Er wurde von alters her als Verbindungsbrücke zwischen Diesseits und einem bevölkerten Jenseits verstanden.

Rettung aus dem Jenseits?

Eines springt beim Studium der Informationen zum Neuen Zeitalter immer wieder ins Auge: Es ist eine Jenseitswelt mit Jenseitswesen. Schon die Prophetinnen des Wassermannzeitalters – Mme. Blavatsky und Alice Ann Bailey – erhielten ihre Mitteilungen von dort, von „höheren Meistern" einer angeblich „weißen, kosmischen Bruderschaft", die auch „Geistige Hierarchie" genannt wird.

Heute stehen wir an der Schwelle eines Zeitabschnittes, in dem die *Verschmelzung von Diesseits und Jenseits* zum Programm erklärt wird, ja, zum Überlebensprogramm. Denn, so glauben die meisten New-Age-Gläubigen, nur aus dieser anderen Sphäre seien Hilfe und Rettung zu erwarten – Hilfe und Rettung für den einzelnen, für die Natur, für die gesamte Welt.

Die unsichtbare Dimension präsentiert sich als eine Art Warenhaus mit einem recht schillernden Angebot an Übersinnlichem. Eine „kosmische Energie“ ist da zu finden, eine „ewige Schöpferkraft“ ebenso wie das „höchste Bewußtsein“. Dazu kommen aber auch unzählige „Geistwesen“, die ihre guten Dienste zur Erhaltung der Menschheit und der Natur zur Verfügung stellen wollen. Unterschiedlichste Gottheiten, „positive Kräfte“ oder auch „gute Mächte“ stehen bereit, kurzum: ungeheure Kraftquellen, deren „Heilenergien“ nun endlich für die sterbenskranke Welt genutzt werden sollen. Selbstverständlich können sie nur dann sprudeln, wenn man sie kennt und gelernt hat, mit ihnen umzugehen.

Das Programm der Verschmelzung von Diesseits und Jenseits läßt sich nur dann verwirklichen, wenn Menschen systematisch mit diesem speziellen Denken erzogen werden. Genau das empfiehlt das Jenseitswesen Meister Djwhal Khul, das sich Mme. Blavatsky und Alice Bailey mitteilte: „Aber nur, wenn für die Jungen und Jüngsten in jedem Volk eine neue Grundform der Erziehung eingeführt und ihnen eine andere Einstellung zum erzieherischen Werdegang beigebracht wird, wird es der Menschheit möglich sein, diesen neuen Weg zu beschreiten.“[24]

Der Start ins Neue Zeitalter – exakt nach Plan

Dieses Erziehungsprogramm für die „Jungen und Jüngsten“ lief im großen Stil etwa Mitte der siebziger Jahre an – exakt nach Plan! Die „Meister“ hatten Alice Bailey einen Zeitplan mitgeteilt, nach dem bis 1975 die Arbeit weitgehend im Untergrund stattfinden sollte, danach in der Öffentlichkeit. Doch eine breite Öffentlichkeit anzusprechen, ist nicht so einfach, besonders, wenn es dabei um religiöse Inhalte geht. Andere Völker, andere Sitten – eine andere Sprache, eine andere Kultur, ein anderer Glaube. Um politische Grenzen, religiöse Schranken und sprachliche Barrieren überwinden zu können, bedurfte es einer Universalverständigung, die von Ost nach West, vom Nordpol bis zum Südpol Gültigkeit hat.

Seit den siebziger Jahren wird daran mit Hochdruck gearbeitet. Herausgekommen ist eine Propagandamaschine, die rund um den Erdball Tag und Nacht nur eines fabriziert: sprechende und lebende Bilder – Bilder, die jeder versteht, selbst Kinder. Nicht ohne Grund fällt der *Start in das Neue Zeitalter* zusammen mit dem *Einstieg in ein totales Bildzeitalter.* Denn nichts eignet sich besser als das „sprechende und lebende Bild", um die zentralen Inhalte dieses neuen Zeitalters an den Mann zu bringen.

Die geheimen Lehren über einen „New-Age-Christus" und die „Geistige Hierarchie" sollten über alle zur Verfügung stehenden Medien verbreitet werden. Genau das ist seit Mitte der siebziger Jahre bis heute nachzuvollziehen. Systematisch wurden besonders junge Leute mit dem Übersinnlichen bekannt und vertraut gemacht, wurde das Interesse auf ein belebtes Jenseits gelenkt. Beispielsweise durch Kinofilme. Oder sollte es nur reiner Zufall sein, daß acht der bisher zehn erfolgreichsten Filme aller Zeiten Zelluloidwerke sind, die mehr oder weniger New-Age-Gedankengut transportieren? Alle Filme wurden nach 1975 gedreht und kamen wenig später auf den weltweiten Kino- und Videomarkt. Das in diesem Zusammenhang zu nennende Hauptwerk, die Filmtrilogie „Krieg der Sterne", entstand ab 1976. Die drei Teile weihten ein weltweites Millionenpublikum in die wichtigsten Themen des Neuen Zeitalters ein. Das „Unternehmen New Age" begann auch auf der Leinwand.

Die Bibel und das Jenseits

Wenn die Gurus des Neuen Zeitalters nun behaupten, in der Verschmelzung von Diesseits und Jenseits liege die Chance zur Rettung der Welt und für ein Paradies auf Erden, so taucht für einen nüchtern denkenden Menschen möglicherweise eine ganz simple Frage auf: Gibt es denn überhaupt eine jenseitige Welt, in der kosmische Kräfte und irgendwelche Geistwesen zu Hause sind? Und falls ja, was für Wesen sind das?

Millionen von Menschen glaubten jedenfalls durch viele Jahrhunderte hindurch an eine jenseitige Welt und hielten ihren Glauben in mythischen Erzählungen fest. In diesen alten Mythen werden Existenz und Geschichte der Welt wie des Menschen auf das Handeln von Gottheiten und Jenseitsmächten zurückgeführt, auf deren Wirken im Himmel, auf der Erde, bei ihrer Begegnung mit den Menschen und in der Unterwelt. Erstaunlich bei der Betrachtung verschiedener Mythologien ist die Tatsache, daß zahlreiche Gemeinsamkeiten zu entdecken sind, obwohl diese verschiedenen Glaubensvorstellungen auf unterschiedlichsten Erdteilen entstanden.

Nehmen wir einmal an, es gäbe so eine andere, unsichtbare Welt. Wo wären Informationen über diese geheimnisvolle Sphäre zu finden?

Wer sich aufmacht, zu diesem Thema etwas herauszubekommen, der wird auf eine Menge von Publikationen stoßen, die über eine Jenseitswelt berichten. Früher oder später wird er auch eine Informationsquelle entdecken, die einzigartig ist: die Bibel. Sie präsentiert uns eine Menge von Fakten über die Beziehung von Diesseits und Jenseits. Verblüffend dabei ist nur eines: Bei der Gesamtschau aller vorhandenen Informationen zu diesem Thema sind die Mitteilungen der Heiligen Schrift so ganz anders als all die anderen Informationsquellen. Sie bietet Sehweisen an, die weltweit einmalig sind. So verkündet sie zum Beispiel, *daß in späteren Zeiten Menschen ihre Ohren von der Wahrheit abkehren werden, um sich wieder den Mythen zuzuwenden.* Also zu den Berichten, die von einem Jenseits mit Göttern und Geistern erzählen. Es wird genau das prophezeit, was wir im Moment erleben und was auch für das Neue Zeitalter vorhergesagt ist, nämlich daß Menschen erneut beginnen, an eine Götter- und Geisterwelt zu glauben und mit ihr zu leben. Allerdings wird dies als *Abkehr von der Wahrheit* gekennzeichnet. Wie aber sieht die Wahrheit aus? Folgendes wird uns dazu in der Bibel mitgeteilt:

Bevor der allererste Mensch überhaupt einen Schritt auf diesen Erdball setzte, gab es bereits eine Welt, die bevölkert war. In ihr wohnen unzählige Tausende von Wesen. Es waren Engelwesen. Geschaffen wurden sie nach Psalm 148 von Gott selbst, der von sich sagt, daß außer ihm kein Gott existiert. Irgendwann einmal hat es in diesem Engelreich einen Zwischenfall gegeben. Der vollkommenste und schönste Engel, Luzifer, lehnte sich gegen Gott, den Allmächtigen, auf. Das hatte zur Folge, daß Gott ihn verstieß und mit ihm all die anderen Engel, die sich der Rebellion Luzifers angeschlossen hatten. So entstanden – nach Auskunft der Bibel – Satan und seine Dämonen.

Diese Geisterwelt existiert in einer unsichtbaren Dimension, aus der heraus sie sich allerdings mitteilen kann. Die Dämonen sind nach der Bibel ganz reale Wesen mit Persönlichkeiten von unterschiedlichem Charakter; von ihnen steht im letzten Buch der Bibel, der Offenbarung, daß am Ende der Tage Menschen auftreten werden, die mit ihrer und Satans Hilfe große Wunder tun werden, um viele Menschen zu verführen.

Es wird ein gigantisches Täuschungsmanöver sein mit einem ganz bestimmten Ziel. Und dieses Ziel verfolgt der Gegenspieler Gottes, seit er mit seinen Gefolgsleuten von Gott verstoßen wurde. Satan, den die Bibel auch als „Gott dieser Welt" vorstellt, hat im wesentlichen ein Interesse: Er versucht durch ausgeklügelte Taktiken, Menschen religiös in die Irre zu leiten.

Gottes Rettungsprogramm für alle Menschen

Nach der Bibel gibt es für den Menschen nur einen Weg zu einer ewigen, persönlichen Rettung; es ist ein Glaubensweg, der sehr detailliert beschrieben wird. Er beginnt da, wo Menschen erkennen, daß sie vor Gott sündig sind.

„Sünde" nennt die Bibel den Eigenwillen des Menschen, seinen Entschluß, mit Gott nichts zu tun haben zu wollen. Dadurch wird die so heilsame Gemeinschaft zwischen Gott und Menschen zerstört. Der Mensch verfehlt damit seine Bestimmung und richtet mit seinem Eigenwillen Schaden an: „Da ist keiner gerecht, auch nicht einer, da ist keiner, der verständig ist, da ist keiner, der Gott suche. Alle sind abgewichen, sie sind allesamt untauglich geworden, da ist keiner, der Gutes tue, da ist auch nicht einer. Ihr Schlund ist ein offenes Grab, mit ihren Lippen handeln sie trügerisch. Otterngift ist unter ihren Lippen. Ihr Mund ist voll Fluchens und Bitterkeit. Ihre Füße sind schnell, Blut zu vergießen, Verwüstung und Elend ist auf ihren Wegen, und den Weg des Friedens haben sie nicht erkannt." (Römer 3, 10-18).

Schenkt man den biblischen Informationen Glauben, so wollte und will sich Gott mit diesem Zustand aber nicht abfinden. Eigentlich hätte er jeden Menschen für dessen Sünden mit ewigem Tod bestrafen müssen. Aber er schickte vor rund 2000 Jahren seinen Sohn Jesus Christus in diese Welt und ließ ihn für die Menschen am Kreuz sterben, um jedem eine Chance zu bieten, zu Gott zurückzufinden. Dieser Kreuzestod Jesu ist keine für die Bibel erfundene Geschichte, sondern eine historisch einwandfrei belegte Tatsache.[25]

Gott kam durch seinen Sohn Jesus Christus zu den Menschen, um ihnen ein Rettungsprogramm zu bringen. Er kam, weil er für die Menschen ist, weil er sie liebt. Jedem Menschen, der seinen Stolz überwindet, vor Jesus Christus offen zugibt, daß er gesündigt hat, und Jesus die Leitung seines Lebens überläßt, bestätigt Gottes Geist, daß er nun nicht mehr nur „Geschöpf Gottes", sondern auch „Kind Gottes" ist: „Wenn wir aber nun unsere Sünden bekennen, so ist er treu und gerecht, daß er uns die Sünden vergibt und reinigt uns von aller Ungerechtigkeit" (1. Johannes 1,9). „Denn jeder, der den Namen des Herrn anrufen wird, soll errettet werden" (Joel 3,5; Römer 10,13).

Das ist heute der Rettungsweg *Gottes* für alle Menschen. Gott verspricht in der Bibel: Wer exakt diesen Rettungsweg einschlägt, erlebt plötzlich Veränderungen in seiner Person, die er vorher nicht für möglich gehalten hätte. Viele Bereiche des Lebens werden – quasi von höherer Stelle – positiv umgestaltet und dann auch wohltuend von anderen Menschen im Alltag wahrgenommen. Das geschieht aber erst nach einer persönlichen Hinwendung zu Christus, nicht schon, weil man christlich getauft ist, oder durch die Entrichtung der Kirchensteuer oder den Gottesdienstbesuch an kirchlichen Feiertagen.

Die Bibel spricht von einem „neuen Menschen", der aus Gott geboren sein muß, um diese Wende im Leben zu erfahren. Zu dieser neuen, von Gott geschenkten Lebensqualität gehört auch eine neue Sehweise. Ein „neugeborener" Christ beginnt, mit „neuen" Augen die Wirklichkeit zu betrachten. Dieser veränderte Blick führt zu Enthüllungen, die vieles verstehbar machen von dem, was auf unserem Globus vor sich geht.

Dieser Weg zu Gott ist unter allen Religionen einzigartig, weil er nicht „von unten nach oben" (von den Menschen zu Gott), sondern „von oben nach unten" führt. Nicht ohne Grund steht er daher unter starkem Beschuß! Satan als Gegenspieler Gottes ist besessen davon, alles zu versuchen, damit Menschen ausgerechnet diesen Weg zu Gott nicht finden. Er setzt alles daran, um mit verführerischen Irrlichtern ehrlich suchende Menschen von dem einzigen Rettungsweg abzubringen.

Legt man dieses biblische Weltbild zugrunde und betrachtet aus dem ‚biblischen' Blickwinkel heraus das Programm des Neuen Zeitalters, so ergibt sich für Christen eine ernste Frage: Ist dieses Neue Zeitalter womöglich ein gigantisches Täuschungsmanöver?

Programme, Strategien und Taktiken

Schon das erste der zehn Gebote macht deutlich, wo die belebte Jenseitswelt des Neuen Zeitalters anzusiedeln ist: „Ich bin der Herr, dein Gott ... Du sollst keine anderen Götter haben neben mir" (2. Mose 20, 2.3). Wenn jetzt ein „altes" Weltbild erneut aufpoliert wird, in dessen Mittelpunkt wieder eine recht lebendige Götter- und Geisterwelt steht, so stellt sich die Frage: Könnte diese Aktion nicht von einer ganz bestimmten Stelle gesteuert sein?

Diese Jenseitswesen präsentieren sich heute als kosmische Meister, als sympathische Gottheiten, als gute Geister, die für eine Rettung der Welt bereitstehen. Nach der Bibel gibt es aber nur einen Gott. Wer sind also diese Götter und Geister? Nach biblischem Verständnis kann hier nur das von Gott gestürzte Engelwesen am Werke sein, das versucht, mit seiner verführerischen Eingreiftruppe dem Schöpfer von Himmel und Erde Konkurrenz zu machen. Der entscheidende Punkt dabei ist, daß diese „Eingreiftruppe" verfügbar ist – stets zu Diensten für Menschen, die nicht mehr weiterwissen und -können.

Neben dem Aufpolieren ganz bestimmter Elemente eines längst bekannten Weltbildes läuft ein zweites Vorhaben, in dem *das Gottesbild umgemodelt* wird. Das ist nicht so einfach, denn nach der Bibel wird „Gottes unsichtbares Wesen, das ist seine ewige Kraft und Gottheit, seit der Schöpfung der Welt ersehen aus seinen Werken..." (Römer 1,20).
Mit anderen Worten: Jeder Mensch spürt und erfährt in seinem Erdenleben, daß es einen Gott geben muß. Aber wer ist dieser Gott?

In der Bibel beschreibt er sich als einen personalen Gott,

der sich als ein direktes Gegenüber des Menschen offenbart. Somit ist für jeden Erdenbürger *eine ganz persönliche Beziehung* zu diesem Gott möglich. Das äußert sich zum Beispiel darin, daß ich zu ihm reden (beten) kann und er mir auch antwortet, zum Beispiel durch die Bibel. Aber so ein Gespräch wird natürlich verhindert, wenn dieser Gott ersetzt wird durch eine „universelle oder kosmische Kraft", durch „das reinste Licht", die „höchste Form des Bewußtseins" oder die „alles durchdringende Schöpferkraft", durch ein „Es"! Diese Formulierungen stammen aus dem New-Age-Vokabular und rauben Gott die Eigenschaften einer Person. Eine „universelle Kraft" oder das „reinste Licht" kann mir natürlich nichts mitteilen. Beispielsweise nicht, daß ich ein sündiger Mensch bin. Ich bin vor Gott schuldig, weil ich sein Erlösungsangebot durch seinen Sohn Jesus Christus nicht annehme.

Hier sind wir bereits bei einem weiteren Strategiepunkt: Im Gedankengut des Neuen Zeitalters existiert der sündige Mensch gar nicht! Der vor Gott *sündige* Mensch wird ersetzt durch den *noch nicht erleuchteten* Menschen. Diese Festlegung ist ein geschickter Schachzug, denn hier wird auf die Erlösungsbedürftigkeit des Menschen, die jeder spürt, eingegangen. Aber er muß nicht erlöst werden, sondern nur erleuchtet. Darunter zu verstehen ist die Verschmelzung mit dem reinsten Licht oder mit der ewigen Schöpferkraft.

Nach den Vorstellungen der New-Age-Denker muß sich jeder selbst diese Erleuchtung erarbeiten: durch Yoga, durch bestimmte Formen der Meditation, verschiedene Rituale, Versenkung in sich selbst, Trancezustände und vieles mehr. All diese Techniken sind letztlich Möglichkeiten, mit einer Sphäre jenseits unserer Sinne in Verbindung zu treten und mit ihr zu verschmelzen. Diese Sphäre ist nicht irgendwo, sondern soll tief in jedem Menschen verborgen sein. Das New-Age-Konzept zur Rettung des einzelnen wie der ganzen Welt lautet somit kurz und knapp: Erlöse dich selbst!

Erlöse dich selbst durch eine Verschmelzung mit dem reinsten Licht, dem höchsten Bewußtsein oder wie auch immer. Diese Verschmelzung mit der „ewigen Schöpferkraft" hat eine ganz selbstverständliche Folge: Ich werde selbst zum Gott.

Stefan Holthaus, Student an der Freien Theologischen Akademie in Gießen, interviewte 1987 den Vater der englischen New-Age-Bewegung, Sir George Trevelyan. Zum Thema „Mensch-Gott" bemerkte dieser: „Wenn ich in Ihre Augen schaue, sieht der Gott in mir auf sich selbst in Ihnen."

Mit dem Aufbruch ins New Age startet der Mensch nichts anderes als seinen x-ten Versuch, einen ewigen Traum zu verwirklichen: sich selbst als Mensch-Gott zum Schöpfer seines eigenen Paradieses zu machen.

Dabei hört er ausgerechnet auf den, der ganz zu Anfang der Menschheit schon einmal mit diesem „So-sein-wie-Gott-Trick" gearbeitet hat.

Hat das Neue Zeitalter Parallelen in der Bibel?

Was als phantastisches Programm für das goldene Wassermannzeitalter angepriesen wird, weist aufmerksame Bibelleser auf einen ganz anderen Zusammenhang hin. „Laßt euch von niemandem auf irgendeine Weise verführen, denn dieser Tag [gemeint ist die Wiederkunft Jesu Christi] kommt nicht, es sei denn, daß zuerst der Abfall gekommen und der Mensch der Gesetzlosigkeit geoffenbart worden ist, der Sohn des Verderbens" (2. Thessalonicher 2,3).

Gläubige Christen warten auf die Wiederkunft Jesu Christi. Für die Zeit direkt vor seinem Kommen sind in der Bibel einige Vorhersagen niedergeschrieben worden. Eine davon kündigt einen „Abfall" an. Gemeint ist damit ein Sich-Lossagen vom Glauben an den einzigen Gott. Zeitlich danach soll sich der „Sohn des Verderbens" offenbaren. Wer ist das?

Es ist der Antichrist, der – nach dem 1. Johannes-Brief Kapitel 2, Vers 22 – den Vater und den Sohn leugnet.

Wie wird sich dieser Antichrist präsentieren?

„... dessen Ankunft gemäß der Wirksamkeit [exakt: Energie] des Satans erfolgt, mit großer Kraft, Zeichen und Wundern" (2. Thessalonicher 2,9).

Er wird sich also übersinnlich präsentieren.

Vieles von dem, was für die große Verführung vor dem Kommen Jesu angekündigt wird, nimmt zur Zeit konkrete Gestalt an. Viele Anhänger des Neuen Zeitalters sehen in Jesus Christus einen großen Weltenmeister, so wie Buddha, Mohammed oder Sai Baba, der zur Zeit in Indien lebt. Als Gottes Sohn wird Jesus Christus allerdings geleugnet.

Was wir zur Zeit im christlichen Abendland erleben, ist der Versuch eines perfekt organisierten Massenabfalls, bei dem auch politische Rahmenbedingungen zur Sprache kommen, die von der Bibel für diesen Zeitabschnitt angekündigt werden, beispielsweise ein Welteinheitsreich (Daniel 7, 23.24). Schon 1974 sagte Zbigniew Brzezinski, Sicherheitsberater des ehemaligen US-Präsidenten Jimmy Carter: „Die Welt wird sich wahrscheinlich nicht freiwillig unter einer gemeinsamen Weltanschauung oder einer Superregierung vereinigen; die einzige Chance besteht darin, daß sie aus Sorge um ihr eigenes Überleben heraus handelt."[26] 1987 schreibt Michail Gorbatschow in seinem Weltbestseller „Perestroika": „Die Menschheit sieht sich heute noch nie dagewesenen Problemen gegenüber, und ihre Zukunft wird solange in der Schwebe bleiben, wie keine gemeinsamen Lösungen gefunden werden."[27]

Wie immer die *gemeinsamen* Lösungen letztlich ausfallen werden, eines ist heute schon klar: Im Programm des Neuen Zeitalters ist dieses Anstreben „globaler Lösungen" fest verankert. Und noch eines ist ganz deutlich feststellbar: Als vereinendes Element spielt die Verschmelzung von Diesseits und Jenseits eine ganz zentrale Rolle. Die Jenseitserfahrungen entpuppen sich mehr und mehr als Verbindungsglieder zwischen Weltanschauungen und Religionen.

Eine Schaltzentrale im Jenseits?

Diese Beobachtung führt zu folgendem Gedanken: Könnten die „übersinnlichen Drähte“ des Neuen Zeitalters nicht an einer ganz bestimmten Stelle zusammengeschaltet sein? Jeder, der nun seinen „Draht“ zum Übersinnlichen aktiviert, ob als Hindu in Indien, als Geisterbeschwörer in Brasilien, als Medizinmann in Afrika oder als Okkultist und New Ager in Europa, würde somit Kontakt mit ein und derselben Schaltstelle bekommen. Und wenn ja, ist dieses Schaltzentrum vielleicht die „kosmische Bruderschaft“, von der im Neuen Zeitalter soviel die Rede ist? Von diesem Hauptquartier im Jenseits wollen zumindest Mme. Blavatsky und Alice Ann Bailey ihre Anweisungen und Prophezeiungen erhalten haben. Von dort aus könnten Menschen um so besser gesteuert werden, je direkter ihr Draht nach dorthin sei, heißt es.

Mit diesem Erklärungsmodell lassen sich durchaus Entwicklungen begreifen, die sonst unverständlich bleiben würden. Beispielsweise, daß seit dem „magischen“ Jahr 1975 tatsächlich das Programm des Neuen Zeitalters auf vielen Kanälen gleichzeitig einem Massenpublikum nahegebracht wird.

Auch in der Bibel findet sich dieser Hinweis auf eine überirdische Schaltzentrale. Der Apostel Paulus schreibt an die Epheser: „Denn wir haben nicht mit Fleisch und Blut zu kämpfen, sondern mit den Mächtigen und Gewaltigen, nämlich mit den Herren der Welt, die in dieser Finsternis herrschen, mit den bösen Geistern unter dem Himmel“ (Epheser 6,12). Paulus deutet hier eine Hierarchie von Jenseitswesen an, die versucht, durch Menschen das Geschehen auf diesem Erdball zu beeinflussen.

Der Amerikaner Dave Hunt schreibt dazu in seinem Buch „Götter, Gurus und geheimnisvolle Kräfte“: „Wer sind die ‚Gewaltigen‘, die die Mächte der Finsternis kontrollieren? Paulus benutzt in diesem Zusammenhang das griechische Wort *arche* – ein unheilvolles Wort! Arche, das waren auch die neun Magistrate, die zur Zeit des Paulus über Athen herrschten. Es scheint also, als habe er damit sagen wollen: Genauso, wie diese neun Männer an der Spitze eines irdischen Reiches stehen, so steht auch eine Hierarchie von Herrschern über den bösen Geistern, die Satan beauftragt hat, die Seelen der Menschen zu fangen. Es ist sicher mehr als nur ein Zufall, daß außerirdische Intelligenzen, die auf verschiedenste okkulte Weisen mit Menschen kommunizieren und die von sich behaupten, sie seien für das Universum verantwortlich, sich selbst als die Neun zu erkennen geben. Von Magiern und Medien werden sie als etwas ganz Außergewöhnliches bezeichnet; sie sind die Herrscher über die Intelligenzen anderer Welten.“[28]

Diese Intelligenzen einer anderen Welt hat auch eine Frau kennengelernt, die fünfzehn Jahre lang eifrig am Neuen Zeitalter mitgearbeitet hat. Doch während dieser Zeit hatte sie nie den Eindruck, es seien finstere Mächte oder böse Geister – ganz im Gegenteil!

Ein New-Age-Guru packt aus

Ihren ersten Kontakt mit dem Neuen Zeitalter bekam sie als blutjunge Sekretärin. Gespannt lauschte sie ihrem Chef, der ihr zwischen Diktat und Kaffeetrinken von einer „Universellen weißen Bruderschaft“ erzählte, sie mit der Farbenlehre bekannt machte und ihr die kosmische Bedeutung der Sonne erklärte. Damals wußte die junge Schweizerin noch nicht, daß sie in die Lehren des New Age, des Neuen Zeitalters, eingeführt wurde.

Bereits nach einigen Monaten der Unterweisung hielt

Katrin Ledermann selbst ihren ersten „New-Age-Vortrag". In ihrem Französischkurs referierte sie – zur sprachlichen Übung – über die göttliche Natur im Menschen und das spirituelle Leben.

In der anschließenden Diskussion passierte es dann. Katrin nennt es heute „das Abenteuer Friedrich Nietzsche". Als ihr Lehrer und ein kritischer Klassenkamerad Fragen stellen, unter anderem über den deutschen Philosophen Nietzsche, kann Katrin diese ohne Schwierigkeiten beantworten. Sie merkt plötzlich, daß ihr die klugen Antworten geradezu eingegeben werden. Von ihrem Wissen her hätte sie eigentlich bei der Beantwortung der Fragen passen müssen. Katrin Ledermann: „Jemand hat offensichtlich durch mich gesprochen." Erst einige Jahre später erfährt sie, daß es „die Meister der geistigen Hierarchie" waren, die ihr damals ausgeholfen haben.

1975 gelingt ihr dann nach einem mystischen Erlebnis der Durchbruch zu einer Jenseitssphäre, aus der heraus sich diese „Meister" konkret melden.

Die Verbindung zur „kosmischen Bruderschaft", durch Yoga und Meditation gepflegt, hat Auswirkungen: „Gerade der gestreßte Mensch, so wie ich damals einer war, findet in Yogaübungen und Meditation einen scheinbar tiefen, inneren Frieden. Man kann die Hektik dieser Welt abstellen und in eine Art heile Welt eintreten. Außerdem kam es dazu, daß ich in meinem beruflichen Alltag eine zunehmende Kreativität spürte. Ich konnte plötzlich eine Intelligenzquelle anzapfen, die mir gewisse Dinge sehr viel leichter machte: zu formulieren, auf Ideen zu kommen, auch in der Verkaufsförderung, in der ich damals tätig war. Das hat mich sehr beeindruckt."[29]

Schon bald steigt Katrin Ledermann zum New-Age-Guru auf. Ausflüge in andere Sphären sind für die junge Schweizerin nichts Außergewöhnliches: „Das zentrale Erlebnis des Übersinnlichen ist auch heute noch im New Age die sogenannte Exkursion der Seele. Das heißt, man steht unter dem Eindruck, den eigenen Körper zu verlassen und sich in einer Region zu bewegen, die sich außerhalb des irdischen Planeten befindet. Ich habe das damals öfter praktiziert und empfand dabei sehr viel Glückseligkeit. Ich hatte den Eindruck, mich in höheren Welten aufzuhalten, in sogenannten paradiesischen Welten."[30]

Heute beurteilt sie diese geheimnisvolle Welt mit ihren „Meistern des Universums" ganz anders: „Die beste Beschreibung dieser Mächte finden wir in Epheser 6, Vers 12. Dort ist von den ‚Fürsten der Finsternis und der Luft' die Rede. Es ist die einzige Stelle im Neuen Testament, wo das Wort Kosmokratoren [eine weitere Bezeichnung der ‚Hierarchie'] im Grundtext gebraucht wird. Ich möchte mit aller Deutlichkeit unterstreichen, daß diese Kosmokratoren, die für viele so attraktiv als Engel des Lichts auftreten, Mächte des Grauens sind, Mächte, die die ewige Verdammnis des Menschen herbeiführen möchten."[31]

Tatsächlich spricht die Bibel davon, daß Satan sich als Engel des Lichts verstellen kann. Im 2. Korinther-Brief, Kapitel 11, Vers 14, heißt es: „Und kein Wunder, denn der Satan selbst nimmt die Gestalt eines Engels des Lichts an."

Katrin entdeckte diese grauenvolle Tatsache, als sie begann, aufrichtig nach Jesus zu fragen. Drei Jahre lang kämpften die „New-Age-Mächte" um Katrins Seele und teilten der jungen Frau sogar zum Schluß mit, daß sie beabsichtigten, sie an einem ganz bestimmten Tage umzubringen. Doch die „satanische Bruderschaft" war ohne Chance. Ihr Bann wurde gebrochen. Nachdem Katrin mit einer Christin gebetet hatte, geschah etwas Unerwartetes: „Vor meinem inneren und äußeren Auge – ich weiß nicht wie – wurde es licht. In diesem Augenblick wurde ich völlig gewiß, daß Jesus mich angenommen hatte und ich auf immer sein Eigentum sein darf. Die bösen Mächte hatten kein Anrecht mehr auf mein Leben."[32]

Heute ist Katrin Ledermann froh, gläubige Christin zu sein: „Einen persönlichen Herrn zu haben, das ist eine un-

Der zentrale Gedanke des New Age für Kinder: Der Regenbogen als Verbindung zwischen Menschenwelt und Welt der Geister – der Bärchis. Umschlag des Presseheftes zum „Glücks-Bärchi-Film“. Mit freundlicher Genehmigung der Filmwelt Verleih GmbH.

sagbare Köstlichkeit, wenn man das vergleicht mit dem Gott, den ich im New Age hatte, der aus bloßem Konzept, aus Energie bestand. Man konnte sich zwar bei diesem Gott Kraft holen, aber man mußte dazu Techniken anwenden, und es war letztlich eine Knechtschaft. Jesus Christus jedoch hat echte Freiheit geschaffen. Das ist ein sehr großer Unterschied zum früheren Leben."[33]

Diesen Unterschied kennen viele Millionen von Menschen nicht, die zur Zeit auf dem Weg ins angeblich goldene Zeitalter sind. Katrin Ledermann schätzt, daß etwa 70 bis 80 Prozent der New-Age-Jünger nicht wissen, was mit ihnen geschieht und woher sie gesteuert werden. Häufig genug sind die New Ager aufrichtig nach der Wahrheit suchende Menschen; allerdings werden sie von Jenseitsmächten geführt, die nach biblischem Urteil nichts Gutes mit ihnen vorhaben.

Nicht ohne Grund wurde der Regenbogen als Erkennungszeichen für das Neue Zeitalter gewählt. Er wird im New Age auch als Verbindungsweg zwischen der Menschenwelt und der Welt der Kosmokratoren gedeutet. Alle eingeweihten New Ager wissen, wer diese Kosmokratoren sind. Es ist die „kosmische Bruderschaft", bei der alle Drähte für das Neue Zeitalter zusammenlaufen.

Wer Gottes Wort kennt, dem wird klar, daß das goldene Zeitalter im Kern nichts Neues bietet. Früher nannte man denselben Inhalt „Heidentum", heute heißt es „New Age", morgen werden die Kosmokratoren ihre teuflischen Ideen anders verkaufen. Doch immer wieder geht es dabei um dasselbe: Den einzigen Errettungsweg für den Menschen zu vernebeln. Deshalb sind Märchen, Magie, Mystik und Mythos so im Aufschwung. Sie markieren einen Weg – zurück zu den Inhalten und zur Atmosphäre einer vorchristlichen Zeit: „Es war ein Zustand der Natursichtigkeit, der Hellsicht, ein unserem Gegenstandsbewußtsein völlig entgegengesetztes Bewußtsein. Der Mensch befand sich in Kontakt mit geistigen Wesen."[34]

Teil II

(Katrin Ledermann)

1
Ich weiß, wovon ich rede ...

Strahlend wie der Bauch

In Reih und Glied wie Zinnsoldaten standen sie unter dem schützenden Vordach: Regenstiefel, chice Pumps, Sandalen und bieder-braune Männerschuhe mit offenen Schnürsenkeln. Also waren sie alle schon da! Eilig stellte ich meine Turnschuhe neben ein paar ausgediente Mokassins und betrat auf Zehenspitzen das kreisrunde Gebäude.

Einen kleinen Augenblick lächelte ich, als ich sie dastehen sah: gut vier Dutzend zweibeinige Menschen auf einem Bein! Aber dann überkam mich der seltsame innere Ernst, der manchmal wie ein Damokles-Schwert über mir schwebte und mich zu „esoterischer Disziplin" anhielt. Ich trippelte lautlos durch die Reihen bis zu einem freien Platz, atmete tief und bewußt „Prana" ein – so wird im Yoga die kosmische Lebensenergie genannt – und schloß die Augen. Dann lenkte ich mein Bewußtsein in mein linkes Bein, zog den rechten Fuß sachte empor und setzte ihn bei angewinkeltem Bein neben das linke Knie.

Die ganze Zeit kontrollierte ich meinen Atem. Die Hände trafen sich inzwischen hoch über dem Kopf. Erst jetzt hörte ich die Stimme meiner vertrauten Lehrerin. Ich riskierte einen Blick und sah mit einem ungestümen Anfall von Humor auf die bunt zusammengewürfelte, storchenhaft wirkende Schar um mich. Doch sogleich korrigierte ich mein weltliches Verhalten – schließlich befand ich mich hier in den „heiligen Hallen" eines evangelischen Bildungszentrums. Was ich zusammen mit Feriengästen, die fast jedes Jahr ihrem Yoga-Lehrer hierher folgten, erlebte, hatte nichts weniger als „Erleuchtung“ zum Ziel.

„Verankert euch im Hara“, hörte ich meine geliebte Lehrerin sagen. „Hara ist wichtig. Von hier aus verankern wir uns in der Erde und verbinden uns mit dem Kosmos. Einatmen ... aus. Ein ... aus!“

Soviel wußte ich seit Jahren: der *Bauchraum* ist das Zentrum, das im östlichen Yoga „Hara“ genannt wird. Dort ist jene geheimnisvolle „Mitte“ angesiedelt, die für das innere Gleichgewicht des Schülers auf dem „inneren Weg“ verantwortlich ist. Jahre schon verlegte ich in Yoga-Übungen mein Bewußtsein in den Bauch, kontrollierte die Atmung, brachte so meine Emotionen, Gedanken und Wünsche in eine Ruhe, aus der sich mein Leben lenken ließ.

„Der Volksmund spricht von der ‚Wut im Bauch‘. Davon, daß uns etwas ‚auf den Magen schlagen‘ kann. Ich sage euch immer wieder: die Seele wohnt im Bauch.“ Die Stimme klang wie von weit her. Wir hatten uns inzwischen auf die Matten gelegt und atmeten im Gleichschwang mit dem Kosmos – ein ... aus!

Wenn ich mein Bewußtsein im Bauch gesammelt hatte und mich konzentrierte, so wirkte unfaßbarer „Geist“ durch mich, während alle inneren und äußeren Regungen still und passiv waren. Dieser „Geist“ *strahlte* nun durch mich aus. Ich konnte neue Wünsche, Gefühle und Gedanken denken und sie ausstrahlen. Das veränderte scheinbar meine Umwelt, die Welt überhaupt! Friede könnte so entstehen – wenn die Menschen nur mehr zur inneren Ruhe und Entfaltung göttlicher Macht kämen ...

Außerdem enthielt mein Bauch auch das geheimnisvolle „Sonnengeflecht“, *Solar plexus* genannt. Wäre ich nicht zu spät in die Lektion gekommen, hätte ich die Übung zur Entwicklung des Sonnengeflechts am Anfang mitgemacht. In dieser Übung hätte ich also Kraft aus dem Bauch heraus entwickelt, die sich in meinem ganzen Körper verteilt und gewisse Energiezentren entlang der Wirbelsäule aktiviert hätte. Vielleicht wäre die Kraft heute bis in mein Scheitelchakra, den Energiepunkt in meinem Kopf, gestiegen, und ich hätte eine große Bewußtseinserweiterung erlebt. Nun ja, ich war eben nicht rechtzeitig aus dem Büro gekommen – der Erleuchtungsschub mußte sich gedulden.

Wie stark und gut ich mich fühlte! Gleich morgen würde ich – als eine Art moderner „Fern-Guru" – einer Schülerin erneut von der Wichtigkeit der Kraftentwicklung aus dem Bauch schreiben. Sie solle sich, auf dem Erdboden stehend, mit der Natur, der „Mutter Erde", verbinden, während sie mit hoch erhobenen Armen Kraft aus dem Kosmos durch sich fließen ließe. So würde sie sich bewußt und intensiver als bisher als Mensch im Zentrum seiner eigenen Kraft wahrnehmen. Sie würde sich als Abbild des Kosmos erkennen. Ein „Klein-Kosmos", ein *Mikrokosmos,* im Einklang mit dem „Groß-Kosmos", dem *Makrokosmos.* Welch ein großartiges Gefühl der *Einheit!*

Ich brannte darauf, damals, in den späten siebziger Jahren, einer suchenden Menschheit das großartige Erleben mit-zu-teilen, das mir die bewußte Ausrichtung auf die Mächte des Kosmos und die Verbundenheit mit der Erde brachten. Als „moderner Guru" vermittelte ich Suchenden den Kontakt dazu über ausgedehnte persönliche Korrespondenzen und Gespräche. Eine „Geburtshelferin des neuen Bewußtseins" wollte ich sein! Und dazu galt es, Kraft zu entwickeln – durch ständige „ganzheitliche" Übung.

Weder meine Yoga-Lehrerin noch ich teilte unseren Schülern jemals mit, wie sehr wir beide zeitweilig unter Depressionen litten. Wohl sprachen wir von „Kraft", von positiver Ausstrahlung, von neuem Leben und kosmischer Allverbundenheit. Wohl erlebten wir etwas, das diesen Begriffen gut anstand. Doch hatten wir, wie die allermeisten „hochentwickelten Esoteriker", mit Anstürmen dunkler, negativer Mächte zu kämpfen. Dies zwang uns zu häufiger Meditation, zum Kampf mit dem Bösen auf unsichtbarer Ebene in endlos zeitraubenden Scheingefechten.

Jeder von uns hatte wohl seine eigene Methode, um die Anflüge des Bösen abzuwehren. Ich hüllte mich zumeist phantasievoll in Licht ein, entwickelte Kraft aus meiner Mitte (dem Bauchzentrum) und legte positive Sprüche in sie. So murmelte ich denn beim Gemüseschälen etwa mehrmals vor mich hin: „Eine feurige Lichtmauer umgibt mich. Der vollkommene Schutz verwandelt alles Dunkle in gleißendes Licht." Da hätte mir keiner mit dem Spruch kommen müssen: „Du murmelst im Verborgenen wie eine schrumplige alte Hexe – nur gebärdest du dich moderner ..." Heute würde ich sagen: Es trifft den Nagel auf den Kopf! Ich übte mich in *Weißer Magie* wie eine junge Hexe.

Schenk mir einen bunten Regenbogen!

„Coraggio, ancora 10 minuti!" Plötzlich standen sie da, die italienischen Worte. „Nur Mut, noch zehn Minuten!" Keuchend hielt ich an. Der Weg war schmal und steil – eigentlich wollte ich gerade aufgeben. Doch das ermutigende „Coraggio!" trieb mich an. Da hatte wohl irgendein verständnisvoller Wanderer eine Holztafel bekritzelt und sie an den Baumstamm genagelt. Mit neuer Energie erreichte ich mein Ziel eine Viertelstunde später: einen herrlich sauberen kleinen Bergsee. Eine ausgekochte Esoterikerin, wie ich es damals war, nimmt so eine Begebenheit natürlich als Anlaß zum Nachdenken. Ging es mir nicht innerlich ähnlich?

Seit vielen Tagen befand ich mich seelisch auf steilem, schmalem Weg. Ich hatte viel meditiert, hatte mich trotz Ferientagen weltlicher Freuden enthalten und geistig gearbeitet. Vorstellungsübungen, wie sich die Gesellschaft im Neuen Zeitalter verhalten sollte, beschäftigten mich oft. In Gedanken sprach ich die „Große Invokation", das weltweit verbreitete Gebet zum Herbeirufen der „Meister des Kosmos", zum Beschleunigen der „Ausgießung von Kraft" für das Neue Zeitalter. Ich hantierte auf der seelischen Ebene wie ein Kohleschaufler, der einen Dampfer über den Ozean jagen will. Und doch!

Und doch war mir, als wären die „Maestros aus dem Kosmos" nicht zufrieden mit mir. Es schien mir, als müßte ich ohne ihren Beistand mit normalen menschlichen Denkfähigkeiten diese geistliche Schufterei „machen", ohne Durchblick und Weitblick, ohne am Geheimnis teilzuhaben, das sich „der Plan" nennt.

Da! Mein trübsinniges Munkeln am Ufer des Bergsees verflog. Die Mittagssonne stand im Zenit. Unweit von ihr, links und rechts, wolkenartige Farberscheinungen! War es die Korona der Sonne – oder waren es von ihr unabhängige Phänomene? Es war mir gleichgültig, denn in diesem Moment nahm ich „ES" – langersehnt! – endlich wieder einmal wahr: dasselbe unausweichliche Empfinden, wie wenn ich einen Regenbogen sah. Es war, als begänne die Luft leicht zu flimmern. Ein leises, nicht unangenehmes Schwindelgefühl durchzog mein Gehirn. Ich lächelte glücklich. Geheimnisvoll hatte mich eine innere Transformation ergriffen. Eine Art *Umwandlung,* die mein ganzes Denken, Fühlen und Wollen irgendwie verschob. Dieser „Umzug" glich einem „Bewußtseinstransport". Er konnte Minuten dauern, die mich an eine Art bewußt miterlebter Narkose erinnerten. Alsbald dachte ich in neuen Dimensionen: alles war weit und licht, keine Schwierigkeit schien mir unüberwindbar. Jetzt war ich ganz offen für geistliche Wahrnehmung, ganz intuitiv da. Mochte nur keiner kommen und diese Stimmung stören!

Ich lauschte und vernahm – all das Zusammengetragene der vergangenen Wochen bekam einen Sinn. Neue Energie wurde mir verliehen, diesen ungewöhnlichen Weg eines New-Age-Pioniers weiterzugehen, die Welt – wenn auch derzeit noch in Untergrundarbeit – auf das Wassermannzeitalter vorzubereiten. Eine gehorsame Jüngerin der „Großen

Seelen“ des Kosmos nahm still versonnen, mit wohl weltfremdem Blick, abseits der Vernunft, Weisungen aus dem Jenseits entgegen ...

Wie ein kühler Hauch umgab mich noch das beseligende Gefühl dieser Begegnung, als die „Coraggio“-Tafel bereits meinen Rücken grüßte. „Ich habe einen Gott, der mir Regenbogen schenkt“, jubelte ich dankbar. Ich hatte keine Ahnung, was es mit Regenbogen oder ähnlichen Erscheinungen auf sich hatte: daß sie mir aber immer zum „Zeichen“ wurden, das hatte ich längst entdeckt. Durch wiederholtes Erleben war ich überzeugt, daß mein „Meister“ ganz besonders durch Regenbogen zu mir sprach. Immer, wenn ich Farb-Licht-Erscheinungen am Himmel sah, empfand ich einen geheimnisvollen „Wirbel“ im Gehirn. Er war da wie ein Wind, der Neues aus dem Jenseits brachte. Ein Hauch „Geistige Hierarchie“...

Allein diese in den Bereich der Mystik einzuordnende glückselige Erfahrung war es übrigens, die mich das große Märchen von einem kommenden „goldenen Zeitalter“, einer „goldenen Morgendämmerung“, tapfer glauben ließ, wenn mein Verstand dieses ganze Wissen in den Papierkorb werfen wollte. Ich hatte Jahre zuvor die Meisterprüfung für Direktions-Assistenten bestanden, eine Prüfung, die Kenntnis knallharter Wirtschaftsbelange und ein entsprechend nüchternes Denkvermögen voraussetzt. In den anschließenden Jahren wollte ich Karriere machen – und auf den Managementebenen konnte sich keiner ein „träumendes Bewußtsein“ leisten. Auch nicht eine Frau. „Intuitives Management“, wie es jetzt Ende der achtziger Jahre in Mode kommt, war damals unvorstellbar.

Und doch waren es gerade die berufliche Überforderung und der Streß, die mich nach einer „Hektik-Abstell-Methode“ suchen ließen. Außerdem hatte ich als junge Sekretärin schon von einer „Großen weißen Bruderschaft“ gehört und etwas von spirituellen Techniken mitbekommen. Damals hatte ich meine mediale Veranlagung entdeckt.

Später wurde sie von Zahlen verdrängt: den Umsatzvorstellungen des Chefs einerseits – für die es sich einzusetzen galt – und der beachtlichen Anzahl Banknoten in der Lohntüte andererseits. War ich ein Materialist geworden? Der Verdacht darauf wuchs – und trieb mich ins Yoga. Materialistisches Denken und Intuition sollten vereinigt werden; meine Seele schien der Sinnentleerung entrissen. Die Technik würde sie nicht vergewaltigen, der Wohlstand nicht verderben: jetzt würde sie sich ans Jenseits anjochen und von dort neu mit Nächstenliebe, Kreativität, sozialem Gerechtigkeitsempfinden gefüllt werden. Das Zauberwort „Integration der Persönlichkeit“ beruhigte mich.

Wenige Jahre nach dem Einstieg ins Yoga folgte der Ausstieg aus dem Beruf. Nicht gerade Hals über Kopf, aber doch in gewissem Sinne „bäuchlings“: Die „Kraft aus dem Bauch“ war mir bewußtseinsverändernd in den Kopf gestiegen und ließ mich bis 1980 zur „Führerin auf dem inneren Weg“, zum „Guru“ für Suchende werden.

Von der Selbstmord-Empfehlung zu ewigem Leben

Berauschende, in mystisches Gott-Erschauen und beseligendes Einssein führende Zustände einerseits; bedrückende, in erschreckende Visionen führende Erlebnisse andererseits. Gemeinschaft und Freundschaften mit Gleichgesinnten einerseits; Außenseitertum in der Gesellschaft andererseits. Astrologieglaube einerseits; vernunftmäßige Ablehnung der persönlichen Gestirnseinflüsse andererseits. Glaube an die menschenmögliche Überwindung von Furcht, Krieg, Hunger durch spirituelle Evolution einerseits; entmutigende Einsicht in das Ergebnis langjähriger, fast fruchtloser Überwindungsbemühungen andererseits. Welche Gegensätze!

Sie trieben mich, um offen zu sein, 1980 dazu, ernsthaft Bilanz zu ziehen. Ehrlich wollte ich sein, denn was ich immer schon suchte, war *Wahrheit*. Wenn meine Bilanz negativ für den Glauben an Evolution, Esoterik, Einheit und die Lösung aller Probleme durch ein Neues Zeitalter ausfallen sollte, würde ich die Konsequenz ziehen. Ich ließ meine buchhalterischen Fähigkeiten beiseite und faltete statt dessen meine Hände: aufrichtig, flehentlich bat ich Gott, mir die Wahrheit zu zeigen. Wer war Gott? Wirklich dieser „kosmische Geist", für den ich ihn hielt?

Innerhalb kürzester Zeit nach diesem Gebet verdüsterte sich mein Leben: was ich bisher für Lichtgestalten des Kosmos hielt, entpuppte sich nun als zornige Götter. Für sie war ich ein Versager, unbrauchbar geworden. Auf demselben telepathischen Weg, auf dem ich vorher gelobt und geliebt worden war, erreichte mich nun eine „sanfte" Selbstmordempfehlung. Nun wußte ich eins gewiß: die Götter des New Age, so licht sie sich gaben, hatten nichts mit jenem gerechten Gott zu tun, den ich trotz allem für den lebendigen Schöpfer hielt.

In dieser Monate währenden Zeit des Psychoterrors und der gesundheitlichen Angriffe bemerkte ich kaum den Beginn der wichtigsten Veränderung meines Lebens: Jesus, der mir bisher *ein* „Meister" der „Geistigen Hierarchie" gewesen war, wurde für mich *der* Christus. Ich las kaum je die Bibel (es stimmte mich damals noch depressiver), aber ich hielt mich im Gebet an den Namen Jesus Christus, von dem ich Erlösung erhoffte.

Eines Tages schien sie sich anzubieten: ein Inserat über „richtiges Atmen" stach mir ins Auge. Wie gerne wäre ich jetzt meine Yoga-Atmung losgeworden, die mich bisweilen mit „Energie" füllte, obwohl ich dies nicht mehr wünschte, und mich in Hoch-Zustände versetzte, die ich jetzt ablehnte. Vorsichtshalber fragte ich am Telefon, ob dieses „Atmen" mit Yoga zu tun hätte. „Aber natürlich nicht Yoga", versicherte die freundliche Frau. „Ich habe hier immer eine aufgeschlagene Bibel vor mir." Na, dann konnte mir ja wohl nichts passieren?!

Schon nach der ersten Atemstunde war mir besser. Das Dunkel wich. Die zweite Lektion brachte wieder etwas Lebensfreude in meine Trübsal. Und beim dritten Besuch war ich überzeugt, auf dem rechten Weg zur ersehnten Erlösung zu sein. Die helläugige Vreni lächelte zufrieden unter dem Blondschopf: ob sie mich massieren dürfte?

Während sie mir über die Wirbelsäule strich, geschah es: als würde nach mehrmonatiger Abstinenz einem Alkoholiker wieder ein Schluck Branntwein durch die Kehle rinnen, überwältigte mich die Lichtflut jenseitiger „Seligkeit". Vreni merkte es sofort. Ich schaute sie sehr direkt an: „Woher haben Sie diese Massagetechnik?" – „Von St. Germain", sagte sie in ungeahnter Offenheit. Zack! So war ich also wieder hineingeraten in den Strudel der Kosmokratoren! St. Germain – der Name war mir wohlbekannt als Bezeichnung eines „Meisters der Geistigen Hierarchie".

Ich hatte nicht die Kraft, mich von Vreni zu lösen. Abhängig von dem „unsichtbaren Elixier", das sie mir bot, wurde sie mir nun zur geistlichen Stütze. Vreni stand unter dem Einfluß einer großen amerikanischen Bewegung, deren europäische Gruppierung ich schon früher kannte. Einladend schilderte sie deren Zusammenkünfte: *Farben* spielten dort eine große Rolle. Jeder der sieben Wochentage hatte seine eigene Farbe. War der Tag grün, erschienen alle „Jünger" in Grün. War er violett, eben in Violett. Violett – so lernte ich jetzt – hatte die Macht, zu reinigen. Es gab im Kosmos eine „violette Flamme", die alles Böse und Unreine beseitigen konnte. „Für unsere Sünde und Schuld gibt es einen kosmischen Radiergummi", propagierte ein Kollege von Vreni stolz die Kraft der violetten Flamme. Ich besuchte einen Kurs bei ihm: im Kirchgemeindehaus einer nahen Stadt.

„Beim Autofahren stelle ich mir vor, in meiner Brust sei ein Scheinwerfer. In diesen Lichtkegel nehme ich den Vordermann auf der Straße, so daß göttliche Kraft ihn verändert. Damit können wir die Welt verändern!" So lehrte er fröhlich die Harmonie des Universums. Sein Bus war ausstaffiert mit den goldfarbenen Porträts seiner verehrten Meister.

Ich verstand die Welt nicht mehr! Verstand nicht, wohin ich mich denn *noch* wenden sollte, um aus diesem Netzwerk auszubrechen. Wo war die gute, heilsame Lehre zu finden, die Wahrheit, die es doch geben mußte, wenn diese Mischung aus Farbe, Reinkarnation und Meisterglaube auch in Kirchgemeindehäuser Einzug hielt?

Doch der Schöpfer des Universums ist großartig! Er fand mich – allen Versuchen des Netzwerks, mich gefangenzuhalten, zum Trotz. Seit jenem Gebet 1980 behielt mich der Gott der Bibel, in dessen Licht nie Horrorgestalten grinsen, in den Augen. Rückblickend hat er mir in den drei Jahren bis zur völligen Befreiung im Juni 1983 immer vorangeholfen. Doch trotz meiner ehrlichen Sehnsucht nach Erlösung brauchte ich Zeit zum Bereitwerden, die „Illusion Kosmos" *ganz* über Bord zu werfen und etwas *völlig Neues* zu wollen und zu werden.

Das vollkommene Muster

Einstich – Nadel herausziehen! Geschickt fährt der schwarze Faden ins Gewebe. In ein paar Wochen würden aus dem Stoff grasgrüne Augen hervorlugen. Die Gobelin-Stickerei „Katze auf Kissen" nahm Form an.

Es war Mitte der siebziger Jahre, gerade als das Neue Denken mich stark zu durchdringen begann, als mir jemand den Katzen-Gobelin schenkte. Der Pussy-Kater hatte ein schwarz-weiß-geflecktes Fell, um das herum etliche andere Farben eingesetzt werden sollten. Mir ging ein grund-legendes Licht auf: Mein Leben, wie dasjenige aller Menschen, wies dunkle und helle Abschnitte, Eigenschaften und Verhaltensweisen auf. Wie ein Grundmuster waren sie in mir angelegt und mußten durchlebt werden. Wenn ich mein Leben nach diesem vorgezeichneten Muster wob, würde – ohne daß ich selber den Überblick haben mußte – ein ganzheitliches Bild entstehen. Wenn wiederum jeder einzelne Mensch sein in ein großes Ganzes eingebettetes Muster wob, würde zuletzt ein globales Bild entstehen. Das, was ich damals „Harmonie des Universums“ nannte, schien sich so zu verwirklichen. Mein Leben mußte immer bewußter und genauer auf einen „unpersönlichen Urgrund, der alles durchdringt“, abgestimmt werden. Dieses Abstimmen bedurfte jenes Neuen Bewußtseins, in das ich durch jahrelange Yoga-Praxis und Meditation eingeübt war. Ich „sah“ nun überall Zusammenhänge – genauso wie Oma bei jeder Einzelheit, die sie in ihre Gobelin-Arbeit einstickt, den Überblick über das ganze Grundmuster behält. Diese Gesamtschau, die nicht nur gedacht, sondern auch tief empfunden wird, nennt sich „Holismus“. Ganzheitliches, holistisches Denken beruht also auf der Vorstellung, alle Lebenszusammenhänge stünden in einem Grundmuster zusammen in Bezug. Das New-Age-Wort für dieses Grundmuster heißt „Paradigma“. Jetzt wird auch klar, warum heute so oft von „altem und neuem Paradigma“ gesprochen wird!

Die Vor-Denkerin des Neuen Bewußtseins, Marilyn Ferguson, bringt in ihrem Buch „Die sanfte Verschwörung“[35] Vergleiche zwischen dem alten und neuen Denkmuster für die Bereiche Wirtschaft, Erziehung, Medizin, Politik usw. Wenn ich diese Vergleichstabellen über viele Seiten ansehe, dann mache ich eine interessante und für mich großartige Feststellung: Ich bin ein völlig neuer Mensch geworden! Es ist erstaunlich, welche Gewalt dieses Neuwerden haben kann! Heute, Jahre nach der entscheidenden Wende, sehe ich die faszinierenden und auffallenden Unterschiede. Es wird mir klar, daß ich auf *beide* der von Marilyn Ferguson geschilderten Arten während langer Jahre meines Lebens gedacht habe: während der materialistisch ausgerichteten Zeit beruflicher Karriere im „alten Paradigma“, welches in der Wirtschaft heute noch vorherrscht; während der auf Bewußtseinserweiterung ausgerichteten Zeit der New-Age-

Aktivität im „neuen Paradigma“. Heute denke ich in keinem von diesen beiden Mustern!

Das Großartige und Erstaunliche ist eine Tatsache, derer sich die neuen Denker nicht gewahr sind: daß es noch eine *dritte* Möglichkeit des Bewußtseins, des Denkens gibt! Ich möchte dieses Muster – im Unterschied zum „alten und neuen Paradigma“ – das „vollkommene Grundmuster“ nennen.

Wie komme ich dazu, eine solche Unterscheidung zu wagen? Ganz einfach: ich habe sie nicht „gemacht“ oder geplant, sondern erfreue mich ihrer als Ergebnis dessen, was die Bibel „Wiedergeburt“ nennt. Tatsächlich stimmt die aktuelle Aussage des Neuen Testamentes: „Wenn jemand in Christus ist, so ist er eine neue Schöpfung; das Alte ist vergangen, siehe, *Neues* ist geworden“ (2. Korinther 5,17).

Natürlich ist das nicht so gemeint, daß der Mensch körperlich vergeht, also stirbt, und nochmals als Mensch geboren wird. Es ist ein *geistlicher* Vorgang gemeint. Wir dürfen ohne weiteres diese Bibelstelle auch so interpretieren: „Wenn jemand in Christus ist, hat er ein neues Bewußtsein; das alte Denkmuster ist vergangen, siehe, ein ganz neues Bewußtsein ist geworden.“

Weil ich schon einmal das alte Denken abgelegt hatte und über viele, lange Jahre ein kosmisches Bewußtsein intensiv übte und kannte, weiß, empfinde, erkenne ich den Unterschied in meinem heutigen Denken. Es ist ein ganz wesentlicher: Nicht der unpersönliche *Kosmos* ist das Grundmuster meines Bewußtseins, sondern der *persönliche Schöpfergott.* Klare Folgerung: Deshalb konnte Paulus den Griechen sagen, daß er als weiser Baumeister den *Grund* gelegt habe, auf dem sie nun bauen sollten. Tausende von Menschen gehen in Kirchen, über deren Altären der Spruch steht: „Einen anderen Grund kann niemand legen außer dem, der gelegt ist, Jesus Christus“, und wissen nicht, was sie damit anfangen sollen. Wird ihnen je gesagt, daß es sich dabei unter anderem um Bewußtsein, um Denken handelt?

In diesem biblischen Grundmuster ist die ganze Fülle in der *Person* Jesus Christus enthalten. Obwohl ich mich in meinem alten Denken – vergleichsweise dem „alten Paradigma“ – auch Christin nannte, irgendwie an Gott glaubte, betete und keinesfalls den Eindruck geistlichen Schlafes hatte, war ich blind für geistliche Zusammenhänge. Meine Sehnsucht nach Antwort, ob da ein Gott sei und warum er diese elenden Zustände auf Erden zulasse, ist erst gestillt, seit Gott ein ganz neues geistliches Denken in mich gegeben hat. In Anlehnung an Computerbegriffe: Seit Gott ein ganz neues Betriebssystem in mein Herz und Denken einlud, kann ich all meine bisherigen Lebensdaten, Gewohnheiten, kulturellen Einflüsse und ähnliches neu verarbeiten und ausdrücken. Bis ein zuinnerst umgestalteter Mensch sich so verändert hat, daß auch der „Output“, seine Äußerungen, dem entsprechen, braucht es Zeit.

Paulus hat dazu schon die Römer aufgefordert: „Und seid nicht gleichförmig dieser Weltzeit, sondern werdet *verwandelt* durch die *Erneuerung* des Sinnes, daß ihr prüfen mögt, was der Wille Gottes ist: das Gute und Wohlgefällige und Vollkommene“ (Römer 12,2).

Lassen wir zwei kluge Leute zu Wort kommen, die sich in ihrem geistlichen Bewußtsein stark unterscheiden. Der eine denkt aufgrund der Bibel, er ist nach seinen Aussagen ein bewußter Christ; der andere hat stark den Begriff des „neuen Paradigmas“ mitgeprägt. Sie haben beide eines gemein: sie kennen sich an kalifornischen Universitäten aus. Der eine, Dr. F. LaGard Smith, ist Professor für Recht an der Pepperdine University in Kalifornien; der andere, Dr. Fritjof Capra, ist Physiker.

Dr. F. LaGard Smith: „Das christliche Muster ist ein prachtvolles Paket, in dem sich alle Teile zu einem Ganzen zusammenfügen. Ich brauche nicht umherzulaufen und erst wild entschlossen nach einer Idee, dann nach der nächsten zu greifen – mich irgendeiner zusammengesuchten Philosophie anzuvertrauen, die eine Vereinbarung von Unvereinbarem verlangt."[36]

Dr. Fritjof Capra: „Ich war also im Mai '68 in Paris, bin sehr beeinflußt worden von der franz. Studentenbewegung, und noch 1968-70 war ich in Kalifornien und war dort von den Black Panthers und den verschiedenen sozialen Bewegungen sehr beeinflußt. Beide Strömungen haben sich in meinem Weltbild vereinigt, zuerst im ‚Tao der Physik' die Ausweitung zum Spirituellen hin und dann in ‚Wendezeit' die Ausweitung zum Sozialen." – „In der Folge war es so, daß die Erfahrung der mystischen Traditionen, Meditation und die Einflüsse aus dem Osten so wichtig für mich waren, daß ich sie in einem Buch zusammenfassen wollte, mit den Parallelen zur modernen Physik."[37]

Das Konzept in Aktion

Wenn ich auf die Sequenzen meines Lebens schaue, die ich auf den vorangegangenen Seiten erzählte, ist mir klar, daß dahinter ein Konzept, also Planung, stand. Ich hatte innerhalb weniger Jahre viel Information aufgenommen und vor allem viel erlebt. Das alles, so kunterbunt gemischt aus Diesseits und Jenseits, östlicher Mystik und westlicher Wissenschaftlichkeit, schien auf *einen* Punkt zuzustreben. Der gemeinsame Nenner gipfelte in dem Zauberwort „Einheit". Verbunden damit prägten sich mir Schlagworte ein wie: „Alles ist eins", „Tao", „One World". Da gab es Wochen, in denen ich mich eine Weile auf das Studium und das innere, bildhafte Erleben der Tarot-Karten einstellte, dann Hesses „Glasperlenspiel" las, hernach Zen-Übungen ausführte, anschließend Literatur von Alice Bailey studierte, um mich danach für Bewegung und meditativen Tanz zu interessieren.

Was von außen gesehen wie ein völlig zusammenhangsloses Durcheinander anmutete, war Teil eines geplanten

Grundmusters. Psychische Kräfte und körperliche Harmonie wurden ebenso geübt wie geistliche Vorstöße in neues Denken. Ich folgte im Ablauf meines asketisch-strengen und doch gefühlvoll-schöpferischen Lebens nicht Launen oder Willkür. Wem denn? Ganz klar: dem unsichtbaren Kosmokratoren, der das Muster für meinen Auftrag klar kannte und gezielt verwirklichen wollte. Wie sah dieser Auftrag aus? Einer Freundin gegenüber äußerte ich mich einmal so: „Mein Auftrag lautet klar: *Einheit* aller Denkrichtungen, Religionen und Ideologien anstreben und verwirklichen." – „Außer daß du in ständigem Kontakt mit der ‚Geistigen Hierarchie' bist, darfst du mir sagen, was du konkret tun mußt?" – „Du weißt aus früheren Gesprächen, daß ich mit sehr vielen New Agern im Kontakt stehe. Sie liefern mir alle nur wünschbare Information über den Charakter der Lehre und Gruppe, in der sie arbeiten. Mir geht es darum, die verbindenden Elemente zu finden."[38]

Diese „Geistige Hierarchie" und ihre „Meister" fand ich in dem Werk von Alice Bailey wieder. Mein Weg führte vom jahrelangen, vorerst intuitiven Folgen einem gewissen „ES" nach zum wissentlichen, aktiven Arbeiten für einen erkannten „Meister".

Dieser Weg über das Erleben und Erforschen hin zum Einblick in den „Plan" mit der menschlichen Gesellschaft ermöglicht mir heute zu sehen, wie das mir bekannte Konzept die Welt steuert und die Gesellschaft umwandelt. Was manch einem andern wie Zufall erscheint, verrät mir Einflüsse der „Geistigen Hierarchie". So erkenne ich ganz besonders in einigen Spielzeug- und Kindercomic-Programmen die Handschrift der „Jenseitigen". Sie verführen das Denken der Kinder und oft dasjenige der Eltern dazu. Dieser „sanften" Umwandlung sind die Menschen ausgesetzt – es sei denn, man widersetzt sich entschlossen! Diese Entschiedenheit darf aber nicht rein gefühlsmäßig erfolgen, sondern muß sich auf Fakten gründen. Solche Fakten werden in den nächsten Kapiteln zusammengetragen. Einerseits soll das Konzept der „Meister“ näher betrachtet, andererseits sollen die entsprechenden Auswirkungen auf die Kinder beleuchtet werden. Das Konzept der „Meister“ ist keineswegs nur bei Bailey zu finden. Da es jedoch mustergültig für viele Jahrzehnte und zugleich top-aktuell ist, sollen uns Bailey-Zitate durch diese Analyse begleiten. Sie soll dem Leser ermöglichen,

- ▷ innerhalb der Kinderliteratur- und Spielzeugprogramme die Bezüge zum okkult-esoterischen Konzept zu erkennen;
- ▷ sich der Tragweite der Beeinflussung bewußt zu werden;
- ▷ sich zu entscheiden, ob und wieweit seine Kinder diesen Einflüssen ausgesetzt werden sollen;
- ▷ entsprechend konsequent zu handeln.

Allerdings: solch konsequentes Handeln wird je länger je mehr bedeuten, gegen den Strom zu schwimmen. Die Kraft dazu kann meines Erachtens nur eine geistliche Ausrichtung im biblischen Sinn schenken. Sie steht jedem Menschen offen: der Himmel kennt keinen „numerus clausus“, keine Platzzahlbeschränkung! Jeder, der will, kann seines Heils gewiß werden. In Lukas 15,7 sagt Jesus: „Ich sage euch, also wird Freude sein im Himmel über einen Sünder, der Buße tut...“

2
Theorie: Kinder für das Neue Zeitalter

Der Fahrplan: Erziehung inbegriffen

Die bisherigen Ausführungen haben die Voraussetzung dafür geschaffen, die Aussagen von Alice Bailey über ein kosmisches Welt- und Zukunftsbild zu erkennen. Auch dann, wenn sie sich noch so religiös und christlich anhören, widersprechen sie im Kern den christlichen Grundlagen. Frau Bailey legt im über 800seitigen Buch „Die geistige Hierarchie tritt in Erscheinung" sozusagen einen *Fahrplan* für das stufenweise Inkrafttreten dieser Einflüsse vor. Ein Blick auf die Aktivitäten jener Bewegung, die wir heute noch mit „New Age" bezeichnen, zeigt eine erstaunliche Übereinstimmung mit diesem Fahrplan.

Für unsere Belange ist es interessant zu entdecken, über welche Wege sich die Dinge hauptsächlich entwickeln sollen: „Man könnte sagen, daß die Kirche, die Bruderschaft der Freimaurer und das *Erziehungswesen* die drei hauptsächlichsten Mittel und Wege sind, um das neue Zeitalter vorzubereiten."[39]

Allmählich läßt sich dies erkennen. Dr. Robert Muller, ehemaliger stellvertretender UNO-Generalsekretär, hat in seinem New-Age-Buch „Die Neuerschaffung der Welt"[40] einen Vortrag abgedruckt, den er vor der Arkan-Schule in New York hielt. Die Arkan-Schule in New York und Genf ist jener Teil der Bailey-Gesellschaften, die sich der Jünger-Schulung in bezug auf die „Hierarchie der Meister" annimmt. Dies ist *ein* Beispiel von vielen, wie verwoben das New-Age-Netzwerk heute noch mit den Bailey-Werken ist.

Robert Muller sprach am 11. Juli 1986 in den Vereinten Nationen mit Sant Darshan Singh über „Friede und Einheit der Welt". Sie unterhielten sich über die Verwirklichung dieser „OneWorld"-Philosophie im Sinne des Neuen Zeitalters:

Robert Muller: „Der wichtigste Weg, dies zu verwirklichen, ist der über *die Erziehung. Die Kinder* werden nicht für die Einheit der Welt erzogen. In der heutigen Welt ist das nicht länger richtig. Wir müssen ihnen ein Bild davon vermitteln, daß das Universum und die ganze Welt ihre Heimat sind."
Singh: „Wir sind zu interplanetarischen Menschen geworden; wir sind nicht länger nur erdgebundene Menschen und müssen schließlich zum kosmischen Menschen werden."
Robert Muller: „Lassen Sie mich Ihnen etwas sagen, das ganz auf der Linie Ihrer Worte liegt. Es gibt eine *Schule*, die die Kinder zu Weltbürgern erzieht. (Die Schule der zeitlosen Weisheit, umbenannt in Robert-Muller-Schule, 6005 Royal Oak Drive, Arlington, Texas 76016). – So identifizieren sich die Kinder direkt mit dem Universum. Hier wird es ihnen von Anfang an so vermittelt, daß sie ihre Beziehung zum Universum verstehen, ihre Beziehung zur Erde, die ihre Heimat ist, und ihre Beziehung zur Menschheit, die ihre Familie ist."
Singh: „Dies ist ein Teil dessen, was wir positive Mystik nennen."[41]

Doch nicht nur in Spezialschulen, deren Beziehungen zum New-Age-Gedankengut recht offensichtlich sind, sickern fahrplanmäßig die neuen Erziehungs- und Lernmethoden ein. Gemäß dem Bailey-Werk „Erziehung im Neuen Zeitalter" wird sich der Erzieher der Zukunft in seinem Dienst am Kinde „... hauptsächlich mit dem Aspekt des Denkprinzips befassen und nicht damit, dem Kind möglichst viel systematisches, die phänomenale Existenz betreffendes Wissen einzutrichtern."[42]

Was Frau Bailey aufgrund medialer Eingabe in den vierziger Jahren vorausgesehen hat, können wir heute sinngemäß in der Tagespresse wiederfinden.

Zur Vermittlung des „neuen Denkvermögens" schlägt Bailey eine Methode mit Konsequenzen vor: „Mit der Anwendung dieser Methode wird man im fünften Lebensjahr des Kindes beginnen; die forschende Intelligenz (die ja das Kind selbst ist) wird vom Lehrer immer zur *Innenforschung* [Hervorhebung im Original] gezwungen, so daß das äußere Verlangen nach einer Antwort, die auswendig gelernt werden kann und die sich auf die Autorität einer älteren Person stützt, umgangen wird."[43]

Kinder an die Macht?

Unter dem Titel „Kinder an die Macht" stellt das Magazin für Neues Bewußtsein „esotera" die „Antipädagogik" vor. Sie scheint die obige Methode weitgehend aufgefangen zu haben: „Der Name ‚Antipädagogik' ist mißverständlich. Er schreckt viele ab, sich mit dem Thema auseinanderzusetzen. Tatsächlich aber könnte diese ‚Gegenerziehung' eine Atmosphäre schaffen, in der sich ein ‚neuer Mensch', das spirituelle, bewußte, friedfertige Individuum entfaltet, das im Einklang mit Kosmos und Erde lebt. Die Antipädagogik, die ‚Beziehung' statt ‚Erziehung' will, scheint eine Art der Kommunikation zwischen Kindern und Erwachsenen zu sein, die einem ‚neuen Zeitalter' angemessen wäre."[44]

Der „Zwang zur Innenforschung" steckt auch in Lernmethoden, die wir im folgenden unter die Lupe nehmen wollen.

Bewußtseinserweiterung auf Schlafwagenart?

Erinnern Sie sich an den Satz von Prof. LaGard Smith: „Das christliche Muster ist ein prachtvolles Paket, in dem sich alle Teile zu einem Ganzen zusammenfügen."? In diesem Paket ist ein aktives Denken, ein waches, nüchternes Bewußtsein genauso vorhanden wie die klaren Töne des Hoheliedes der Liebe. Es grenzt beinahe an ein interessantes Abenteuer, vom Inhalt dieses Paketes immer neu Gebrauch zu machen. Der Preis dafür ist allerdings, wie beim Auspacken eines jeden Paketes, eigene entschiedene und willentliche Aktivität. „Wachet!" empfiehlt das Neue Testament immer wieder. Zu Recht, wie wir im folgenden sehen werden.

Eine Hamburger Lehrerin bietet ihren Schülern die Möglichkeit, sich mittels bildhafter Vorstellungen Bezugspersonen auszudenken, die ihnen bei den Schulaufgaben helfen. So berichtet „esotera" unter dem Zusatztitel „Den Kleinen hilft der Herr im Schlaf": „Mittels gemeinsam durchgeführter kleiner Entspannungs- und Visualisierungsübungen vermittelt die Lehrerin die Fähigkeit, die Bezugsperson vor dem inneren Auge lebendig werden und in entsprechenden Situationen – zum Beispiel bei Klassenarbeiten – hilfreich eingreifen zu lassen. Nach einiger Übung funktioniert es tatsächlich: der gedanklich zum Leben erweckte, imaginierte Freund beginnt zu sprechen. [!] Das klingt sehr magisch. Aber die Funktionsweise läßt sich leicht ganz rational erklären..."[45]

Wie sich die dann folgenden Erklärungen über Abläufe im Unterbewußtsein „leicht ganz rational" erklären lassen, ist höchst fragwürdig. „Ganz problemlos", räumt die Reportage ein, „ist das Verfahren dennoch nicht." Die Lehrerin: „Kinder gehen mit solchen Tricks ganz locker um und setzen sie höchst erfolgreich ein. Schwierig ist es bloß mit Eltern und Kollegen. Da herrschen eine Menge Unsicherheit und Angst vor solchem ‚unwissenschaftlichen Kram'.

Mit Erwachsenen spreche ich deshalb kaum über die Methoden – aus reinem Selbstschutz. Ich habe keine Lust auf endlose Diskussionen, die sich im Kreise drehen. Ich will es den Schülern leicht machen, nur darum geht es mir. Wie – das brauchen die meisten Eltern und Lehrer gar nicht mitzubekommen."

Genau da aber liegt der springende Punkt: verantwortungsbewußte Eltern, die hinter solchen Tricks eine Manipulation des Denkens ihrer Kleinen vermuten könnten, sollen „es gar nicht mitbekommen". Der Dialog mit den Kindern am Familientisch ist deshalb wichtig! Denn von „Methode" sprach auch der „Meister" von Alice Bailey im Buch „Erziehung im Neuen Zeitalter": „Das Alte muß vom Neuen verdrängt werden. Aber nur, wenn für die *Jungen und Jüngsten* im Volk eine neue Grundform der Erziehung eingeführt und ihnen eine andere Einstellung zum erzieherischen Werdegang beigebracht wird, wird es der Menschheit möglich sein, diesen neuen Weg zu beschreiten. Was ich hier und an anderer Stelle über die Wissenschaft der Meditation und des Dienens und über die Antahkarana gesagt habe, hat *Methode*, zeigt die Mittel und Wege und ist verheißungsvoll!"[46]

Einmal Alpha und zurück

Im selben „esotera"-Artikel geht's munter weiter: In den Sommerferien hatte die Autorin Gelegenheit, einen viertägigen „*Silva-Mind-Control*-Kinderkurs" für ein paar Stunden mitzuerleben: „Im Konferenzraum des Münchner Hotels liegen etwa 30 Kinder zwischen 7 und 13 Jahren auf dem Teppichboden, auf Wolldecken, Schlafsäcken oder auf zusammengestellten Stühlen. Die Seminarleiterin liest einen Text vor, der die Kleinen in den sogenannten *Alpha-Zustand* führt. (In diesem Zustand überlagert die Bildersprache der rechten Gehirnhälfte das rationale, analytische Denken der linken)."[45]

In diesem Zustand werden Lerninhalte über Tiere suggeriert. Sie sollen sich den Kindern „unvergeßlich einprägen": „Denkt daran, daß ihr den Tieren Gedanken schicken könnt", erinnert die Seminarleiterin. „Sie werden diese Energie spüren, und sie wird ihnen helfen, gesund zu werden."

Was ist „Silva Mind Control"? Diese Erfindung von José Silva ist bereits den Lesern der Geschichte von Johanna Michaelsen in „Der große Betrug" sehr eindrücklich vorgestellt worden. Erst als Johanna Christin geworden war und sich von den haarsträubenden Erlebnissen in ihrem „Silva-Labor" gelöst hatte, sah sie, wie gut sich die dort geübten Psychotechniken in ihre Geistheiler-Bezüge einordnen ließen. Beides entsprang demselben okkulten Hintergrund! Johanna Michaelsen weiß, wovon sie spricht, wenn sie schreibt: „Gerade die Kinder sind das Hauptziel von Satans Kampagne geworden. Ihr noch junger Verstand läßt sich leichter zur Annahme der Realität des Übersinnlichen formen und programmieren."[47]

Wie bedenklich mutet deshalb die Fortsetzung des obigen Berichtes an: „Das System der ‚Silva-Mind-Control-Kinderkurse' wurde von Laura Silva entwickelt – der Tochter von José Silva. Der Kurs orientiert sich an dem viertägigen Lernprogramm für Erwachsene. Voraussetzungen für die Teilnahme eines Kindes ist allerdings, daß mindestens ein Elternteil die Technik der Silva Mind Control beherrscht. Das gleiche wird verlangt, wenn Kinder die ‚Transzendentale Meditation' (TM) erlernen wollen. Diese Meditationstechnik wird an Kinder ab vier Jahre weitergegeben, und zwar ganz mühelos und spielerisch. Sie öffnet auf etwas andere Art, aber genauso effektiv, die Pforten zu Kreativität, Intuition, Entspanntheit und Spiritualität, beziehungsweise hält diese Pforten offen."[45]

Der Verstand: nur noch „blinder Passagier“?

Die passive Offenheit für gewöhnlichen Schulstoff wie Vokabeln, Heimatkunde und Zoologie, welcher anfänglich über diese Methode vermittelt wird, mag Eltern harmlos und wünschenswert erscheinen. Sie müssen allerdings wissen, daß der ‚Alpha‘-Zustand das Gehirn umgeht. Damit ist der kritische Verstand ausgeschaltet. Dieser Verstand ist aber jener Wächter an der Pforte zum Unterbewußtsein, der unerwünschte Inhalte vor dem Eindringen abhalten könnte. Gewöhnt sich ein Kind unter dem Beifall der Eltern früh an dieses „mühelose Super-Learning“, wird es die Methode selbstverständlich üben. Es öffnet sich damit unkontrolliert der „Intuition“ und „Spiritualität“ und setzt sich der Wirkung von Mächten aus, die es verstandesmäßig nicht mehr in den Griff bekommen wird.

Was hier mit den Kleinen geübt wird, streben die „Meister aus dem Kosmos“ längst mit den Erwachsenen an. Benjamin Creme, bekannt als New-Age-Leader, schreibt in einer Durchsage seines Meisters im November 1987: „Immer mehr Menschen erreichen heute die Kontinuität des Bewußtseins und behalten damit die Erfahrung des Schlafzustandes im Gedächtnis. [Der Alpha-Zustand ist eine Stufe des Schlafzustandes, Anm. K.L.] Dies beschleunigt die Evolution, da keine Zeit mehr mit *Warten auf das Durchsickern der Information zum Gehirn* verlorengeht.“ (...) „Das bringt einen Zustand *göttlicher Indifferenz* mit sich, in dem die Wunschnatur schwächer wird und der wahre, innere Mensch zum Vorschein kommt.“[47a]

In einer Zeit der Informationsflut ist ein zeitsparendes Angebot, Wissen zu verarbeiten, verlockend. Doch geschieht dies hier mit Tricks, die den Verstand nicht mehr um sein „Okay!“ fragen. Wenn aufgrund solch grober Nachlässigkeit unserer Verstandesinstanz gegenüber ein Zustand der „Indifferenz“, also der Gleichgültigkeit, entsteht, ist dies in keiner Weise göttlich zu nennen. Vielmehr geht es hier um eine alarmierende Entpersönlichung. Prof. La-Gard: „Trennt man die Realität des Verstandes, des Leibes oder des Geistes von der menschlichen Persönlichkeit, entledigt man sich jeweils eines Schlüssels, der uns die Geheimnisse unserer Existenz eröffnet.“[48]

Nun ist der Alpha-Zustand, der gerade noch zum Wachbewußtsein gehört, nicht an sich „gefährlich“. Jeder befindet sich automatisch darin, und zwar vor Schlafphasen. Der Mensch ist aber in dieser Alpha-Phase viel manipulierbarer als sonst. Die Gefahr liegt deshalb mehr in der Frage, wer oder was einen Menschen in dieser Zeitspanne beeinflußt, insbesondere, wenn sie künstlich, d.h. durch Training, herbeigeführt wird. Verteilzeitschriften wie der „Drogistenstern“ beispielsweise geben unumwunden zu, daß etwa das Autogene Training von der Hypnose abgeleitet ist.[48a]

Der Schweizer Arzt Dr. U. Senn warnt im Zusammenhang mit dem Autogenen Training vor solchen Zuständen: „Der Geist Gottes arbeitet mit dem Geist des Menschen und seinen Fähigkeiten zusammen. Der lebendige Gott versetzt den Menschen nicht in einen Zustand herabgesetzter Kritik, um sich ihm durch die Bibel zu offenbaren. Hingegen öffnet das Herstellen einer künstlichen Selbstversenkung der Dämonenwelt Tür und Tor. Das Autogene Training [genauso wie andere hier besprochene Methoden, Anm. K.L.] setzt zugegebenerweise die Kritik, die Orientierung und die Selbstbestimmung herab und bringt den Menschen in einen Zustand der Passivität.“ (...) „Der Herr fordert uns immer wieder auf, auf Ihn zu blicken und nicht auf uns selbst, auch nicht auf ‚unsere innere Bilderschau‘.“[49]

Das liegende Klassenzimmer

Erich Kästners „Fliegendes Klassenzimmer“ war weit sympathischer als das, was die Frauenzeitschrift „Annabelle“ unter der Abwandlung dieses Titels vorstellt. Ein Foto zeigt dem Leser liegende Schulkinder, denen der Schulstoff über

Suggestopädie vermittelt wird. Nicht etwa, daß die munteren Schulkinder unsympathisch wären! Sie gehören ja einer gewöhnlichen Schulklasse an. Was allerdings bedenklich anmutet und auch (noch) ungewöhnlich ist, bezieht sich auf die Lernmethode, der sie hingegeben sind. Ihr Lehrer lehrt *ohne Anstrengung*. Seine Methode hat er von Prof. G. Lozanov: „Die erstaunlichen Erfolge seiner Lehrmethode, insbesondere im Fremdsprachenunterricht, sickerten in den Westen durch, und seit Anfang der siebziger Jahre erlebt die *Suggestopädie* in den USA einen Boom: Umgetauft in ‚Superlearning' oder auch SALT wurde sie der Hit an öffentlichen und privaten Schulen – von der Primarstufe bis hin zur Universität."[50]

Auch hier wird offen über den Zustand gesprochen, in den das Kind versetzt wird: „Es ist daher kein Zufall, daß Musik und Suggestopädie eng miteinander verknüpft sind. Die ‚Passivmusik', oft kaum bewußt wahrgenommen im Hintergrund, unterstützt den Lernprozeß, weil es den Lernenden entspannt, hilft, ihn in den sog. Alpha-Zustand zu bringen, eine Vorstufe des Schlafes." (...) „Der Alpha-Zustand ist keine Erfindung des Suggestopäden, er ist meßbar: In wachem Zustand weist unser Gehirn 15 - 35 Hertz auf. Entspannt sind es noch 8 bis 12 Hertz. Wie ist es möglich, daß wir gerade im ‚schläferigen' Zustand besonders gut lernen? Weil wir dann ‚nicht ganz bei uns' [!] sind, werden *die Blockaden des Bewußtseins aufgehoben.*"[51]

Zwischenstation Energiearbeit

Durch den Zustand der Passivität – wie immer er sich nennt – ist der Boden für Aktivitäten gelegt, die nun über sogenannte *Energiearbeit* beginnen. Aber auch Energiearbeit ist noch nicht Endziel der New-Age-Absichten, wie wir im Kapitel über den Regenbogen sehen werden. Sie ist eher als „Weg" zu sehen. Wie sich das im Kinderbereich auswirkt, zeigt folgendes Beispiel: „Vorsichtig und zärtlich massieren sich die drei- bis sechsjährigen Kinder gegenseitig ihre Gesichter. Ausgelassen spielen sie ‚Ich bin ein starkes, wildes Tier'. Und schließlich feiern sie einen Baum im Garten. All das sind Szenen aus einem 18minütigen Videofilm ‚Energiearbeit mit Kindern', der im Mai 1985 in dem Kölner Kinderladen ‚Superlalla' gedreht wurde. So entstand der Film in der Absicht, eine breite Öffentlichkeit über die ungewöhnlichen Methoden und Ziele der ‚Energiearbeit' zu informieren. ‚Ich möchte Eltern und Erziehern Beispiele dafür geben, wie sie die *inneren Kräfte* ihrer Kinder bewußtmachen und fördern können. Kinder gelangen schnell an die Quellen ihrer spirituellen Liebe und Kreativität."[52]

Auch Editha, die 31jährige Initiatorin der „Energiearbeit" und des Filmes, arbeitet mit Entspannung und Vorstellungsübungen: „Editha setzt die Methoden der Visualisierung also ähnlich ein, wie es vom Autogenen Training und von bestimmten Meditationstechniken her bekannt ist."[53]

Achten wir auf den nun folgenden Schritt. Wir werden gleich nachher die Spur zu Alice Bailey wieder aufnehmen: „Zum Spüren der ‚inneren Kraft' haben Editha und ihre Kolleginnen das *‚Liebe senden'* entwickelt. Jeden Morgen darf ein Kind eine Person vorschlagen, der es gerade nicht sonderlich gut geht. Dann schließen alle die Augen und stellen sich vor, daß ihre *Liebe und Kraft* wie ein Sonnenstrahl in das Herz dieser Person dringt. Dabei sollen sie die *positive Auswirkung* ihrer Kraft und Energie auf andere spüren."[54]

Diese Technik des „Liebe-Ausstrahlens" beruht auf dem Anzapfen und Weiterleiten von kosmischer Energie und ist im Endeffekt nichts anderes als die Praxis „Weißer Magie".

Solches Ausstrahlen von Liebe verordnet auch Alice Bailey ihren Jüngern. Wir werden im praktischen Teil noch sehen, wie gerade der Inhalt des folgenden Textes Kindern nahegebracht wird: daß „Große Seelen" existieren, die die

Welt retten wollen. Interessant für unsere späteren Betrachtungen der Comics ist, daß dies gerade im unmittelbaren Zusammenhang mit dem „Liebe-Aussenden" geschrieben wurde!

„Erstens müssen wir das Gesetz der Evolution lehren und auf das zwangsläufige Ergebnis dieser Entwicklung hinweisen: auf die vollendeten Menschen. Der Öffentlichkeit muß mitgeteilt und klargemacht werden, daß solche *Große Seelen* existieren und ausschließlich dazu da sind, um ihren Mitmenschen zu dienen. Das Publikum muß mit ihren Namen und Eigenschaften, mit ihren Aufgaben und Absichten vertraut gemacht werden; die Menschen müssen erfahren, daß die Großen im Begriffe sind, nach außen in Erscheinung zu treten, um die *Welt zu retten.* [!]
Zweitens müssen die Jünger mit allen Menschen harmonisch zusammenleben und *Liebe ausstrahlen.* Die heftigen Vibrationen unserer Umwelt müssen durch eine starke Gegenschwingung von Liebe abgeschwächt und beruhigt werden; wir müssen immer daran denken, daß, wenn wir für die Evolution arbeiten, die Macht der Gottheit auf unserer Seite ist und uns zu Gebote steht."[55]

Gott steht dem Menschen nicht „zu Gebote". Er selber, so sagt die Bibel, wird in Macht und Herrlichkeit erscheinen, als Herr und König der Erde. Nicht Evolution, sondern Schöpfermacht wird dann die Erde in ein Paradies verwandeln.

Die Regenbogenbrücke

Während all der Jahre geheimnisvoller, aktiver Vorbereitung auf das Neue Zeitalter hielt ich meine starke Beziehung zum *Regenbogen* für ein persönliches Geschenk meines Gottes. Daß es regenbogenähnliche Erscheinungen am

Himmel waren, die mich in besonderer Weise mit der „Geistigen Hierarchie“ verbanden, hielt ich für eine individuelle Gunsterweisung meines unsichtbaren „Meisters“.

Das „Aha-Erlebnis“ kam 1986, als ich schon Jahre entschiedene Christin war. Das soeben auf Deutsch erschienene Buch von Constance Cumbey[56] zeigte mir auf, daß der Regenbogen ein weltweit von der New-Age-Bewegung verwendetes Symbol ist. „Die verborgenen Gefahren hinter dem Regenbogen“ lautet der amerikanische Titel der „Sanften Verführung“. Das war ein geistiger Klick! Jetzt erst, vom sicheren Boden des Evangeliums aus, war es mir möglich, die verschiedensten durchlebten Zusammenhänge zueinander in Beziehung zu setzen. Als könnte ich nun aus Mehl, Butter, Eiern und einigen Rosinen einen Teig mixen, der verantwortungsbewußten Menschen helfen kann, die Dinge zu durchschauen. Wir werden nun genau hinsehen, wie dieser ganze „Regenbogenkuchen“ entstanden ist, warum er so zentral wichtig ist für das Durchschauen der antichristlichen Machenschaften und warum er insbesondere den Kindern schmackhaft gemacht wird.

Der Regenbogen erschien zwischen Himmel und Erde nach der Sintflut als Zeichen des *Bundes* zwischen Gott und den Menschen. Der Prophet Jesaja sprach später von einem Bruch dieses Bundes: „Denn die Erde ist unter ihren Bewohnern entweiht worden; sie haben die Gesetze übertreten, die Satzung abgeändert, den ewigen Bund gebrochen“ (Jesaja 24,5).

Die New-Age-Bewegung hat das Bundeszeichen umgebrochen. Sie hat es eingesetzt als *Brücke* zum „Gott Kosmos“. Diese Regenbogenbrücke wird mit dem Sanskrit-Wort *antakarana* in esoterischen Schriften bezeichnet. Sie soll eine Energie-Brücke sein, die Informationen, Weisungen, Kraft, Liebe und Willensimpulse von Gott zum Menschen transportiert. In umgekehrter Richtung leitet der Mensch Anrufungen zur „Geistigen Hierarchie“.

Himmelfahrt mit Fragezeichen

Es ist enorm wichtig, daß wir genau verstehen, was es mit dieser Regenbogenbrücke auf sich hat, wenn wir uns und vor allem unsere Kinder davor bewahren wollen, mit dem Gott des New Age Kontakt aufzunehmen. Es lohnt sich auch hier, die etwas komplizierten Darstellungen von Alice Bailey näher zu betrachten.

Nicht nur bei Alice Bailey, sondern auch in anderen esoterischen Lehren besteht der „Himmel" – einfach dargestellt – aus folgenden Führungszentren:

Shamballah	Lebenszentrum, wo Gott-Vater regiert
Geistige Hierarchie	Zentrum im Kosmos, wo die „Großen Seelen" oder „Meister" unter „Christus" (nicht Jesus!) die Menschheit lenken
Menschheit	planetarisches Zentrum, das jetzt auf das Neue Zeitalter vorbereitet werden muß
Regenbogenbrücke bzw. Antakarana	Verbindungsweg aus Energie und „Geist" zwischen den drei Zentren

Nun verstehen wir die Definitionen der Antakarana, der Regenbogenstraße oder -brücke von Frau Bailey, schon besser:

- ▷ „Die Antakarana ist symbolisch ein Pfad. Schritt um Schritt und Stufe um Stufe bauen wir den Pfad, ebenso wie die Spinne ihren Faden spinnt. Es ist *‚der Rückweg'*, den wir *aus uns selbst heraus* entwickeln; es ist auch der Weg, den wir finden und wandern."[57]
- ▷ „Die *Erziehung* ist daher die Wissenschaft der Antakarana. Die Antakarana ist die Brücke, die der Mensch –

durch Meditation, durch Verstehen und durch das magisch-schöpferische Werk der Seele [durch die im letzten Kapitel besprochene ‚Energiearbeit'!, Anm. K.L.] – zwischen den drei Aspekten des Denkvermögens baut."[58]

▷ „Die Wissenschaft der Antakarana befaßt sich also mit dem gesamten System einströmender Energien, mit den Vorgängen der Benützung, Umwandlung und Verschmelzung. Sie befaßt sich auch mit den *ausströmenden Energien* und deren Beziehungen zur Umwelt [!] und bildet die Grundlage der Wissenschaft der Kraftzentren. Die ein- und ausströmenden Energien bilden schließlich zwei große Energie-Systeme, von denen das eine durch *Kraft* und das andere durch *Liebe* gekennzeichnet ist; alle Energien sind auf die *Erleuchtung* [!] des Einzelmenschen und der ganzen Menschheit gerichtet, und zwar durch das Medium der aus Individuen bestehenden Hierarchie."[59]

Liebes-Scheinwerfer, strahle los!

Das waren Zitate aus dem Buch über die „Erziehung im Neuen Zeitalter". Jetzt erklärt sich auch, warum in der aktuellen Kinderliteratur so viel von „Kraft und Liebe"-Aussenden vorkommt. Die Wissenschaft der Regenbogenbrücke nennt Kraft alle Energien, „die von Einzelnen oder Gruppen in irgendeiner Richtung ausgesandt werden"[60].

Der Mensch soll an seiner Antakarana bauen. Wie? Durch Meditation, durch Psychotechniken, durch Umdenken, kurz: durch ähnliche und viele weitere Techniken, wie ich sie im Kapitel: „Ich weiß, wovon ich rede" geschildert habe. Angeblich bildet sich dadurch vom Gehirnzentrum (Scheitelchakra) des Menschen eine regenbogenfarbige Brücke aus Energie hin zum Kosmos. Über diese Verbindung werde der Mensch seinerseits wieder „energetisch umgewandelt" bis in den Bauch hinein, von wo er die Energie wieder auf andere sendet. Verrückt? Genau das sollen die

Kinder unserer Zeit auf mannigfache Weise über lustige Comics lernen!

Ein letztes Bailey-Zitat als Faktum: „Ihr seid (nach eurer Weise) bestrebt, die Anpassung an die Hierarchie dadurch zu erreichen, daß ihr unentwegt an der Antakarana baut; damit helft ihr bei der Errichtung der Antakarana, die die Menschheit mit der Hierarchie verbindet. Die ersten Fäden dieses imaginären Verbindungsweges wurden bei der Gründung der Hierarchie auf Erden von einigen Gottessöhnen unter Opfern gesponnen. Jetzt arbeitet die Hierarchie daran, diesen Weg von ihr nach Shamballah zu erbauen, und es wurden schon gute Fortschritte gemacht. Man könnte hier sagen, daß die Kette der Hierarchie schon seit siebenhundert Jahren vollständig ist; damit meine ich, daß die planetarische Regenbogenbrücke, die die drei großen Zentren verbindet, seit dieser Zeit existiert. Die nächste große Aufgabe ... ist die, die Brücke so zu verstärken, zu verschönern [!] und zu elektrifizieren, daß ein uneingeschränkter Durchgangsverkehr zwischen den Zentren zustande kommt ...“[61]

Diese Aussagen zeigen deutlich, warum in Kinder-Comics allerlei lustige Figuren ständig damit beschäftigt sind, den Regenbogen zu polieren, zu verschönern, zu verehren, zu befahren ...

Anhaltspunkt: skandinavische Mythen und hinduistische Gruppen

Interessant ist in diesem Zusammenhang ein Zitat aus dem Artikel „Regenbogen über Frankfurt – Eindrücke vom Kirchentag 1987“ von Prof. Dr. Peter Beyerhaus. Gemäß Bailey soll ja neben der Erziehung die Kirche eines der drei hauptsächlichen Mittel sein, das Neue Zeitalter vorzubereiten.

„In ihrer religiösen Autobiographie ‚Gods of the New Age' (Verlag Marshall Pickering 1986) berichtet Caryl Matrisciana von ihrem Besuch des ‚Mind-Body-Spirit-Festivals' in London, das als eine große ‚Messeausstellung des Wassermannes' von zahlreichen hinduistischen Gruppen im Zeichen von New Age gestaltet wurde. Folgende Beobachtung der Autorin erscheint in unserem Zusammenhang besonders brisant:

‚Als ich mich auf diesem Fest umschaute, gewahrte ich überall *Regenbogen.* Ich finde, daß sie nichts mit der Bibel zu tun haben, dachte ich bei mir selbst. Als ich dann anfing, Informationen von Leuten, aus Zeitschriften und Plakaten zu sammeln, entdeckte ich, daß der Regenbogen in manchen Mythologien als ein *lebendiger Geist* verstanden wird, sei es göttlicher, sei es dämonischer Art ... In skandinavischen Mythen gibt es eine Regenbogen-Brücke, die Himmel und Erde verbindet. Die Götter ritten über sie, wenn sie Midgard, die Menschenwelt, besuchten.[!] Die Mythologie kommt der New-Age-Deutung des Regenbogens am nächsten. In den verschiedenen heiligen Schriften der New-Age-Bewegung werden die Farben des Regenbogens als Strahlen bezeichnet und werden in dessen Spektrum identifiziert. Entsprechend dieser Analyse hat jeder Strahl: rot, orange, gelb, grün, grün-blau, blau und lila seine eigene Bedeutung wie z.B. Wille, Liebe, Idealismus usw. Man glaubt, daß der letzte Strahl schließlich die geheime Hierarchie, die okkulten Meister zutage treten lassen wird, welche die Menschen beherrschen. [!] In diesem Augenblick wird dann der Christus wiedererscheinen.'"[62]

Hier wird ein weiterer wichtiger Aspekt des ganzen „Regenbogenkultes" erwähnt: die *Farben.*

Walhalla: Das Land der Götter, der Menschen und der Monster. Skandinavische Mythologie als Zeichentrickfilm für Kinder. Foto aus dem Film „Walhalla". ▶
Mit freundlicher Genehmigung der Filmwelt Verleih GmbH.

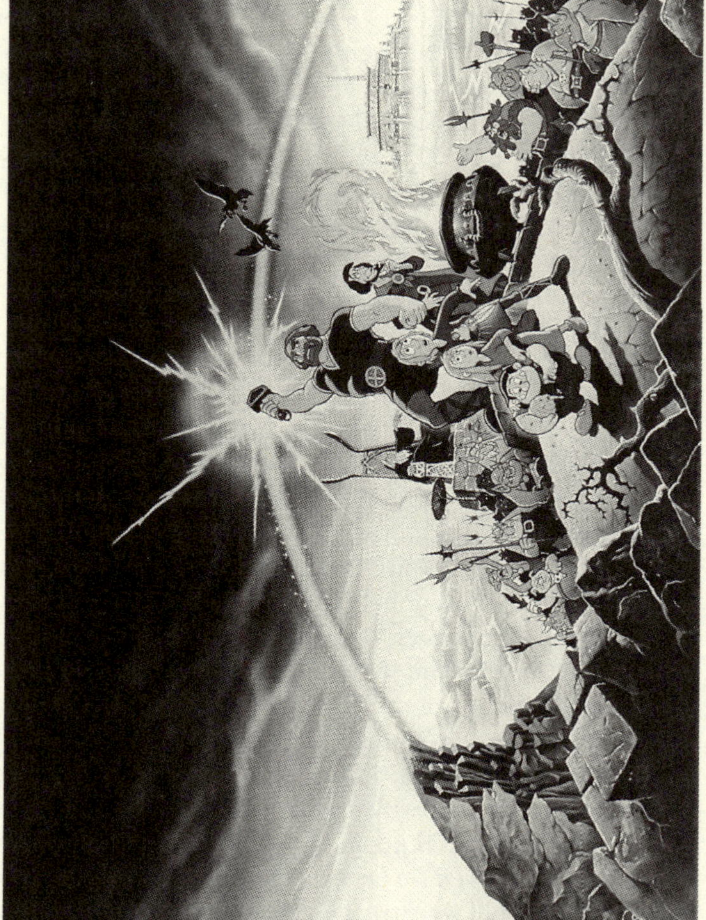

Farben – Botschaftsträger für die Seele

Tatsächlich spielen für die Jünger des New Age Farben eine wesentliche Rolle. Farben beeinflussen die Umwandlung der Seele über das meditativ geöffnete Bewußtsein oder im Halbschlaf der Alpha-Stufe über Suggestion. Gerade in dieser suggestiven Praktik, wie sie im vorigen Kapitel besprochen wurde, werden Kinder und Erwachsene für „intuitive Telepathie" sensibilisiert. Ziel: Über einströmende Energie werden ihnen Weisungen von der „Geistigen Hierarchie" weitergegeben – auch über *Ton und Farbe.* Hier eine Aussage von Frau Bailey: „Dadurch, daß die intuitive Telepathie zunimmt und der Einfluß von *Ton und Farbe* immer besser verstanden wird, werden die Menschen auch das Wirken Christi und seiner Jünger kennen und verstehen lernen; die Menschen werden von der Knechtschaft der Vergangenheit erlöst werden und fähig sein, in die Freiheit des Reiches Gottes einzutreten."[63]

Ich habe in meinen 15 Jahren New-Age-Leben ab und zu einen kräftigen Schluck aus dieser kosmischen Flasche getan: schmeckte im nachhinein sehr bitter! Welch ein Glück, daß die Bibel ein ganz anderes Gottesreich verheißt und dessen Freiheit ohne „intuitive Telepathie" im Sinne des New-Age-Christus vermittelt!

Dabei habe ich gar nichts gegen bewußtes Atmen, die Fähigkeit, sich entspannen zu können, glückliche Zustände, den Regenbogen und harmonische Bewegungen! Wie gerne sehe ich im Winter Paaren zu, die kunstvoll und harmonisch auf dem Eis tanzen, wie finde ich kleine Mädchen mit Ton-in-Ton-Kleidung eine Erquickung für das Herz! Gerne mache ich Waldläufe zur Entspannung und atme tief und bewußt durch. Regenbögen am Horizont finde ich faszinierend und genieße deren Anblick vielleicht besonders, weil sie *heute* in meinem Gehirn keinerlei Veränderung mehr verursachen, sondern eine ganz natürliche Freude bereiten. Worauf es den Finger zu legen gilt, sind *nicht die Dinge an sich,* sondern ihre *religiöse Verquickung.*

Wo Regenbogen, Massagetechniken, Suggestionen, „Liebe" zum Transportmittel ins Pseudo-Paradies benutzt werden, sehen sich Menschen, welche die biblischen Grundaussagen achten, herausgefordert. Sie sehen sich aufgerufen, an der Gabelung zwischen schmalem und breitem Weg eine Warntafel zu errichten und Entscheidungshilfen zu geben. Deshalb wollen wir nun einen ausführlichen Blick in die Geschäfte tun: Wie bieten sich die besprochenen Elemente unseren Kindern am Ladentisch an?

3
Praxis: Verführung auf dem Ladentisch

Dieselben Elemente, die den Erwachsenen in der Esoterik schmackhaft gemacht werden, finden sich auch in phantasievollem Mix im Kinderprogramm wieder: *Regenbogen, Energieaussenden aus dem Bauch, wirbelnde Zauberkräfte, Paradiese in den Wolken, Farben, weiße Pferde oder Ponys mit Einhörnern* usw. Kuschelige, bunte Stofftiere und Puppen erobern sich einen Platz im Kinderherzen. Bald will die Pony- oder Puppenmami mehr von ihrem Liebling sehen und hören: entsprechende Comics, farbenfroh aufgemacht, bringen das Leben der Spielzeugtiere in bunter Abfolge ins Kinderbewußtsein.

Damit die Art und Weise erkennbar wird, *wie* diese Elemente Kindern schmackhaft gemacht und als selbstverständliche Gegebenheiten in ihr Denken und Lebensbild eingebaut werden, folgen hier Beispiele aus überall käuflichen *Comic-Heften.* Beispielhaft werden besprochen „Regina Regenbogen", „Mein kleines Pony", „Die Glücks-Bärchis" sowie einzelne andere.

Die Verfasser verzichten bewußt darauf, einen „Katalog" sämtlicher Comics, Cassetten, Videos, Spielzeugprogramme etc. aufzustellen, die Elemente dieser kosmischen Ausrichtung verbreiten. Nicht nur, weil dies bei den ständigen Neuerscheinungen kaum möglich wäre, sondern auch, weil es darum geht, daß Eltern anhand der Beispiele befähigt werden, anderes selbst zu beurteilen und zu prüfen.

Wir empfehlen Eltern, sich ab und zu Nummern der erwähnten Comics zu beschaffen, um sich auf das Erkennen der Verführungsmechanismen einzuüben, die ihren Kindern in den Schul- und Spielzimmern begegnen. Hier klar unterscheiden zu können, ist für Eltern künftig wichtig – nicht um sich zu ängstigen, sondern um mit ihren Kindern vertrauensvoll und sachkundig darüber zu sprechen, die biblische Schöpfungs- und Heilslehre deutlich als die bessere, wahre Zukunftshoffnung gegenüberzustellen.

Leser werden nach diesem praktischen Teil die vorangegangenen Erlebnisberichte und theoretischen Ausführungen noch besser verstehen und ihren ergänzenden Charakter erkennen.

Nicht nur Comics, sondern auch Cassetten erzählen vom Sieg aus dem Traumland. Wie hier zum Beispiel: „Genau am Ende des Regenbogens, wo alle *Farben* gemacht werden, gibt es ein verzaubertes Königreich: das *Regenbogenland.*"

Die sympathische Stimme, die von der Cassette ins Kinderzimmer tönt, kommt vom *Regina-Regenbogen*-Programm. Sie erzählt, als 5. Folge, die Geschichte von den *Regenbogenkindern.* Der Inhalt: die Farben werden zauberhaft verteidigt. Es geht in dieser Geschichte einmal mehr darum, die *Farben* des Regenbogenlandes gegen den graumachenden Bösewicht Grummel Griesgram zu verteidigen. Sein hallendes, krächzendes, in tiefen Abgründen des Bösen hämisch grummelndes Lachen dringt bis zur Burg von Regina, wo alle Regenbogenkinder fröhlich beisammen sind. Doch – o Schreck! – der Bösewicht und sein Gehilfe Schleichmichel bringen es fertig, den Garten des Regenbogenlandes aller Farbe zu berauben. Der Bösewicht beabsichtigt, mit seiner „Graukanone" das ganze Land in eine Öde zu verwandeln.

Auf geschickte, kindergerechte Art wird hier der Kampf zwischen Gut und Böse aufgezogen. So weit – so gut; entscheidend ist nur, *wie* dieser Kampf geführt und *wie* der Sieg errungen wird! In der Geschichte geschieht der Sieg des

Guten über das Böse mit Hilfe von *Farbkristallen*. Sie wirken durch eine Zauberkraft, die alles Grau erneut in Farbe verwandelt. Hoch werfen die Regenbogenkinder zusammen mit den Sternelfen „Smaragda“, „Rubinella“ und anderen Edelstein-Benannten die kostbaren Kristalle in die Luft! Grummel Griesgram ergreift die Flucht – das Böse gibt sich geschlagen. Das weiße Pferd „Sternschnuppe“ wiehert vor Freude; es ist das wunderbarste, schnellste Pferd im Universum. Strahlend weiß, mit einer tollen regenbogenfarbigen Mähne und ebensolchem Schweif, galoppiert oder fliegt es in Wirbelwindeile durch den Kosmos. Auf seinem Rücken eilt Regina Regenbogen ihren Siegen entgegen.

Kristalle und Edelsteine spielen derzeit eine wichtige Rolle in amerikanischen Spiritisten-Kreisen und sind beinahe ebenso die Nummer eins auf New-Age-Messen, in Workshops und Trainings im deutschsprachigen Europa. „Kopfweh? Leg dir einen Kristall auf die Stirn, meditiere – und der Schmerz verfliegt!“ Der Aberglaube im Kristallgewand erfaßt Erwachsene und dringt, mit Regina und den Regenbogenkindern, in verschwenderischer Fülle ins Kinderzimmer. Satan kennt sich ja aus im Umgang mit Kristallen und Edelsteinen, denn von ihm steht im Propheten Hesekiel geschrieben: „Der du das Bild der Vollendung [!] *warst*, voll von Weisheit und vollkommen an Schönheit, du warst in Eden, dem Garten Gottes; allerlei *Edelgestein* war deine Decke; Sardis, Topas und Diamant, Chrysolith, Onyx und Jaspis, Saphir, Karfunkel und Smaragd und Gold ... du warst auf Gottes heiligem Berg. Du wandeltest inmitten feuriger Steine ... Durch die Größe deines Handels wurde dein Inneres mit Gewalttat erfüllt, und du sündigtest; und ich habe dich entweiht vom Berge Gottes hinweg und habe dich, du schirmender Cherub, vertilgt aus der Mitte der feurigen Steine“ (Hesekiel 28, 12-14.16).

Der gestürzte Herrscher aus alter Zeit lockt noch einmal mit den Mitteln, die ihm einst in seiner Vollendung inne waren. Noch ist der Edelstein-Boom wach, noch finden allenthalben Kohleläufe statt – inmitten feuriger Steine erproben Menschen in Meditation ihre kosmischen Kräfte. Doch ihr „Einssein mit dem Jenseits“ wird jäh enden oder, anders gesagt, auf furchtbare Weise niemals enden.

Es ist erstaunlich, mit welch immer gleichen Zutaten die verschiedenen New-Age-Kuchen fürs Kinderherz gebacken werden. Wer Augen hat zu sehen und Ohren zu hören, der merkt's: hier werden Kinder einem dauernden seelischen Trimm-Dich ausgesetzt, dessen Unterton bei gleichen Elementen und wechselnden Handlungen heißt: Erlösung aus dem Kosmos.

Nicht nur die Kassetten von Regina Regenbogen sind fachlich gut aufgemacht und kindgerecht produziert, sondern auch jene der *Kleinen Ponys* verdienen vom Standpunkt der Erzählqualität eine gute Note.

Der Zauber-Regenbogen

Das ist eine Kassetten-Geschichte, die mit einer pädagogisch wertvollen Schlußformel endet. Ende gut – alles gut? Mitnichten! Was auf der erzieherischen Ebene wertvoll sein mag, kann in bezug auf das geistliche Heil irreführend sein.

Was in die Zeit hinein wie ein guter Rat fürs Kind klingt, kann für seinen Bezug zur Ewigkeit verheerende Folgen haben.

Nun, der erzieherisch wertvolle Schluß dieser „Zauber-Regenbogen-Geschichte“ ist folgender: „Man darf beim Wünschen nie nur an sich selbst denken, sondern soll etwas wünschen, an dem alle ihre Freude haben.“

Dagegen ist nichts einzuwenden. Doch wie kommen die Ponys „Traumtänzer“, „Primelchen“ und „Feuerfunke“ zu diesem Schluß?

Ein herrlicher Tag zieht um das Traumschloß herauf. Doch plötzlich beginnt es in der klaren Morgenluft zu flimmern. Da erscheint (bei wolkenloser Witterung!) ein Regenbogen in den herrlichsten Farben. Er spannt sich von Horizont zu Horizont und steht wie eine *Brücke aus Licht und Farbe* über den grünen Hügeln des Pony-Landes. Primelchen überlegt: Vielleicht ist es ein *Zauber-Regenbogen* – dann dürfen wir uns etwas wünschen! Doch die Kinder wünschen sich vom Regenbogen selbstsüchtige Dinge, so daß die Erfüllung der Wünsche sie traurig macht, weil sie anderen schaden. Der Regenbogen hat die Kraft, die Wünsche rückgängig zu machen – und alles wird wieder gut.

Obwohl Kinder durch die Schlußfolgerung lernen, nicht nur an sich zu denken, erliegen sie gleichzeitig einem fatalen Trugschluß: Der Regenbogen erfüllt Wünsche und bringt wieder in Ordnung, was schiefgelaufen ist. Ihr Bezug zur „Allmacht" ist regenbogen-geprägt!

Kinder, die im Vertrauen auf das wahre Licht der Welt, Jesus Christus, aufwachsen, brauchen keine Regenbogen-Magie, keine Kristalle, um das Böse zu besiegen. Wo ihnen die gesunde Lehre der Bibel kristallklar und taufrisch angeboten wird, werden sie fähig, den Zauber aus dem Kosmos zurückzuweisen.

Wir Bärchis sind immer heiter – komm mit uns auf die Regenbogenleiter

So steht's gleich am Anfang des kleinen *Bärchi*-Taschenbuches Nr. 7 vom Bastei-Verlag. „Ein Stern hat Dich gern" heißt die Geschichte von Christian, der eines Abends vergeblich sein Lieblingssternchen am Himmel sucht. Alle Sterne sind weg! Natürlich merken es die Bärchis und gehen auf die Suche. Sie finden die Sterne eingesperrt in Gläser und Flaschen in einer dicken Wolke: daneben geigt ein Mann. Den kennen die Bärchis – er wohnt eigentlich „drüben auf der anderen Seite am Nachthimmel"! Die Bärchis holen Verstärkung: per Zauberformel kommen sie schnell zur Stelle: „Zauberschirm, bleib' aufgespannt, bring mich ins Herz-Bärchi-Land, trag mich durch die Luft geschwind, flieg noch schneller als der Wind."

Am Tatort stellen sie's fest: „Jetzt hilft nur noch unser Hab-dich-lieb-Trick!" ruft Schmuse-Bärchi. Sie stellen sich auf der weichen Wolkentreppe auf. „Eins-zwei-drei-los!" zählen sie und gucken ganz lieb auf die böse, schwarze Wolke. Peng! – kracht es gewaltig, und das dunkle Gefängnis zerbricht in viele Stücke.

Der Geiger Alfredo ist ratlos. Wie soll er in seinem dunklen Himmelsteil Noten lesen können? Kein Problem: „Ich helfe dir!" ruft Sonnenschein-Bärchi eifrig. „Ich schicke dir einen hellen Hab-dich-lieb-Sonnenstrahl in deine dunkle Wolke." Und dann legt Sonnenschein-Bärchi sich auf den Rücken und strahlt so hell in den Nachthimmel, daß kein einziges Wölkchen zurückbleibt.

Das entsprechende Bild ist eine perfekte Illustration der Übung zur „Bauch-Kraft-Entwicklung" und des Energie-Aussendens aus dem Solar-Plexus, wie ich sie im Yoga-Unterricht einübte.

Der Erfolg aus dem Bauch

Der „Erfolg" stellt sich prompt ein: Alfredo, der Geiger, jubelt: „Endlich kann ich in meinem Himmelsteil bleiben und auf meiner Geige spielen. Ich will auch nie, nie wieder ein Sternchen stehlen." Und so sind am Abend wieder alle Sterne am Himmel, auch Christians Lieblingssternchen. Nachdem ihm die Mami einen Gute-Nacht-Kuß gegeben hat, flüstert plötzlich jemand hinter der Tür in Christians Zimmer. „Pst! Ich bin's, Schlummer-Bärchi! Ich kenne ein Geheimnis! Komm rasch ins Bettchen, ich erzähl's dir. Es ist ein Geheimnis extra für Kinder, die ihren eigenen Stern haben!" Mami geht aus dem Zimmer. „Das Wispern, Kichern und die leisen Jubelrufe hört sie nicht, die aus dem

Zimmer dringen, als Schlummer-Bärchi seine aufregende Geschichte erzählt..."

In dieser 16 kleine Seiten füllenden Geschichte begegnen Kinder nicht nur den Elementen der Zauberei im Kosmos, der Hilfe durch die kosmischen Wesen der Bärchis und dem Prinzip des Liebe-Aussendens mittels Bauch-Kraft, sondern auch einem Stück Wegweisung zur Astrologie. Christian hat sein persönliches Sternchen – und es gibt ein Geheimnis extra für Kinder, die ihren eigenen Stern haben. Als ob Sterne eine individuelle Wirkung hätten!

Einmal mehr endet hier eine Geschichte so, daß die Mami nichts merkt. Sie geht aus dem Zimmer, ohne den Bärchi-Freund wahrzunehmen, der mit ihrem Christian spricht. Klar, daß das Kindern gefallen würde: Freunde, die nachts zu ihnen kommen und mit ihnen wispern, kichern, jubeln, Geschichten erzählen. Wo doch so viele Kinder heute einsam sind ... Welch ein Einstiegstor für die „unsichtbaren Freunde aus dem Kosmos"! Welch eine Marktlücke füllen sie mit ihrem Schmuse- und Liebe-Leben, weil elterliche Zuneigung in unserer Zeit Mangelware geworden ist!

Erinnern wir uns an das Bailey-Zitat im Kapitel „Zwischenstation Energiearbeit"? Danach müssen die New-Age-Jünger Liebe ausstrahlen und so die Vibrationen der Umwelt beruhigen. Beachten wir, wie in den verschiedenen Comics Liebe, freundliche Gedanken, magische Glückssternchen, Zauberkräfte ausgesandt werden, um böse Umstände zu harmonisieren, zu verändern. Ein weiteres typisches Beispiel dazu:

Der einsame Junge und die freundlichen Gedanken

Ein kleiner, einsamer Junge kommt etwas zu Geld und lädt nun alle seine Kameraden ins Restaurant ein. Dabei wird der Junge noch trauriger, denn die Kameraden essen und trinken so viel, daß er das niemals bezahlen kann. Ein

Glücks-Bärchi, das mit dem Regenbogenroller zur Erde hinabgedüst ist, hilft dem armen Jungen, indem es *aus seinem Bauch heraus freundliche Gedanken* auf den Wirt aussendet. Bildlich dargestellt, umschwirren nun magische Fünfzacksternchen und Herzen dessen Kopf mittels starkem Lichtstrahl, und *er denkt um.* Der Junge kann seine Zeche abarbeiten, und außerdem bescheren ihm die Bärchis aus dem Regenbogen-Wolkenland eine Freundin. Happy End! (Bärchi, Nr. 3)

Regina Regenbogen strahlt und sprüht ebenfalls aus dem Bauch heraus, wenn sie Böses tilgen will. Eine reizende junge Lady, die rasch zum Idol und Liebling im Kinderzimmer geworden ist. Kein Wunder: alle Hefte sind schön farbig aufgemacht, die Kinder im Land von Regina Regenbogen besonders hübsch gezeichnet. In der Einleitung zum ersten Heft steht: „Kennt ihr es schon? Dieses wunderbare, geheimnisvolle Land am Ende des *Regenbogens*? Es ist eine Welt voller Farben."

Daß diese Liebes-Verwandlungs-Kräfte immer aus dem Bauch heraus kommen müssen, hat eine besondere Bewandtnis in bezug auf das New-Age-Konzept. Das im Bauchraum angesiedelte „Sonnengeflecht", der *Solar plexus*, ist ein wichtiges Zentrum im Sinne verwandelnder Meditation und Leibesübung. Kindern soll hier früh suggeriert werden, daß sie mittels Solar-plexus-Kraft Macht entwikkeln können über alles Böse und Widrige. Im Bärchi-Heft Nr. 3 steht: *An ihren Bäuchen sollt ihr sie erkennen.* Welch ein gefährlicher Irrtum, Kinder glauben zu machen, daß sie das Böse letztlich durch „Strahl-Technik" besiegen könnten!

Kontakt zu den unsichtbaren Freunden

Schlummer-Bärchi kam zu Christian ins Bett. In diesem einfachen Satz steckt eine interessante Doppel-Information: die kindgerechten Kosmokratoren kommen oft zwischen

Wachsein und Schlafen, in jener Phase zwischen Tag und Traum, von der wir bereits in Zusammenhang mit dem Alpha-Zustand gesprochen haben. Auch für Erwachsene ist es so, daß ein besonderer Bewußtseinszustand (oder auch „Unterbewußtseinszustand") hergestellt werden muß, um für den „Willen der Geistigen Hierarchie" offen zu sein. Alice Bailey weist darauf hin, daß bei den New-Age-Jüngern die innere (seelische) Transformation soweit gediehen sein sollte, daß der Wille der Hierarchie ihnen mitgeteilt werden und ins Gehirn einsickern kann.[64]

Es gibt heute schon Schulen, in denen Kinder in einen Bewußtseinszustand versetzt werden, während dessen sie von unsichtbaren Wesen manipuliert werden können – heute noch unter dem Vorwand, besser zu lernen. Tatsächlich ist dieser schlafähnliche Zustand (z.B. Alpha-Zustand) der Boden, auf dem Kinder für das Empfangen von Anordnungen aus dem Kosmos, aus der „Geistigen Hierarchie", vorbereitet werden können. In solch traum- und zauberhaften Zuständen sind „Entführungen ins Regenbogenland" (per Auto oder fliegendem Teppich, z.B. „Mainzelmännchen-Magazin" Nr. 8) und die Kontaktaufnahme mit den dortigen Wesen dann für die Kinder „normal".

Die „Micky-Maus" brachte im Juli 1986 ein verblüffendes Hologramm: Micky und Minni schweben auf einem Regenbogenstrahl. Solche Zustände erlebt der intensiv Meditierende. Die Gleichung stimmt: Meditation = Transformation. Auch für Kinder!

Die Geschichten über Zauberei, Magie, Hexerei, Hellsehen sind dazu angetan, mit Zuständen und Techniken der Transformation vertraut zu machen. Auf spielerische, scheinbar harmlose Weise.

◀

Die Bärchis machen es vor: die Energie aus dem Bauchraum.
Foto aus dem „Glücks-Bärchi-Film".
Mit freundlicher Genehmigung der Filmwelt Verleih GmbH.

Noch eine beispielhafte Geschichte aus dem wolkenweichen Bärchi-Land mit Hinweisen auf die „unsichtbaren Großen Seelen“ der „Geistigen Hierarchie“, ebenfalls aus dem „Bärchi“-Heft Nr. 3:

Ein kleines Mädchen stellt sich immerzu vor, es spiele mit einer Freundin. Sie heißt Ingrid – aber existiert nicht. Ihr Bruder lacht sie deshalb aus. Mutter aber hat Verständnis und deckt sogar extra für Ingrid den Tisch mit. Warum nicht – soweit kann man die Phantasien kleiner Mädchen wohl mitmachen. Sie sollen aber klar darauf hingewiesen werden, daß dies alles *Spiel* ist und nicht unbemerkt von der Phantasie zur Realität werden darf!

Doch – an diesem Tag kommt eines der Bärchis zu dem Mädchen, und zwar *unsichtbar*. Es will ihm helfen und zugleich dem Bruder eine Lektion erteilen. Als dieser nämlich sein Tortenstück essen will, nimmt es das unsichtbare Bärchi weg, so daß der Kuchen durch die Luft zu „fliegen“ scheint. Als das Tortenstück dann auch noch unsichtbar gegessen wird, ruft der Bruder: „Ich werd' verrückt! Das gibt's doch nicht, das ...“ Nun, abends tut es ihm leid, daß er seiner kleinen Schwester nicht geglaubt hat. Mami streicht ihm über den Kopf.

Gegenstände werden sichtbar – verändern sich – verschwinden

Die Mutter verweist das Ganze nicht ins Reich der Phantasie. Warum nicht? Wir gehen auf eine Zeit zu, wo Materialisation (Sichtbarmachen) und Dematerialisation (Verschwindenlassen) von Gegenständen nicht mehr den Yogis und Gurus, wie z.B. Sai Baba in Indien, vorbehalten sein wird. Es kommt eine Zeit, wo Kinder solche „Unsichtbaren“ als wirklich erleben werden; auf diese Zeit gehen wir eilends zu. Heute noch Verborgenes – Okkultes – *wird* sich vermehrt Zugang zum Bewußtsein schaffen, wo Menschen nicht klar und nüchtern die eine Schöpfungsrealität Gottes anerkennen, wie sie uns die Bibel offenbart.

Die „Meister aus dem Kosmos“ haben großes Interesse, Kinder auf vielfältige Weise auf Kontakte mit ihnen vorzubereiten. Es ist sicherlich kein Zufall, wenn die Sterbeforscherin Elisabeth Kübler-Ross, die selbst Kontakte zu ihren „Geistführern“ im unsichtbaren Bereich beschreibt, ein Kinderbuch mit dem Titel „Die unsichtbaren Freunde“ schrieb. Auf Hochtouren laufen die Bestrebungen der Esoteriker und Spiritisten, Diesseits und Jenseits eins werden zu lassen – die Trennwand zwischen „Sichtbarem“ und „Unsichtbarem“ niederzureißen. Achten wir durch klare Ausrichtung auf die Realität darauf, daß dies in unseren Kinderzimmern nicht geschieht!

Retter aus der Ökokrise?

Die New-Age-Jünger sind, nach Bailey-Ansicht, bestrebt, den „Meistern der Geistigen Hierarchie“ zu helfen und ihnen bei der Plan-Verwirklichung an die Hand zu gehen, um die Welt emporzuheben und zu veredeln.[65]

„Die Glücks-Bärchi“-Nr. 3 bringt's: die Rettung aus der Öko-Krise kommt aus dem Regenbogenland und von seinen Bewohnern! Die Geschichte: Hoch oben in den Wolken, im „Wald der Gefühle“, nehmen die Bärchis Gestank wahr, der von einer chemischen Fabrik ausgeht. Sie sausen auf dem Regenbogen zur Erde, um die Umweltvergiftung zu stoppen, solange noch Zeit ist. Die kleine Tochter eines Chemiefabrik-Besitzers geht ihnen dabei an die Hand. Die „unsichtbaren Freunde“ aus dem Kosmos helfen den „guten“ Menschen, die etwas für den Umweltschutz tun. Zwischen den Zeilen gelesen: „grün“ = „gut“. Die Geschichte ist zugleich ein typischer Umwelt-Trimmer für Kinder. Klar, die Bärchis bewirken, daß die chemische Fabrik Filter einbaut und der Gestank aufhört. Sie nehmen einen Samen von einem Baum auf der Erde mit und bestrahlen ihn liebevoll im Bärchi-Land: mit Sonne aus dem Bauch. Der springende Punkt liegt wiederum in der Zusammenarbeit mit Wesen aus dem Kosmos.

Unsichtbare werden „Wirklichkeit"

Wer's gern märchenhaft hat, kommt auch in den Comics auf seine Kosten: in „Pumuckl" Nr. 3 vom März 1985 begegnen Kinder der *Traumsuse*. Verträumtes kleines Mädchen – wie gerne wärst du eine Prinzessin! Allein zu Hause, liest Suse im alten Märchenbuch. Da – plötzlich zischelt es in den Blättern. „Sie rauschten durcheinander, als wäre ein Sturmwind dazwischengefahren." Aus dem Buch hüpft eine kleine Prinzessin!

(Zwischenbemerkung: Wirbelwinde, Sturmwinde, Schwindligwerden: das sind genau die Eindrücke, die Menschen in Kontaktsituationen mit Außerirdischem, Jenseitigem oft empfinden. Wir kommen bald noch darauf zurück.)

Die Prinzessin erklärt indessen dem erstaunten Mädchen, daß sie einen Schluck „Märchenzucker-Zaubermilch" getrunken habe und deshalb nun hier sei. Die Mädchen unterhalten sich, die Prinzessin lädt Suse auf ihr Schloß ein. Wie soll das möglich sein? „Ach, das überlasse nur unserem tatterigen Hofzauberer Kukulei ... Auf Wiedersehen, Traumsuse!"

Eine Zwischenfrage: Sind wir Heutigen so sicher, daß Kinder klar zwischen Phantasie und Realität unterscheiden können, wenn sie nun intensiv und planmäßig ständig auf diese Jenseitigen vorbereitet werden?

Entführung im glänzenden, offenen Auto

Vielleicht kommt ihnen kurz nach Pumuckls *Traumsuse* die „Schöne Geschichte von der Regenbogen-Straße“ im „Mainzelmännchen-Magazin“ Nr. 8 in die Hände. Hier erscheint Bobby und Betty eine wunderschöne Fee am Ende des Regenbogens.

„Hallo Kinder!“ wispert sie freundlich – und holt mit silbernem Zauberstab ein Auto aus der Luft. Klar, sie ist die Regenbogenfee und heißt *Sonnenstrahl*. Einmal mehr geht's hier um Regenbogen-Farben. Die Regenbogen-Königin erwartet die Kinder schon. „Um sie herum stehen Diener und Hofdamen, die alle in verschiedenen Farben gekleidet sind. Grün, orange, lila, blau, gelb...“ Die Regenbogen-Königin, umgeben von so etwas wie fliegenden Hofdamen, verspricht, sich um das Wetter auf der Erde zu kümmern.

Es scheint übrigens, daß seit 1987 transparent wirkende Flügel bei überirdischen Wesen im Kinderzimmer Mode geworden sind: Nicht nur im Spielzeugprogramm „Princess of Power“ von Mattel-Toys sind Flügel aktuell, sondern auch die neuesten Varianten aus dem „Pony-Programm“ sind beflügelt.

Interessant ist das Ende der Geschichte, das für sich spricht: „Ob wir von unserem Ausflug erzählen sollen?“ flüsterte Bobby seiner Schwester zu. „Besser nicht, denn Erwachsene glauben nicht an Feen, oder?“

Diese Geschichten führen Kinder oft in übersinnliche Praktiken ein und suggerieren ihnen, es den Erwachsenen nicht zu sagen. Warum? Damit ihnen diese den „Kontakt zum Jenseits“ nicht ausreden oder ihnen klarmachen, daß solche Gestalten Phantasie bleiben müssen, nicht Realität gewinnen dürfen. Verbieten wir Kindern nicht einfach, solche Comics zu lesen, sondern reden wir mit ihnen über das, was sie von diesen Geschichten halten!

Magische Techniken im Kinderzimmer

Nun, dieser Einbezug von Kindern in die Techniken der Magie, das Geheimwissen der Esoterik und die Machenschaften der okkulten Verschwörung ist ein Zeichen der Zeit. Sicher kein schönes, aber Jesus Christus hat nie gesagt, die Zeit vor seiner Wiederkunft werde „schön" sein! Vielmehr ist aus den Evangelien, z.B. aus Matthäus 24, Markus 13 und Lukas 21 bekannt, was kommen wird. So, wie es die Bibel sagt, wird der Sohn Gottes wiederkommen – die folgende Aussage darüber macht Mut und vermittelt die notwendige Motivation: „Und dann werden sie den Sohn des Menschen kommen sehen, in einer Wolke mit großer Macht und Herrlichkeit. Wenn aber diese Dinge anfangen zu geschehen, so blickt auf und hebt eure Häupter empor, weil eure Erlösung naht" (Lukas 21,28).

Indessen geht es im Regenbogenland wieder mal kunterbunt zu: In „Regina" Nr. 3 taucht ein Problem auf – die Farben haben sich verändert, diesmal nicht durch Grummel Griesgram, sondern, eindeutig feststellbar, durch eine Wolke von Treibgasen aus Spraydosen. Die Wolke muß vernichtet werden! Regina, hübsch wie immer, reitet mit ihrem Sternwicht Weißwirbel auf dem herrlichsten Pferd im Universum, der „weißen Sternschnuppe", einher: „Ich streue Farbkristalle aus, ganz viele! Mit ihrer magischen Kraft können sie sicher helfen, daß alles wieder so wird, wie es war! – Hurra, es hat geklappt, auf unsere Farbkristalle ist eben immer Verlaß. Jippiiiieh! – Alle Farben sind wieder auf ihrem richtigen Platz. Die Natur ist wieder so schön, wie sie vorher war. Auch die Bäume freuen sich."

Einmal mehr ist hier zu sagen: Gar nichts einzuwenden gegen die erzieherisch wertvolle Schlußfolgerung, die am Ende der Geschichte gezogen wird. Nämlich die, daß Spraydosen der Umwelt schaden, was die Regenbogenkinder nicht wollen – „... und ihr sicher auch nicht". Bloß das

Wie der Lösung des Problems ist der echten biblischen Zukunftssicht völlig entgegengesetzt.

Daß Kinder die neuzeitlich aufgemachten, letztlich falschen Erlösungsmechanismen liebgewinnen und bewußt oder unbewußt aufnehmen, zeigt sich immer wieder in Malwettbewerben.

Kinderzeichnungen bringen's an den Tag

Einige Comics schreiben Malwettbewerbe aus. So findet sich im Heft mit dem Titel „Rainbow Brite", wo Regina Regenbogen die Hauptrolle spielt, das Wettbewerbsergebnis in der Nr. 6. Mehr als die Hälfte der Kinderzeichnungen zeigen das weiße Pferd in irgendeiner Darstellungsweise. An sich nicht erstaunlich, wenn Kinder in Micky-Maus-Wettbewerben Micky zeichnen und in Regina-Regenbogen-Malwettstreiten eben Regina und ihr weißes Pferd.

Wenn jedoch das Magazin „Schweizer Familie" einen Malwettbewerb mit Motto „Lieblingstier" veranstaltet und *hier* im Ergebnis weiße Pferde mit Einhorn, regenbogenfarbene fliegende Drachen auftauchen, stimmt dies nachdenklich.

Auch „Mein kleines Pony" wartet in der Nr. 12/1987 mit Kinderzeichnungen auf. Sie sind in derselben Hinsicht interessant. Das weiße Pony mit dem Zauberhorn fehlt praktisch auf keiner Zeichnung. Die Kinder *leben* mit ihren „kosmischen Freunden" – das bringen die Zeichnungen und Briefe an den Tag. Dieses „Leben mit..." wird auch kräftig gefördert: Gerade bei den Ponys ist ein reges Clubleben auf dem Korrespondenz- und Medienweg im Gang, das die Kinder an ihre Lieblinge bindet. Es gibt bereits einen Pony-Mami-Club mit Club-Ausweis im Kreditkarten-Format, auf den kleine Mädchen sicher stolz sind.

Pony-Mami-Club: Mitgliedskarten und Familien-Paß

Stünde nicht eine kosmische Verführung hinter dem Konzept der „Ponys", wäre die Art des Erspürens, was Kindern gefällt und sie motiviert, geradezu lobenswert. Wirklich, da läßt sich jemand etwas einfallen, das Kinder packt! Nicht nur der hübsche Familienpaß macht's aus, daß Kinder sich im Ponyland wie in einer großen Familie fühlen. Inzwischen gibt es eine eindrückliche Palette von Produkten aus dem Verlagsbereich, Freizeit-Spielsachen, Textilien, Schuhe, Waren für die Party vom Luftballon bis zum Plastik-Service, Bettwäsche und Kopfkissen, Rucksäcke und Sammelbilderalben. Die „News" vom Februar 1988 übertreiben wohl kaum: „Was vor Jahren als ein normales *Konzept* für den Spielwarenhandel begann, hat sich inzwischen zu einem sensationell erfolgreichen Konzept des gesamten Kindermarktes entwickelt. Zu den Millionen Pony-Verkäufen im Spielwarenbereich kommen inzwischen 15 Lizenznehmer mit über 50 Pony-Produkten. Die Pony-Begeisterung der Kinder erfaßt immer mehr Produktbereiche, so daß eine immer bessere Marktdurchdringung in den verschiedensten Handelskanälen vom Fachhandel über Warenhaus bis zum Kiosk und Buchhandel erreicht wird."[66]

Nun sind ja die Ponys *kein* „normales" Spielwarenkonzept. Oder ist es normal, wenn Kindern beim Ballspiel folgendes passiert: „Baby Glückspilz kickt den Ball zu Puff [ein kleiner Drache]. Doch er ging vorbei und ... flog auf das Fenster zu. Flugs verwandelte das Prinzeßchen ihn in eine Seifenblase, die am Fenster zerplatzte."[67]

Schön wär's, denkt manche Mami seufzend, wenn Babysitter alles, was durchs Zimmer fliegt, in harmlose Seifenblasen verwandeln könnten ... Was das weiße Zauberpony mit seinem wirbelnden Einhorn und den kreisenden Fünfzacksternchen tut, ist alles andere als harmlos und normal; es ist schlichtweg Hexerei. Und daran sollen sich die Kinder von heute gewöhnen, damit es ihnen als Erwachsene von morgen selbstverständlich und „normal" erscheint!

Verwandlung aller Art soll zum Normalen werden

Das gilt auch für kleine Kinder, die sich vom kuscheligen Popples-Programm von Mattel-Toys angesprochen fühlen. Das jüngste Kind der Comic-Serie „Die Popples" gibt sich besonders lustig und positiv. Die Popples kommen nicht aus dem Kosmos – sie sind eine Art Tiere. Am ehesten Hasen ähnlich, die hüpfen und die unglaublichsten Dinge aus ihren bauchigen Beuteln hervorzaubern. Auch da kommen die „Wunder" aus der Leibesmitte! Die Nummer 1 bringt zum Schluß eine Hexengeschichte. Die alte Hexe nimmt einen der lustigen Pelzbälle ins Visier und verhext ihn blitzartig. Von nun an hat er lauter Unglück! Doch nun erwischen seine Popple-Kollegen die Hexe dabei, wie sie neue Verwünschungen braut. Sie stürzen auf sie zu – da erhebt sie ihre Hände, um magische Strahlen auf die Pelz-Popples loszulassen. Doch nun... zzzzzzzzaaapp! Pop – pop – pop! halten die farbigen Freunde der Hexe Spiegel entgegen. Das nächste Bild ist eindrücklich: In der Mitte die machtlose Hexe, auf die aus fünf Spiegeln *magische Strahlen* einwirken. „AAAH! Meine eigene Magie verhext mich! Nehmt die Spiegel weg. IIEH!" Die Popples lachen: „Ha, ha! Jetzt kriegt sie ihre böse Magie am eigenen Leib zu spüren!"

Was Kleinkindern hier gezeigt wird, ist eine klassische *weißmagische* Gegenreaktion auf *Schwarze Magie*. Es wird ihnen dargestellt, wie eine okkulte Hexentechnik durch eine esoterische Regel aufgehoben werden kann.

Was da so lustig erscheint, kann verheerende Folgen haben. Es mag Kindern anfänglich noch „Spaß" machen und ihre Experimentierfreude anfachen, wenn sie magische Angriffe durch positives Denken oder Rückstrahl-Techniken abwehren. Aus eigener Erfahrung in diesem Bereich weiß ich, daß solches „Kämpfen“ jedoch zum Ablenkungsmanöver werden kann: Okkult-Angriffe setzen z.B. immer dann ein, wenn das Kind lernen oder seinen vernünftigen Lebensweg gehen sollte. Schließlich kann es sich nicht mehr auf das Normale konzentrieren, weil es genau dann eine Bannformel oder eine „negative Kraft“ zurückweisen oder umwandeln muß. Dabei gibt es nur *eine* „Kraft“, die vor dunklen Einflüssen schützen und bewahren kann: der *Geist Gottes*. Für bibelorientierte Christen geschieht alle Verwandlung und Umwandlung vom Herrn, dem Geist: „Wir alle aber schauen mit aufgedecktem Angesicht die *Herrlichkeit des Herrn* an und werden so verwandelt in dasselbe Bild von Herrlichkeit zu Herrlichkeit, wie es vom Herrn, dem *Geist*, geschieht“ (2. Korinther 3,18).

Schade, auch die scheinbar lustigen Popples sind nicht harmlos. Auch sie erfüllen einen Konzeptpunkt der Verführung.

Daß Umwandlungen und Verwandlungen aller Art zum Normalen werden sollen, hat auch Peter erfahren. „Gib den Ball ab!“ rief der gewiefte Kicker. Aber Peter war zu ungeduldig und ... aaahhh! Am anderen Tag ist sein Bein in Gips. Die Eltern mahnen zum Stillhalten, bevor sie ausgehen. Doch Peter will mit seinen jungen Leuten losziehen; er bleibt aber hinter ihnen zurück und fällt. Was nun? Zwei Bärchis kommen und schützen ihn! Nett, nicht wahr? In Peters Zimmer meint ein Bärchi:

„Ich sehe, du interessierst dich für Raumfahrt?“

Peter meint, auf dem Mond wäre Laufen kein Problem – auch mit Gipsbein nicht. Nun kommt's: Die nächste Zeichnung ist voller magischer Fünfzack-Sternchen, Strahlen aus den Bärchi-Bäuchen und wirbliger Pünktchen in der Luft um Peters Bett herum. „Alles ist möglich, wenn du nur fest daran glaubst – wir sind gestartet“, berichten die Bärchis.

Und im nächsten Augenblick: „Das sieht ja wie der Mond aus! Ich muß wohl träumen?!“ folgert Peter, schwerelos auf Mondgestein hüpfend. Und nun eine typische Antwort vom Bärchi: „Wo ist da der *Unterschied?* Genieß es nur!“ Tja, die Verwischung zwischen Tag und Traum wird planvoll eingebracht, wo immer es geht. Doch auch eine andere Verwischung natürlicher Grenzen für uns Menschen geschieht in dieser Geschichte aus „Glücks-Bärchi“-Nr. 8. Plötzlich taucht ein grüner Kosmonaut auf – das Verständigungsproblem wird sofort durch ein Bärchi gelöst. Der grüne Mister mit den Schweineohren hat eine Raketenpanne. Er meint geduldig, in den nächsten Wochen werde Hilfe kommen. Wieder auf der Erde, erklärt ein Bärchi dem anderen folgendes: „Oh, da ist etwas, das ich dir nicht in der Gegenwart von Peter sagen wollte. Aber auf der Welt, wo dieser Fremde herkommt, ist einer von unseren *Erdentagen* nicht mehr als eine *halbe Stunde*... So schrecklich lange wartet er also noch gar nicht!“

Zeit und Raum: Begriffe, die gerafft und gedehnt werden

Spätestens seit Shirley MacLaines Erfolgsbüchern wissen über vier Millionen Amerikaner, daß der Mensch die Zeit eines Erdenlebens über eine hypnoseartige Regression (Rückversetzung) überwinden kann, bzw. *zu können meint.* Durch diese besondere Spielart neuen Denkens ist es möglich, überall in früheren oder kommenden Zeiten und Räumen herumzuwirbeln und Erfahrungen zu sammeln.

Ich erinnere mich an Zustände, die ich hatte, ehe ich entschiedene Christin wurde. Da lag ich eines Tages meditierend auf dem Boden. Ich hatte mich schon öfter auf fremde Planeten versetzt. Besonders der Sirius hatte es mir angetan – ein schöner Platz für ein kosmisches Stelldichein. An jenem Tag war etwas anders: Der Boden unter mir begann sich zu drehen. Es war, als läge ich nun auf einer runden

Scheibe. Es schüttelte leicht, als würde die Scheibe durch Kompressoren hochgeschraubt, während das Ganze schnell und schneller drehte. In meinem Gehirn klopfte es. Der Wirbel ergriff mich und katapultierte mich im nächsten Augenblick hinaus in die Weite des Universums. Ich mußte mich stark konzentrieren, um bei Bewußtsein zu bleiben. Welch ein (aus heutiger Sicht naives!) Vertrauen mußte ich aufbringen, um der Angst zu wehren, nicht mehr in mein Wohnzimmer zurückzufinden! Nun, ich kam immer zurück – schließlich war ich ja körperlich auch stets „da".

Wirbel, die es in sich haben

Es ist mir aufgefallen, daß Menschen, deren Leben in kosmische Bezüge eingeflochten war, von solchen „Wirbeln" zu berichten wissen. „Ich versuchte, mich auf ihre Worte zu konzentrieren, aber auf einmal schienen sie von ganz weit her zu kommen. Mir wurde schwindelig. Ich öffnete die Augen. Der ganze Raum schien von einem riesigen, zeitlupenhaften Wirbelwind erfaßt worden zu sein und sich immer rundherum zu drehen. Wieder erhoben sich Stimmen. ... Draußen konnte ich die in unbeschreiblicher Wut verzerrten und entstellten Fratzen unzähliger Dämonen erkennen." So die Ex-Geistheiler-Assistentin Johanna Michaelsen.[68] Elissa, die Amerikanerin, welche schon in die New-Age-Bewegung hineingeboren wurde, erzählt von einer Lektion in der Unity-Schule: „Wir sollten uns ein Poster von einer ‚Schatzkarte' zeichnen. ‚In der Mitte des Posters soll ein Bild sein, das eure Vorstellung von Gott wiedergibt', sagte die Lehrerin. Manche Kinder malten *Farbwirbel*; anderen fielen nur die Worte ‚Gottes Geist' oder ‚Christuswesen' ein."[69] Man beachte, wie weit Kinder schon beeinflußt sein müssen, deren Gottesvorstellung ein Farbwirbel ist! Im folgenden beschreibt Elissa ein sehr ähnliches Empfinden wie ich auf den vorangegangenen Seiten. Erstaunlich: Obwohl ein riesiger Ozean uns trennt und wir uns nie gesehen haben, gleichen sich unsere Biographien in manchen Dingen.

Elissa hütet gerade ein kleines Kind: „Meine Augenlider wurden mir schwer. Friedlich schlief der Kleine in seinem Zimmer, und ich genehmigte mir ein Nickerchen. Plötzlich dröhnte es laut in meinen Ohren. Mir wurde bewußt, daß ich aus meinem Körper heraus- und emporschwebte. Einen Augenblick lang dachte ich an einen *Sog*, mit dem ich an Bord eines schwebenden Flugobjektes geholt würde. Mein Herz klopfte stürmisch. Als das Gefühl noch stärker wurde, fiel mir das schlafende Kind ein, für das ich verantwortlich war. Ruckartig kehrte ich in meinen physischen Leib zurück."[70]

Elissa passierte „es" natürlich nicht ohne Grund. Einerseits beteiligte sie sich aktiv am New-Age-Treiben verschiedenster Art, andererseits hatte sie eben zuvor in einer Zeitschrift über Leute drüben im Westen der USA gelesen. Sie hatten ihre gesamte Habe verkauft und warteten auf einer Hochebene auf UFOs, die sie abholen kommen sollten.

Von solchen Experimenten her – vor denen ich den Leser dringend warne – kommt mir einiges bekannt vor, was den „normalen" Comic-Leser wohl wie zufällige Zeichentricks anmuten wird. Doch bleiben wir noch einen Augenblick bei den UFOs, den fliegenden Untertassen.

Donald Duck vor 64 Millionen Jahren

In der „Micky-Maus"-Nr. 37 vom September 1986 werden Donald und die drei Kinder von Daniel Düsentrieb in eine Zeitmaschine eingeladen, die auf 64 Millionen Jahre vor unserer Zeit programmiert ist. Und so sieht man auf dem nächsten Bild die Zeitmaschine in einen spiralförmigen Wirbel hineingetaucht, der mit einigen Punkten und Fünfzack-

Sternen versehen ist. Noch sind die Kreiselbewegungen zu sehen, als die kugelrunde Maschine in einer viel früheren Zeit landet. Schöne Landschaft – ein paar rauchende Krater ... Donald macht sich auf Entdeckungstrip, und – Iiiiih! – begegnet einem Dinosaurier. Da sie das Biest mittels Zeitmaschine in die heutige Moderne versetzen, macht ihnen Dirk – so heißt das Urzeittier inzwischen – etliche Schwierigkeiten. Als die Wirbelei erneut losgeht, um Dirk zurückzuversetzen – also eine Altersregression um 64 Millionen Jahre vorzunehmen – heißt's in der Sprechblase: „Mann! Das alles glaubt uns keiner!" Tja, keiner – außer den regelmäßigen kleinen Lesern der Micky-Maus, die sich daran gewöhnen, die Abenteuer ihrer Lieblinge für bare Münze zu nehmen. Zumal dieselbe Micky-Nummer einen superleichten Styroporgleiter zum Selber-Zusammenstekken enthält: Donald Ducks fliegende Untertasse. Eine Einladung ins kosmische Jenseits ...

Der Spion, der aus dem Weltraum kam

Unter diesem Titel bringt die Nr. 47 vom November 1987 fliegende Untertassen über Donald Duck noch näher ins kindliche Bewußtsein. Der stadtbekannte Enterich entdeckt hinter dem schwirrenden Geräusch in der Luft eine fliegende Untertasse, ein UFO. Gleich darauf entführen sie ihn: die Boraken vom Planeten Borax. Einäugige Wesen mit einer Nase wie Schweineschnorchel.

Die Boraken waren auf ihrem Stern glücklich, bis die Sonne zu erkalten begann; nun müssen sie auswandern. Die Erde gefällt ihnen. Sie wollen Genaueres über deren Bewohner wissen und zu dem Zweck einen Spion einschleusen. Er soll aussehen wie Donald Duck. Donald als Spion? Mitnichten! Die Einäuger wollen einen der Ihren kopieren:

„Für solche Fälle haben wir ein Kopiergerät mit komplettem Zelltransfer vermittels gebündelter Biostrahlen. Doch davon verstehst du [Donald] nichts." Auf Befehl „Strahlen frei!" geht's los; einer der Boraken sieht aus wie Donald. Nun geht's, für Kinder spannend, weiter in der Geschichte, die für Donald schließlich ein gutes Ende nimmt: „Welch ein gutes Ende eines bösen Tages! Ein Weltraumspion machte es möglich. Aber das glaubt mir keiner. Ich schweige also!"

Da ist sie wieder, die uns schon fast geläufige „Schweigeformel" am Schluß einer unglaublichen Geschichte. Eltern tun gut daran, mit ihren Kindern über solche Geschichten zu reden. Dazu sollten sie selber gut im Bilde sein und die Frage beantworten können:

Gibt es UFOs, oder gibt es sie nicht?

John A. Keel schreibt in „Ufos und Okkultismus": „Eine oberflächliche Neugierde für die geheimnisvollen UFOs kann in eine zerstörerische Manie umschlagen. Aus diesem Grunde möchte ich Eltern mit Nachdruck empfehlen, ihren Kindern jede Beschäftigung damit ernstlich zu verbieten. Lehrer und andere Erzieher sollten die Jugendlichen nicht dazu anregen, sich für dieses Thema zu interessieren."[71]

Die junge Cindy – aufgeschlossen, intelligent – unterhält sich mit der Amerikanerin Pat über die Frage, ob UFOs wirklich existieren oder nicht. In meinem Buch „Studentenfutter" habe ich die beiden folgendes Gespräch führen lassen:

„Pat, sag mir klar und offen: Glaubst du, daß es UFOs gibt? Woher kommen sie? Was wollen sie? Was fängt ein bibelorientierter Christ mit dem Thema an? Worauf zielt es ab?"
„Ich hatte gerade meinen zehnten Geburtstag gefeiert, als es geschah. Ken Arnold, ein Geschäftsmann aus Idaho, flog sein eigenes Flugzeug in der Nähe von Mount Rainer (Washington), als er neun glänzende, offensichtlich metal-

lene Scheiben sichtete, die mit unglaublicher Geschwindigkeit in Formation vorbeiflogen. Diese spektakuläre Beobachtung von UFOs in großer Höhe löste im Juni 1947 eine Welle der Begeisterung, des Nachforschens und der Kontroverse aus, die seither ständig angeschwollen ist. Du siehst: Als Amerikanerin war ich von Jugend auf mit diesem Thema konfrontiert. Da ich damals keinen Bezug zur Bibel hatte, habe ich während 20 Jahren an die Realität der UFOs geglaubt. Die Nachforschung zeigt, daß Spuren von UFO-Landungen die Widerlegung ihrer Existenz äußerst schwer machen: Der penetrante Gestank nach ihrer Sichtung schien ebenfalls unleugbare Realität. Geh also bei meinen Ansichten davon aus, daß ich von einem blinden Glauben an UFOs zu ganz anderen Ansichten gekommen bin."

„Wie siehst du denn die Sache heute als Christin?" – „Anders! Ich bin restlos überzeugt, daß die *meisten* heute geschilderten UFO-Entführungen, Erlebnisse in UFOs und auf anderen Planeten Illusionen sind. Sie werden zwar durchaus wie real erlebt, sind aber traumähnliche Erfahrungen, die später nicht mehr vom bewußten Erleben unterschieden werden können. Bezeichnend ist, daß praktisch immer okkulte Erfahrungen im Leben der Personen zu finden sind, die von solchen Begebenheiten berichten. Mit andern Worten: Leute, die durch okkulte Praktiken ihr Bewußtsein umwandeln (in New-Age-Terminologie ‚transformieren') lassen, sich mit kosmischen Mächten in Verbindung setzen, bereiten das Terrain für visionäre Erfahrungen vor, die ihnen dann real vorkommen."[72]

Im Verlauf des Gesprächs taucht ein Zitat von Jacques Vallée auf: „Ich nehme an, daß die menschliche Weltanschauung kontrolliert und eingeübt werden soll. Und: die UFOs sind das Mittel, wodurch die *Konzepte* des Menschen neugeordnet werden."

Nun haben wir ja schon einiges über das *Konzept* gelesen, welches das Denken des Menschen neu „ordnen", nach einem neuen Muster oder Paradigma ausrichten soll. Es zielt ganz eindeutig darauf ab, dem Menschen *Einheit mit dem Kosmos*, Einssein zwischen Diesseits und Jenseits also, beizubringen. Das liegt auch ganz im Konzept von Alice Bailey: „Solcherart (nämlich durch spirituelle Praxis) werden die Volksmassen umgewandelt und vergeistigt werden; die beiden großen göttlichen Energiezentren oder -gruppen (die Hierarchie und die Menschheit) werden in vollständiger Verschmelzung und Einheit miteinander zu arbeiten beginnen. Dann wird das Reich Gottes wirklich und wahrhaftig auf Erden wirksam tätig sein."[73]

Doch jenes Paradies der Regenbogenbrücken, der UFOs, der Kosmokratoren und Magier wird nicht jenes sein, das Jesus Christus, der Herr, von welchem die Bibel spricht, aufrichten wird. Es ist vielmehr das scheinbare „Friedensreich" des „Anstelle-Christus", des Chef-Kosmokrators Luzifer, der noch einmal sein ganzes verführerisches Feuerwerk aufglänzen läßt.

Teil III

(Ulrich Skambraks)

1
Wie transportiert man das New Age ins Kinderherz?

Neues Zeitalter = Bildzeitalter

Zweifelsohne: „Regina Regenbogen“, „Mein kleines Pony“ oder „Die Glücks-Bärchis“ richten Botschaften an Kinder. Es sind im Kern religiöse Botschaften. Doch diese tückischen Sprengladungen gelangen nicht irgendwie in arglose Kinderseelen. Sie sind auf ganz bestimmte „Trägerraketen“ montiert. Wer aber das Verschmelzungsprogramm von Diesseits und Jenseits in seiner Tiefe verstehen will, muß nicht nur erkennen, *was* Millionen von Kindern – ebenso Erwachsenen – verabreicht wird, sondern auch *wie* es verabreicht wird. „Regina Regenbogen“ oder die Geschichten der „Glücks-Bärchis“ werden nämlich nicht ohne Grund in Bildern erzählt. Der Eintritt in ein „Neues Zeitalter“ fällt nicht rein zufällig mit dem Beginn eines absoluten Bildzeitalters zusammen.

Ohne das Wissen um die tiefe Bedeutung dieses Zentralschlüssels „Bild“ wird einem die wichtigste Eingangstür für das Neue Zeitalter verschlossen bleiben.

Was ist ein Bild?

Ein Bild ist in fast allen Fällen die Kopie eines Originals, eine Zweitausfertigung der Wirklichkeit, eine Nachahmung der Realität.

Ein Beispiel: Sie fotografieren einen Sonnenuntergang am Meer. Sie sind fasziniert von dem im Meer versinkenden Feuerball. Auf Ihre Kamera schrauben Sie deshalb ein Teleobjektiv, um dieses überwältigende Geschehen groß ins Bild zu setzen. Auf dem Photo sieht man später eine riesige Sonne, die scheinbar in einer Pfütze baden geht. Hätten Sie ein Weitwinkelobjektiv eingesetzt, so hätte das Meer einen kleinen, rotgoldenen Flecken verschluckt. Ganz abgesehen davon, daß die Wirklichkeit dreidimensional ist, das Bild aber nur zwei Dimensionen wiedergibt. Ihr Photo „Sonnenuntergang am Meer" kann nur einen Abklatsch des überwältigenden Erlebnisses darstellen.

Sie und Ihre Kamera haben die Realität verändert. Das Bild eröffnet – häufig als täuschend echte Kopie des Originals – ungeheure Möglichkeiten der Beeinflussung. Die Manipulation wird noch perfekter, wenn das Bild lebendig wird – auf der Leinwand oder der Mattscheibe.

Warum die Bibel kein Bilderbuch ist

Ziemlich zu Anfang der Bibel (2. Mose 20, 4.5) findet sich in den zehn Geboten folgende Anordnung Gottes: „Du sollst dir kein Bildnis noch irgendein Gleichnis machen, weder von dem, was oben im Himmel, noch von dem, was unten auf Erden, noch von dem, was im Wasser unter der Erde ist. Bete sie nicht an und diene ihnen nicht!"

Warum spricht Gott dieses Herstellungsverbot von Bildern aus? Will er uns Menschen vor der Nachahmung des Echten schützen, vor der Kopie des Originals, somit Täuschung und Manipulation den Boden entziehen?

Gott hat den Menschen geschaffen, um in ihm ein direktes Gegenüber zu haben. Und er teilt sich seinem Geschöpf so mit, wie es dessen Geschöpflichkeit angemessen ist. Der Mensch ist als Person, als individuelles, geistiges Wesen geschaffen worden. Als Gegenüber Gottes unterscheidet er sich vom Tier dadurch, daß er mit Verstand, Vernunft und Sprache ausgestattet ist, während das Tier mehr von Sinnen und Instinkten geleitet wird. Sprache ist im ursprünglichen Sinn die lautliche Darstellung von Gedanken. Denken und Sprechen sind ganz eng miteinander verknüpft, mehr noch, sie sind wechselseitig voneinander abhängig. Das Denken lenkt die Sprache, und die Sprache lenkt das Denken. Denken und sprechen können haben uns sozusagen zu Menschen gemacht, ja, definieren geradezu, was menschlich ist: „Ein geschriebener Satz verlangt von seinem Verfasser, daß er etwas sagt, und von seinem Leser, daß er die Bedeutung des Gesagten erfaßt. Und wenn Autor und Leser sich mit dem Sinn der Bedeutung von Sprache auseinandersetzen, dann stellen sie sich der ernsthaftesten Herausforderung an den Verstand überhaupt. ... Wer sich auf das geschriebene Wort einläßt, der macht sich eine Denkweise zu eigen, die hohe Ansprüche stellt an die Fähigkeit, zu klassifizieren, Schlüsse zu ziehen und logisch zu denken."[74]

Das gesprochene oder geschriebene, gehörte oder gelesene Wort hat also eine ganz besondere Qualität. Es verlangt dem Menschen eine aktive Leistung ab, es fördert das Denken, das Kritikvermögen, das Erinnern, das Argumentieren, es fördert somit ungemein die Entwicklung zu einer eigenständigen Person, zu einem individuellen, geistigen Wesen. Wenn in der Bibel steht: „Im Anfang war das Wort, und das Wort war bei Gott, und Gott war das Wort" (Johannes 1,1), so offenbart uns diese Information etwas über das Wesen Gottes, aber auch über sein Geschöpf Mensch.

Gott hat uns nicht als Marionetten geschaffen, sondern als aktive, selbständige, zu Entscheidungen fähige Individuen. Und dieser Gott teilt sich den einzelnen Persönlichkeiten nicht *irgendwie* mit, sondern durch das gesprochene und dann aufgeschriebene Wort, die Heilige Schrift. Ein Teil dieser Heiligen Schrift wurde sogar von Gott selbst aufgeschrieben. Es sind die zehn Gebote, die Mose von Gott übergeben bekam: „Und als der Herr mit Mose zu Ende geredet hatte auf dem Berge Sinai, gab er ihm die beiden Tafeln des Gesetzes: die waren aus Stein und beschrieben von dem Finger Gottes" (2. Mose 31,18).

Über den tiefen Sinngehalt der Heiligen Schrift und deren prägenden Einfluß schreibt der Apostel Paulus an den jungen Timotheus: „Du aber bleibe bei dem, was du gelernt hast und was dir anvertraut ist; du weißt ja, von wem du gelernt hast und daß du von Kind auf die heilige Schrift kennst, die dich unterweisen kann zur Seligkeit durch den Glauben an Christus Jesus. Denn alle Schrift, von Gott eingegeben, ist nützlich zur Lehre, zur Zurechtweisung, zur Besserung, zur Erziehung in der Gerechtigkeit, daß der Mensch Gottes vollkommen sei, zu allem guten Werk geschickt" (2. Timotheus 3, 14-17).

In diesem Textauszug wird deutlich, daß der Inhalt der Bibel weitaus mehr darstellt als eine Aneinanderreihung von beliebigen Sätzen, Kapiteln und Büchern. Durch das Lesen und Hören der Bibeltexte spricht Gott selbst zu seinem „Gegenüber".

Durch die Erfindung des Buchdruckes wurde die Bibel nun Millionen von Menschen zugänglich. Gottes Wort gelangte durch dieses Medium auf den Küchentisch vieler Familien, und zwar in einer Sprache, die jeder verstehen konnte: „Die Bibel wurde zu einem Instrument, über das man nachdenken konnte, aber auch zu einem Instrument, mit dem man denken konnte. Denn wenn es je einen Fall gegeben hat, in dem ein Medium und eine Botschaft ihrer Tendenz nach genau übereinstimmen, dann die Beziehung zwischen Druckerkunst und Protestantismus. Nicht nur, daß beide Momente die Möglichkeiten des individuellen Denkens und Handelns darlegten – die Übersetzung der Bibel in mehrere Sprachen verwandelt auch das Wort Gottes, wie es sich in der lateinischen Bibel des Mittelalters offenbart hatte, in die Worte Gottes."[75]

Der amerikanische Medienfachman Neil Postman stellt in seinem Buch „Das Verschwinden der Kindheit" eine

Theorie vor, die von seinem Kollegen Harold Innis stammt. Sie besagt, „daß Veränderungen innerhalb der Kommunikationstechnik stets drei verschiedene Wirkungen haben: sie verändern die Struktur der Interessen (die Dinge, über die nachgedacht wird), den Charakter der Symbole (die Dinge, mit denen gedacht wird) und das Wesen der Gemeinschaft (die Sphäre, in der sich Gedanken entwickeln)."[76]

Legt man Innis' Theorie zugrunde, so müßte der Wechsel von einem wort- (was wir bis heute im wesentlichen hatten) in ein bildbestimmtes Zeitalter tiefgreifende und weitreichende Folgen in allen Bereichen des menschlichen Zusammenlebens nach sich ziehen. Auch die Religion kann da nicht ausgenommen sein.

Bilder zwingen Menschen mehr oder weniger, über ganz bestimmte Dinge nachzudenken, und zwar über Dinge, die angeschaut werden können. Das Bilderschauen fördert bedingungslos die Überzeugung, daß ich nur das, was ich sehen kann, auch glauben kann. Es zementiert die „Gewißheit", daß nur das Sichtbare auch wahr ist.

Als dem amerikanischen Präsidenten Ronald Reagan die Nachricht von der Explosion der Raumfähre „Challenger" überbracht wurde, reagierte er laut FAZ vom 29.1.1986 so: „Reagan war in einer Besprechung mit seinen engsten Beratern, als ihn die Nachricht von der Challenger-Explosion erreichte. Der Präsident brach das Gespräch sofort ab und ließ sich eine Video-Aufnahme von Start und Explosion vorspielen."

Wird demnächst all das, was vorgezeigt werden kann, wahr sein und was nicht „ins Bild paßt", seinen Anspruch auf Existenz verlieren? Welchen „Existenzanspruch" wird der Gott der Bibel in einem Bildzeitalter haben? Der Gott, der „in einem unzugänglichen Lichte wohnt, welchen kein Mensch gesehen hat noch sehen kann" (1.Timotheus 6,16)?

Daß Kernelemente des christlichen Glaubens sich nicht in Bildern ausdrücken lassen (Gleichnisse sind keine Bilder, da sie nur das Gesprochene veranschaulichen, während

Bilder für sich allein stehen), wird in einer vom Visuellen bestimmten Zeit folgenschwer sein. Welche verheerenden Auswirkungen zu erwarten sind, macht allein das folgende Jesus-Wort deutlich: „Selig sind, die *nicht* sehen und *doch* glauben!" (Johannes 20, 29).

Nichtchristliche Religionen werden es in diesem Punkt einfacher haben, da sie versuchen, mehr über das Bild Zugang zu ihren wesentlichen Glaubensinhalten zu ermöglichen. Hermann Hesse beschreibt so einen Vorgang in „Die Kindheit des Zauberers" sehr eindrücklich: „Nicht von Eltern und Lehrern allein wurde ich erzogen, sondern auch von höheren, verborgeneren und geheimnisvollen Mächten, unter ihnen war auch der Gott Pan, welcher in der Gestalt einer kleinen, tanzenden indischen Götzenfigur im Glasschrank meines Großvaters stand. Diese Gottheit, und noch andere, haben sich meiner Kinderjahre angenommen und haben mich, lange schon, ehe ich lesen und schreiben konnte, mit morgenländischen, uralten Bildern und Gedanken so erfüllt, daß ich später jede Begegnung mit indischen und chinesischen Weisheiten als eine Wiederbegegnung, als eine Heimkehr empfand."[77]

Ist es nur Zufall, daß der Einstieg in ein totales Bildzeitalter zusammenfällt mit dem Eintritt in ein „Neues Zeitalter", in dem eine jenseitige, diabolische Welt sich anschickt, sich mit einer diesseitigen Welt zu vermischen? Schon zeigen erste Beobachtungen an, welche Entwicklungen sich durch den Wechsel von einem wort- in ein bildbestimmtes Zeitalter anbahnen.

Bis zum 15. Lebensjahr 16 000 Stunden ferngesehen

Im April 1988 veröffentlichte das deutsche Nachrichtenmagazin „Der Spiegel" eine Titelgeschichte über die Situation an deutschen Schulen. Der Report lieferte eine Beschreibung des Schulalltages, die nicht düsterer hätte ausfallen können. Danach haben Pädagogen und Psychologen es immer häufiger mit Schülern zu tun, denen es an einfachen Grundfertigkeiten mangelt: Gedächtnis, Ausdauer, Einfühlungsvermögen, logisches Denken, Konzentration seien erschreckend schwach ausgeprägt.

Die hannoversche Schulrektorin Karin Nowack beschreibt den Zustand so: Sie habe zunehmend mit „psychisch gestörten Kindern" zu tun, die „überhaupt kein Urteil mehr haben über ihre Handlungen. Die haben sich nicht im Griff, das sind alles entmutigte, zerfallene kleine Persönlichkeiten."[78]

Gleichzeitig belegen Untersuchungen unter Kindern und Jugendlichen einen stetig wachsenden Bilderkonsum. Bis zu seinem 15. Lebensjahr sieht ein junger Bundesbürger rund 16 000 Stunden fern. Diese Zahl steigt dramatisch an, da durch Videokonsum und Computernutzung noch mehr Zeit vor dem Fernseher verbracht wird. Zu den Fernsehzeiten kommen noch unzählige Stunden im Kino und „Lesezeiten" von Comics. Noch nie sind Kinder und Jugendliche einer solchen künstlichen Bilderflut ausgesetzt gewesen wie heute!

Die Auswirkungen zeigen sich auch in der Schule. Für deutsche Lehrer ist der Montag der schlimmste Schultag, weil viele Schüler vom TV- und Videokonsum des Wochenendes wie benommen in den ersten Stunden dahindämmern. Dieser Dämmerzustand kommt nicht von ungefähr. Das Bilderschauen „verdonnert" den Zuschauer zu einer hochgradigen Passivität, die leichte tranceartige Zustände verursachen kann.

Wie Studien, beispielsweise der deutschen Medienforscherin Hertha Sturm, gezeigt haben, werden verstandesbezogene Inhalte von Fernsehsendungen rasch vergessen. Die gefühlsmäßigen Eindrücke bleiben jedoch über längere Zeit erhalten und üben eine mehr oder weniger starke Wirkung auf den Zuschauer aus. Das hängt damit zusammen, daß Bilder bevorzugt die „Gefühlsseite" unseres Gehirns ansprechen und beanspruchen, aber die „Verstandesseite“ auslassen.

Der Wechsel von einem wort- in ein bildbestimmtes Zeitalter könnte mit „zerfallenen kleinen Persönlichkeiten“ mehr zu tun haben, als es auf den ersten Blick erscheinen mag. Und noch etwas macht stutzig, was Lehrer zunehmend beobachten: Realschüler wie Gymnasiasten handeln zumeist kritiklos und nehmen unwidersprochen hin, was ihnen vorgesetzt wird: „Der Typ des autoritären Lehrers, der das Denken vorgibt, kommt bei den Schülern gut an.“[79]

Bei dem gigantischen Bilderkonsum der Kinder und Jugendlichen von heute drängt sich die Frage auf, ob diese Kritiklosigkeit nicht auch Folge eines Medienverhaltens sein kann. Das technische Medium Fernsehen, aber auch der Kinofilm, funktioniert ja nur über die Passivität des Bildkonsumenten. Willig folgt er den vorgegebenen Inhalten. Gewöhnt das Medium somit nicht den Zuschauer in aller Heimlichkeit an eine ganz bestimmte Grundhaltung? Wir werden später noch feststellen, daß die Inhalte sich geradezu phantastisch mit der Wesensart dieses Mediums dekken.

Ernste Warnungen von Film- und Fernsehpionieren

Als am 2.11.1936 in England die ersten BBC-Fernsehbilder ausgestrahlt wurden, eröffnete eine Sängerin die Sendung mit einem Lied: „Vom Strahlenkranz einer magischen Kraft sind wir im All umringt. Es ist die Kraft, die die Bilder schafft und uns die Wunder bringt.“[80]

Der erste Intendant des BBC-TV warnte schon in den Kindertagen des Fernsehens, daß es zu einer Gesellschaftsgefahr erster Größe werden könne. Zu dieser Erkenntnis fand einer der entscheidenden Wegbereiter dieses Bildzeitalters schon viel früher. Anläßlich eines Banketts schrieb er folgende Worte nieder: „Ich glaube, daß Sie das mächtigste

Instrument in der Hand haben, das es – im Guten und Bösen – für die Beeinflussung der Menschen gibt. Was immer ich für die Entwicklung dieses Instrumentes tun konnte, war ausschließlich technische Arbeit."[81]

Der Schreiber war einer der bedeutendsten Erfinder der Menschheitsgeschichte. Neben dem Kohlekörnermikrophon und der Kohlefadenlampe erfand der Amerikaner 1895/96 das Vitaskop, ein Gerät für Laufbildprojektion, und 1899 den Kinetographen, einen Filmaufnahmeapparat. Sein Name: Thomas Alva Edison.

Mit dem Instrument, von dem Edison schrieb, ist der Film gemeint. Der Filmpublizist Bèla Balazs schrieb 1949 folgendes: „Es gibt kaum eine These, die so allgemein bekannt ist wie die, daß die Filmkunst auf den Geist der großen Masse unter allen anderen Kunstgattungen den größten Einfluß ausübt. Wir müssen darum die Gesetze und die Möglichkeiten der Filmkunst kennen, um imstande zu sein, diese größte geistige Massenbeeinflussung, die in der Geschichte der menschlichen Kulturen je in Erscheinung trat, zu kontrollieren und zu lenken. Es ist eine Frage der seelischen Gesundheit ganzer Völker, welches Maß von Filmkultur wir sie lehren können."[82]

Der Filmhistoriker Friedrich v. Zglinicki schreibt in seinem von der Fachwelt anerkannten Standardwerk „Der Weg des Films": „Bei der wichtigen Rolle, die der Film heute in unserem Leben spielt – viele Millionen Menschen sind täglich seiner suggestiven Kraft und Beeinflussung ausgesetzt –, ist es nur eine selbstverständliche Forderung, daß man sich nicht nur mit dem Wesen, sondern auch mit der Geschichte des Films und mit allen Formen der kinetischen Schaukunst, die in der Kinematographie gipfelt, beschäftigen sollte. Für den, der sich dieser Verantwortung bewußt ist, steht es fest, daß der Schlüssel zum Verständnis des Films von heute nur durch ein unmittelbares Kennenlernen des Filmes von gestern gefunden werden kann."[83]

Dieser Schlüssel führt uns in einen Zeitabschnitt zurück,

in dem genau das Alltag war, was im „Neuen Zeitalter" aufs neue angestrebt wird. Denn die Filmgeschichte ist fast so lang wie die Menschheitsgeschichte selbst, sie ist eigentümlich, spannend, ja, streckenweise mysteriös.

Friedrich v. Zglinicki gibt in seinem Wälzer „Der Weg des Films" auf rund 450 Seiten einen detaillierten Einblick in ein Medium, das wie kein anderes uns selbst und unseren Alltag bestimmt und beeinflußt. Die Tatsache, daß der Beginn des Neuen Zeitalters zusammenfällt mit dem Start in ein absolutes Bildzeitalter, hat ganz bestimmte Gründe. Einige Stationen der Filmgeschichte werden verdeutlichen, warum ausgerechnet das Medium Film einen der Hauptwegbereiter ins Neue Zeitalter darstellt.

Vom Höhlenbild zu Thomas Alva Edison

Ein fünfjähriges Mädchen ist es, das 1879 den ältesten „Filmschnipsel" der Welt aufstöbert. In einem Höhlensaal in Spanien erblickt die kleine Maria etwas Sonderbares im Lichtkegel ihrer Karbidlampe. Da waren an der Decke – deutlich erkennbar – rot, schwarz, braun und gelb gemalte Pferde, Hirsche, Stiere, Wildschweine und Bisons zu sehen, zusammengekauert, stehend oder springend. Der gute Zustand dieser Bilder, ihre Eigenart und die Leuchtkraft der Farben stellte die Wissenschaftler lange vor ein großes Rätsel. Heute sind sich die Experten ziemlich einig: die Zeichnungen sollen von Eiszeitmenschen stammen und das unfaßliche Alter von über 12 000 Jahren haben.

Aber nicht nur in Spanien stoßen wir auf solche Bilder. Auch in Südamerika, Australien, Sibirien oder China finden wir an Felswänden und in Höhlen geheimnisvolle Gemälde und Zeichnungen, eingeritzt mit Feuerwerkzeugen oder aufgetragen mit einfachen Farben wie dem gelb-braunen Ocker, einem Naturfarbstoff.

Das Ungewöhnliche und Mysteriöse an diesen Bildern

ist allerdings ihre Lage. Sie befinden sich nicht etwa, wie man vermuten könnte, am Eingang der Höhle, dort, wo Tageslicht einfallen konnte, dort, wo auch der Eiszeitmensch lebte, wo das ständig notwendige Feuer brannte; nein, die Bilder sind – für den Uneingeweihten nicht sichtbar – an versteckten Orten angebracht. In der Grotte von Font-de-Gaume (Dordogne) zum Beispiel sind die ersten Bilder 65 Meter vom Eingang entfernt; in der Höhle von Altamira (Nordspanien) sogar 270 Meter; in anderen Höhlen bis zu 700 Meter tief in der Erde, weit vom Tageslicht entfernt. Warum wurden diese Felsdarstellungen an diesen Orten festgehalten? Was beabsichtigten diese frühen Künstler der Nachwelt mit ihrer „Bilderschrift" mitzuteilen?

Die Antwort lautet schlicht und ergreifend: nichts! Die Eiszeitmenschen wollten niemandem etwas mitteilen! „Weil sie, ganz von der Magie gefangen, noch kein Interesse daran haben konnten. Die Jäger und Sammler der Eiszeit waren immer nur während einer Jahreszeit seßhaft. Ihr Interesse kreiste in dem engen Bereich des bloßen Überlebens, so daß in ihnen kein Bedürfnis nach Mitteilung schriftlicher oder darstellerischer Art entstehen konnte – außer den magischen Aufzeichnungen und den spielerischen Ornamentierungen."[84]

Heute ist den Forschern klar, daß an diesen versteckten Orten magische Kulthandlungen vorgenommen wurden. Dort versuchte der Schamane, der Zauberer der Sippe, Zugang zu einer übersinnlichen Welt zu finden, wobei die bildlichen Darstellungen eine Rolle spielten. „Es gibt unmittelbare Beweise dafür, daß die Eiszeitmenschen die Kunst bald nach deren Entstehung in den Dienst magischer Kulthandlungen einbezogen haben."[85]

Die Völkerkundler nehmen an, daß diese ersten Bilder der Menschheit bei religiösen Kultvorgängen entstanden. Die unterschiedlichen Ritzungen, Zeichnungen und Malereien sind Ausdruck religiöser Vorstellungen und Riten gewesen. Sie dienten der Magie und dem Jagd- und Fruchtbarkeitszauber.

Betrachtet man die jüngere Geschichte des Bildes, die Filmgeschichte, so wird man immer wieder über ähnliches stolpern: Geisterkontakt, Magie, Totenbeschwörungen, Geistersehen, Zaubereiwesen usw. All diese Beschäftigungen sind mit einer Dimension verquickt, zu der die Bibel eindeutig Stellung bezieht: Gott möchte nicht, daß Menschen damit in Berührung geraten, weil ihnen von dort Gefahr für Leib und Seele droht.

Friedrich v. Zglinicki widmet in seinem Filmwerk gleich mehrere Kapitel dem Zusammenhang von „schwarzen" Künsten und der Entstehung der „laufenden Bilder". Sehr detailliert zeigt er auf, daß es zwischen dem magischen Denken und Handeln und der Entwicklung der Kinematographie[86] direkte Verbindungen gibt. In ihrem Buch „Aufbruch ins dritte Jahrtausend" beschreiben die beiden französischen Radikaldenker Louis Pauwels und Jacques Bergier genau diesen Zusammenhang: „In vielen Fällen läßt sich der Übergang von der magischen Nachahmung zur wissenschaftlichen Technologie klar nachweisen."[87]

Die Gründe für diese Umwandlung sind durch das Betrachten und Untersuchen der damaligen Verhältnisse möglicherweise gar nicht zu ergründen. Warum? Weil diese Erfindungen erst später, nach Jahren, Jahrhunderten ihre eigentliche Bedeutung erlangen sollten. Eine Bedeutung, die der „erfindende" Magier nicht im entferntesten erahnen konnte, die aber möglicherweise von „höherer Stelle", von den „Meistern der übersinnlichen Welt", bereits geplant und eingeleitet wurde.

Von diesem Hauptquartier der jenseitigen Welt erhielten auch Alice Bailey und Mme. Blavatsky, die Wegbereiterin der Theosophie, ihre Anweisungen. Diese Informationen, in den theosophischen Schriften festgehalten, studierte auch ein Mann, der als Siebenjähriger nach zwei Monaten Schulzeit wegen „geistiger Unzulänglichkeit" wieder entlassen werden mußte. Doch dieser „Versager" sollte wie kaum ein anderer diese Welt verändern. Er war im wahrsten Sinne des Wortes ein außergewöhnlicher Mann – ein Genie: Thomas Alva Edison. Bereits mit 18 Jahren meldete er seine erste Erfindung auf dem elektrophysikalischen Gebiet als Patent an: einen elektrischen Stimmzähler für das Parlament.

Von 1868 - 1909 kamen von diesem technischen Wundermann 1 300 Patentanmeldungen, von denen circa 900 als Patent erteilt wurden. Bereits mit 31 Jahren war er auf dem Gipfel seines Ruhms angekommen. Er erfand den Phonographen, das Grammophon, die Grundlage eines gesamten Industriezweiges – der Schallplattenindustrie.

Am 4. August 1888 anläßlich einer Besprechung mit seinen engsten Mitarbeitern fiel der Startschuß für eine bahnbrechende Erfindung. Edison sagte zu seinen Mitarbeitern: „Die Photographie ist nicht lebendig, sondern tot; nur die Bewegung ist lebend! Wir wollen jetzt einen Apparat bauen, der die Photographie beweglich, lebendig macht."[88]

Das sprechende, lebende Bild sollte es sein. Er wollte nicht nur den Ton einfangen, das hatte er ja bereits mit der Erfindung der Mikrofone geschafft, sondern auch Stimmen und Bewegungen festhalten, um sie später sichtbar und hörbar zu machen.

Als Edison von der Erfindung der Zelluloid-Filmbänder erfuhr, besorgte er sich diesen Film und begann zu experimentieren. Auf seine Anregung hin wurde das Material lichtempfindlicher gemacht und bekam ein anderes Format. (Dieses Filmband-Format wird heute noch für fast 100 Prozent aller Kinofilme verwendet.)

Schon bald hatte Edison eine Aufnahmekamera konstruiert, und am 20. Februar 1892 war auch ein fabrikationsreifes Kinetoskop fertig, eine Art Betrachtungsgerät, das aber immer nur einem Zuschauer das Ansehen von Filmen ermöglichte. 1893 kombinierte Edison seinen Phonographen mit seinem Kinetoskop: Das sprechende und lebendige

Bild war da! Sein „sprechendes Kinetoskop“ trat den Weg um die Welt an. Fasziniert schaute das Publikum in dieses Betrachtungsgerät, in dem kurze Filme mit Titeln wie „Geistertanz der Sioux“ oder „Lassowerfen der Texas Cowboys“ gezeigt wurden.

Wie gelang es diesem genialen Menschen, der von seinem 18. Lebensjahr an fast taub war, so viele weltverändernde Erfindungen zu machen?

Niemand hat eine einleuchtende Erklärung für diese geradezu übermenschliche Schaffenskraft. Schöpfte er sein phänomenales Wissen nicht aus eigenen, sondern aus fremden Quellen? Die beiden Autoren von „Aufbruch ins dritte Jahrtausend“ behaupten, Edison sei wie einige andere bedeutende Erfinder von einem Wesen aus einer anderen Welt geleitet worden. War es ein Vertreter der „theosophischen Geister-Clique“, die auch Blavatsky und Bailey belieferte? Eines jedenfalls ist belegt: Edison trat 1878, drei Jahre nach Gründung der „Theosophischen Gesellschaft“ durch Mme. Blavatsky, dieser Vereinigung bei und unterschrieb eine Verpflichtung zur Verschwiegenheit.[89]

Noch eines springt in diesem Zusammenhang ins Auge: Der amerikanische Ingenieur interessierte sich nicht nur für elektrophysikalische Phänomene, sondern befaßte sich auch intensiv mit dem Paranormalen, dem Übersinnlichen. Er experimentierte zusammen mit dem Hellseher Bert Reese, dessen wirklicher Name Berthold Rieß war und der aus Pudewitz bei Posen stammte. Obwohl Reese ab und zu auch Trickdarbietungen nachgewiesen werden konnten, schreiben ihm etliche Forscher bedeutende paranormale Fähigkeiten zu.

Der deutsche Hellseher und der amerikanische Super-Erfinder experimentierten mit einer Konstruktion, die den Kontakt zu Verstorbenen herstellen sollte. Dieser magische Apparat wurde jedoch bis zum Tode von Edison nicht mehr fertig.

Es steht außer Frage: Edison setzte wichtige Meilensteine für die Entwicklung des Films, für ein geradezu perfektes Manipulationsinstrument. Ohne das sprechende und lebende Bild wäre eine Masseneinstimmung auf dieses Neue Zeitalter nicht vorstellbar. Der Film ist nichts anderes als ein Instrument der perfekten Täuschung, denn er schafft eine täuschend echte Wirklichkeit, die aber keine Wirklichkeit ist. Immer mehr Menschen jedoch akzeptieren diese Wirklichkeit aus zweiter Hand als Realität und beginnen sich darin wohlzufühlen. Dieses Verhältnis hat tiefgreifende Folgen.

Die Macht des Bildes

Schon immer bestand die Vorstellung, daß zwischen einem Bild und dem darauf abgebildeten Objekt eine unsichtbare Einheit bestünde. Besonders deutlich wird dieser Zusammenhang bei Kindern. Zeigt man einem kleinen Kind das Bild einer Katze, so wird es sich fast ebenso daran erfreuen wie an einer richtigen Katze.

Noch eindeutiger wird diese „Einheit", wenn das Bild ersetzt wird durch eine Spielzeugkatze. Das Kind fängt an, die Attrappe zu liebkosen und sie mit ins Bett zu nehmen. Die Spielzeugkatze erweckt dieselben Reaktionen wie die wirkliche, lebendige Katze: „Der nachgewiesene Einfluß von Attrappe und Ersatzobjekt auf das Verhalten ist eingehend untersucht worden und läßt keinen Zweifel daran, daß Lebewesen programmiert sind, auf bestimmte visuelle Signale in einer Weise zu reagieren, die der Erhaltung der Art nützlich ist ... Dieses Phänomen, daß visuelle Eindrücke unmittelbare Emotionen auslösen, wurde schon in der Antike beobachtet. ... Prediger und Lehrer wußten schon lange vor der modernen Werbung, wie das Bild uns beeinflußt, ob wir das wollen oder nicht."[90]

Diese sonderbare Abhängigkeit von bildlichen Darstellungen verflüchtigt sich mit zunehmendem Alter keineswegs. Die Gebundenheit bekommt sogar eine ganz neue Dimension, wenn dem Bild etwas „eingehaucht" wird, was es niemals besitzen kann: Leben.

Der Glaube, und es ist wahrhaftig nur ein Glaube, an die „Echtheit" eines Bildes, beruht auf den Bildern, die unser Unterbewußtsein zu dem Geschauten hinzusteuert – Bilder, die wir selbst „erlebt" haben, genauer: Realität, die in unserem Unterbewußtsein in bildlicher Form abgelagert ist. Das Photo einer Familienfeier wird in uns die erlebten Bilder einer Familienfeier wachrufen, an der wir selbst teilgenommen haben. Das Selbsterlebte ist somit der Beweis für die Echtheit eines Photos. Das Photo löst in unserer Psyche eine Gemüts- und Gefühlsbewegung aus. Ist mit diesem Bild auch noch Leben, Bewegung verbunden, so ist der Zugriff zu unserer Psyche noch direkter und massiver. Eine wahre Sturmflut von Emotionen wird freigesetzt: „Und das Bild ist mächtig. Wer bringt es fertig, ihm den Rücken zu kehren? Der Mensch kann sich dem Reiz von Bewegung einfach nicht entziehen, vielleicht auf Grund atavistischer [urtümlicher Fähigkeiten – Verhaltensweisen stammesgeschichtlicher Urahnen, Anm. U.S.] Erinnerungen an Furcht oder kindliche Freude; betritt er einen Raum oder ein Kino, werden seine Augen unwiderruflich von den sich bewegenden Bildern angezogen."[91]

Kino als magischer Ort

Im Kino wird unser Interesse auf ganz bestimmte, sich bewegende Bilder gelenkt. Der Kinozuschauer wird geradezu gezwungen, auf die erhellte Leinwand zu starren. Es ist dunkel, man sitzt zusammen in derselben Richtung und ist doch von seinem Mitzuschauer isoliert. Man ist letztlich allein und von der Außenwelt abgeschlossen.

In dieser mutterleibartigen Dunkelheit ist der Zuschauer bereit, mit der Macht des Visuellen zu verschmelzen. Er begibt sich willenlos in die Hände eines „Zauberers“, nämlich des Filmemachers, ohne diesen zu kennen, ohne zu wissen, welche Absichten diese Person verfolgt: „Sobald die Lichter verlöschen, wird die große, viereckige Leinwand – die vorher ohne jegliches Interesse wahrgenommen wurde – zum totalen Universum des Zuschauers. Was sich hier im wechselnden Kontrast von Hell und Dunkel ereignet, wird für ihn zum Leben selbst; die Bilder packen ihn, er geht in ihnen auf. In diesem Augenblick treten auch die zahlreichen Merkwürdigkeiten des Filmes in Aktion: Da wird eine glatte Fläche als dreidimensional akzeptiert; plötzliche Handlungswechsel, Maßstabs- und Szenenwechsel erscheinen normal, das Ausschnitthafte des Films bleibt unbewußt; Schwarz-Weiß wird als Realität akzeptiert. ... Aber dies ist erst der Anfang der Merkwürdigkeiten. Die Dunkelheit, die den Zuschauer einhüllt, ist dichter, als er glaubt; denn das Wesen des Kinos ist nicht das Licht, sondern etwas Geheimnisvolles, das sich zwischen Helligkeit und Dunkelheit schiebt. Die Hälfte der Zeit, die das von dieser technologischen Kunst hingerissene Opfer im Kinosessel verbringt, herrscht völlige Finsternis: auf der Leinwand ist nichts zu sehen. Im Laufe einer Sekunde folgt auf 48 Dunkelperioden 48mal Helligkeit. In den winzigen Zeitspannen wird dem Publikum jedes Bild zweimal gezeigt, und zwar als Einzelaufnahme. Der Film kommt im Projektor während einer einzigen Sekunde 48mal zum Stehen. Da sich die Netzhaut nicht so schnell an verschiedene Helligkeiten anpassen kann, entsteht durch die rasche stop-start-Folge von Einzelaufnahmen, die sich nur wenig voneinander unterscheiden, der Eindruck von Bewegung. Der Zuschauer sieht also während der Hälfte der Zeit gar nichts – und schon gar keine Bewegung. Ohne die physiologische und psychologische Mitarbeit des Zuschauers wäre Kino nicht möglich.“[92]

Die Technik des Filmabspielens und unser Wahrnehmungsvermögen arbeiten also ganz eng zusammen, ja, sie sind sogar voneinander abhängig. Wir fügen in den 48 Dunkelperioden etwas hinzu, ohne das der Film gar nicht funktionieren würde. *Wir* sind es, die den starren Bildern Leben schenken!

Die Reizbilder von der Leinwand haben direkten Zugriff zu unserem Unterbewußtsein und zu allem, was dort unbewußt schlummert: zu den Bildern, zu den Gefühlen, den Sehnsüchten, den Träumen, Wünschen, Ängsten – und zu einer unsichtbaren Dimension. Denn unser Unterbewußtsein ist scheinbar das Einstiegstor in die jenseitige Welt der Geister und Dämonen.

Diese Erfahrung machte auch einer der bekanntesten Vertreter der Psychologie, der Schweizer Pfarrerssohn, Psychiater und Begründer der „Analytischen Psychologie", C.G. Jung (1875-1961). Bei seinem Abstieg in die Tiefenregionen seiner Psyche traf er auf einen Geist: „Von ‚Philemon', wie sich der Geist nannte, ließ sich Jung in langen Lehrgesprächen und Dialogen esoterisches Wissen über die dunklen Seiten unserer Psyche vermitteln. Der immer tiefer werdende Kontakt ließ Jung Philemon schließlich ‚fast wie physisch real' erscheinen, so daß er schließlich mit ihm – im Gespräch versunken – im Garten auf- und abwandelte ..."[93]

Diese direkte Ansprache des Unterbewußtseins ist aber noch nicht alles: Durch die enorme Flut von Bildern ist unser Unbewußtes in der Lage, sich aus den gewohnten Zwängen herauszulösen, d.h., es ist nicht nur bereit, Bilder zu *liefern*, sondern auch bereit, neue Bilder *aufzunehmen*.

Da im Kino außer Sehen und Hören alle anderen Sinne ruhen, gewinnt die Phantasie, angeregt durch das Bildmaterial, einen intensiveren und länger anhaltenden Einfluß als sonst. Durch die Aktivierung unseres Unterbewußtseins werden wir im Kino in eine hochgradige Passivität gedrängt. Unser Verstand ist nicht mehr in der Lage zu kontrollieren, was da so alles an Bildern, Informationen, Nachrichten in uns eindringt. Auch Bilder, die wir möglicherweise in unser Unterbewußtsein nicht hineinlassen würden, können ungestört tief in uns eindringen.

Durch die freiwillige Passivität beim Bilderschauen überhaupt, ganz konzentriert im Kino, entsteht eine unkritische Aufnahmebereitschaft für Manipulationen und Suggestionen aller Art. Und das kann durchaus erwünscht sein: „Der außerordentlich starke Einfluß dieser hellen Bilder in einem dunklen Raum mit einer künstlichen Zeit, ihre Affinität [Beziehung] zu Trance und Unterbewußtsein sowie die Tatsache, daß man mit ihrer Hilfe Massen beeinflussen und Grenzen überspringen kann, haben die repressiven [gegen ‚staatsgefährdende' Umtriebe gerichteten] Kräfte in der Gesellschaft – Zensoren, Traditionalisten und Staatsmacht – immer wieder veranlaßt, sich das Kino als Zielscheibe vorzunehmen."[94]

Das Filmtheater ist nichts anderes als die moderne Kopie des dunklen Kultplatzes in der Höhle des Eiszeitmenschen. Damals wie heute durchzieht diese Plätze eine Tranceatmosphäre. Damals wie heute vollzieht sich dort ein zutiefst magischer Vorgang.

Ein globaler Visualisierungsprozeß

Der ägyptische Gott Thot, der bei den Griechen als Hermes Trismegistos bekannt war, lehrte, daß die sichtbare Welt durch geistige Bilder umgeformt werden könne. Mit anderen Worten: Gedanken, in Bildform vorgestellt, sollen sich materialisieren können, um dann in der Wirklichkeitsebene in Erscheinung zu treten.

Dr. O. Carl Simonton und seine Frau Stephanie benutzten diese Methode angeblich erfolgreich, um damit Krebspatienten zu behandeln. Sie forderten die Todkranken auf, sich vorzustellen, wie zum Beispiel kleine Soldaten einen innerkörperlichen Kampf gegen ein Krebsgeschwür führten. Diese Bildvorstellungen sollten körpereigene Abwehrkräfte mobilisieren und die Krebsgeschwulst vernichten. Diese Form der Beeinflussung nennt man „Visualisierung“. Bunny Marks, der Direktverteiler des US-Konzerns „Amway“, erklärt die Macht der Visualisierung so: „Das erste, was wir tun müssen, wenn wir etwas erreichen wollen, wenn wir das Leben des Erfolgs, der Fülle und des Glücks leben wollen, ist, uns all das bildlich vorzustellen. Wir erschaffen tatsächlich die Wirklichkeit durch das, was wir in einer Vision vor uns sehen. ... Das Bild ist also das Geheimnis, hier liegt der Schlüssel; denn das Bild, das Sie vor sich sehen, ist das, was Sie einmal sein werden!“[95]

Bilder sollen die magische Kraft haben, Wirklichkeit zu verändern. Diese Annahme scheint sich mehr und mehr zu bestätigen. Allerdings auf eine etwas andere Art und Weise, als der „Amway“-Mitarbeiter es ausdrückte.

Wie wir schon feststellten, können die Bilder von Mattscheibe und Leinwand tief in unser Unterbewußtsein eindringen. Sie sind somit in der Lage, auf unser Denken einzuwirken, Gefühle zu beeinflussen, mitzubestimmen, welche Ziele wie realisiert werden sollen; somit versuchen sie, unser Handeln zu dirigieren.

Durch den Eintritt in ein Bildzeitalter scheint ein gigantischer Visualisierungsprozeß eingeleitet worden zu sein, in dem Menschen durch eine Bilderflut beschworen werden. Friedrich von Zglinicki schreibt: „Beim Nachdenken darüber, welche Mächte dem Film wohl dazu verholfen haben, so viel Gewalt über die Menschheit zu besitzen, stoßen wir unwillkürlich auf den Hinweis von Gustave Le Bon: ‚Die Massen können nur in Bildern denken und lassen sich nur durch Bilder beeinflussen.‘ Aus diesem Ausspruch des berühmten französischen Psychologen erkennen wir, daß im Vordergrund der geistigen Führung der Massen das Bild steht, das den Erlebniswünschen und den Bequemlichkeitsgewohnheiten der breiten Menge weitgehend entgegenkommt. Die Psyche der Massen kann niemals durch abstrahierendes logisches Denken, vielmehr nur durch handgreifliche schaubare Tatsächlichkeiten überzeugt werden."[96]

Die geistige Führung durch Bilder erreicht eine schier unglaubliche Dimension und Qualität, wenn diese Scheinwirklichkeit als tatsächliche Wirklichkeit akzeptiert wird.

Schein = Sein – die Medienwirklichkeit der Kinder

In ihrem Buch „Per Knopfdruck durch die Kindheit" führt die Journalistin Sabine Jörg aus, wie Kinder und Jugendliche mehr und mehr die Medienwirklichkeit als echte Welt annehmen und beginnen, sich darin einzurichten: „Kinder finden heute eine Mixtur von wirklichen und fiktiven Welten vor und hängen nicht mehr im gleichen Maße an der ‚wirklichen' Wirklichkeit. Sie tun sich leichter im Umgang mit den gemachten und erdachten Welten. ... Die Wertung, die wir Erwachsenen von heute mit der Unterscheidung zwischen Wirklichkeit und Fiktion unausgesprochen verbinden, ist Kindern fremd. Wer sagt denn, daß die wirkliche Welt bedeutsamer und wichtiger wäre als die fiktive? Kinder haben nur ein Paar Augen, um die Welt zu sehen. ... Alles, was ein Kind erlebt, ist im gewissen Sinne real. ... So prägen die Ereignisse, die – gleich, aus welcher Wirklichkeitsebene – auf Kinder einstürmen, das Bild von der Welt. Sie beeinflussen nicht nur das Denken, sondern auch das Fühlen und Handeln."[97]

Doch wie sieht die Medienwelt der Kinder und Jugendlichen heute aus? Welche Visionen werden in diesem globalen Visualisierungsprozeß einem Massenpublikum verabreicht?

Bei genauerer Betrachtung der Bilderflut, die in den letzten Jahren weltweit über Milliarden von Menschen ausgeschüttet wurde, drängte sich der Verdacht auf, daß durch zahlreiche Filme eine ganz bestimmte Welt direkt heraufbeschworen wird, heraufbeschworen aus dem Unterbewußtsein der Menschen. Gemeint ist eine jenseitige Dimension der Dämonen und Geister, die auch C.G. Jung kennenlernte und die jetzt aus dem Dunkel des Unterbewußtseins heraustreten will, um dann im Bewußtsein der Menschen die Regentschaft im Neuen Zeitalter anzutreten.

Das Bildzeitalter und die Rückkehr der Mythen

Eines zeichnet sich jetzt schon sehr deutlich ab: Der Eintritt in ein totales Bildzeitalter ist gleichzeitig die versteckte Rückführung zu den Anfängen der Menschheit. Zu einem Zeitabschnitt, in dem auch das hemmungslose Ausleben der menschlichen Triebe in Form von grauenvollster Barbarei an der Tagesordnung war. (Welche Rolle dabei die Horrorfilme spielen, in einer Scheinwelt, die mehr und mehr ihren Schein verliert, darauf werden wir später noch eingehen.) Die Zeit der Barbarei war die Zeit, in der eine Verschmelzung von Diesseits und Jenseits den Alltag bestimmte. Eine Epoche, in der der Mensch mit Wesenheiten einer anderen Welt auf Du und Du lebte: „Er sah nicht nur – wie der moderne Mensch – die gegenständlich greifbare äußere Sinneswelt mit den leiblichen Augen, er schaute auch die darin schaffende Wesenswelt. Indem sein noch ungleich bildsameres Wesen in Kontakt kam mit anderen Wesen, bildete er sie in sich nach, sprach sich Wesen in Wesen im inneren Wahrbild aus. Diese Hellsichtigkeit lebte wie eine Naturkraft in ihm. Es war das mythologische Zeitalter."[98]

Wilhelm Grimm, einer der Gebrüder Grimm, drückt es so aus und weist auf ein Element hin, das neben den Bildern einen weiteren wichtigen Platz im Neuen Zeitalter belegt: „Gemeinsam allen Märchen sind die Überreste eines in die älteste Zeit hinaufreichenden Glaubens, der sich in bildlicher Auffassung übersinnlicher Dinge ausspricht. Dies Mythische gleicht kleinen Stücken eines zersprungenen Edelsteins, die auf dem vom Gras und Blumen überwachsenen Boden verstreut liegen und nur von dem schärfer blickenden Auge entdeckt werden. Die Bedeutung davon ist längst verloren, aber sie wird noch empfunden und gibt dem Märchen seinen Gehalt, während es zugleich die natürliche Lust an dem Wunderbaren befriedigt ...“[99]

Mythen sind Bilder und Geschichten, die versuchen, Unerklärliches zu erklären. Durch bildliche Darstellungen und Beschreibungen soll eine Wirklichkeit hinter der Wirklichkeit erläutert werden, sollen Geheimnisse faßbar gemacht werden.

So wird in Mythen die Existenz und Geschichte der Welt wie des Menschen auf das Handeln von Gottheiten zurückgeführt, auf deren Wirken im Himmel, auf der Erde, bei ihrer Begegnung mit den Menschen und in der Unterwelt. Die Welt der Mythen ist eine Welt von Göttern und Geistern, voll von Zwergen, Feen, Elfen, Kobolden, Wassermännern und anderen Jenseitsfiguren.

Wenn Mythen den Menschen „himmlische Fakten“ bildlich nahebringen wollen, taucht die Frage auf, ob dieses Vorhaben nicht dem biblischen Bilderverbot total entgegensteht. Schließlich heißt es: „Du sollst dir kein Bildnis noch irgendein Gleichnis machen, weder von dem, was oben im Himmel, noch von dem, was unten auf der Erde, noch von dem, was im Wasser unter der Erde ist.“ (2. Mose 20,4).

Aber genau das versuchen die zahlreichen mythischen Bilder, die wir in jeder Epoche und überall auf der Welt finden.

Wir haben schon festgestellt, daß ein Bild zutiefst den Charakter der Täuschung und Manipulation in sich trägt. Wie steht es dabei um die bildlichen Erzählungen, die Mythen, die ja auch den Grundstoff für Märchen und Sagen bilden? Dieses Mythische konnte in den letzten Jahren gewaltig belebt werden. Prof. Dr. Lutz v. Padberg meint in seinem Buch „New Age und Feminismus“: „In erstaunlicher Menge werden seit einigen Jahren Bücher über vergangene

Kulturen, über Märchen, Sagen und Mythen angeboten und verkauft, sogenannte Fantasy-Werke erreichen enorme Verkaufserfolge. Verstärkt durch die Medien, wird das mythologische Bild der Vergangenheit in verklärter Weise zur Leitvorstellung der Zukunft."[100]

Diese Mythenwelle überflutet ein jugendliches Publikum, weil das Transportmittel für die mythischen Inhalte, das Bild, bestens dazu geeignet ist.

Die Bibel kündigt eine Zeit an, in der sich Menschen erneut den mythischen Inhalten zuwenden werden. „Erneut zuwenden" bedeutet ja, daß man vorher davon Abschied genommen hatte, so, wie das seit Jahrzehnten im christlichen Abendland der Fall war. Im 2. Timotheus-Brief, Kapitel 4, in den Versen 3 und 4 heißt es: „Denn es wird eine Zeit kommen, da sie die heilsame Lehre nicht ertragen werden; sondern nach ihren eigenen Gelüsten werden sie sich selbst Lehrer aufladen, nach denen ihnen die Ohren jucken, und werden die Ohren von der Wahrheit abwenden und sich *den Fabeln zukehren."*

Überrascht es in unserem Zusammenhang noch, daß das griechische Wort für „zukehren" in diesem Text auch mit „zugekehrt werden" übersetzt werden kann?

Marilyn Ferguson, eine der wichtigsten Leitfiguren in der New-Age-Bewegung, bemerkt in ihrem Buch „Die sanfte Verschwörung": „Die Verschwörung des Wassermannes, wie sie im späten 20. Jahrhundert in Erscheinung tritt, wurzelt in den Mythen und Metaphern, den Prophezeiungen und der Poesie der Vergangenheit."[101]

Von der Wahrheit weg zu den Mythen, so der Grundtext der Bibel. Von dem biblischen Weltbild und den zentralen, christlichen Glaubensaussagen hin zu mythischen Inhalten, zu Sagen und Märchen, die ihre Geschichte in Bildern erzählen. Diese Bilder versuchen, tiefreligiöse Inhalte zu vermitteln. Dabei fällt auf, daß über das Bild ganz bestimmte Glaubenselemente besonders gut transportiert werden können. Die Bildsprache scheint wie geschaffen dafür zu sein, über ein Jenseits zu informieren, das mit aller Macht das Neue Zeitalter ganz und gar beherrschen will.

Niemanden wird es da verwundern, daß diese Jenseitswelt mit ihren Jenseitswesen gleich zu Beginn der Filmgeschichte die ersten Filmmeter „belebte“.

Ein Magier erfindet das Kino

An einem Tag im Jahr 1871 erfährt ein kleiner Junge, daß der große Magier Houdin in der Nähe eine Vorstellung geben wollte. Robert Houdin war ein Meister der Geheimkunst. Allabendlich jagte er seinen Zuschauern Schock und Schauder über den Rücken, indem er schwebende Gespenster und abscheuliche Totenskelette auf die Bühne „zauberte“. Bevor der Magier mit seinen phantastischen Vorstellungen ganz Europa in Erstaunen setzte, hatte er sich bereits als Erfinder und Konstrukteur sensationeller Apparate einen Namen gemacht. Houdin war der erste Illusionskünstler, der sich bei seinen Tricks magnetischer, elektrischer und hydraulischer Prinzipien bediente und die wirklichen Wunder des 19. Jahrhunderts als Zauberei „verkaufte“. Gegen teures Geld präsentierte der Techno-Magier eine für damalige Verhältnisse perfekte Horror-Show.

An einem Abend des Jahres 1871 befand sich im Publikum von Robert Houdin auch der zehnjährige Junge, für den diese Zauberveranstaltung zu einem Schlüsselerlebnis werden sollte. Nach dem Tode von Robert Houdin übernahm er das Zaubertheater und führte es weiter.

Am 28. Dezember 1895 besuchte der neue Besitzer des Houdin-Theaters eine sensationelle Veranstaltung. Im indischen Salon des Grand Café, unweit der Pariser Oper, führten die Brüder Lumière ihren allerersten Film vor. Der Nachfolger des großen Magiers Houdin war begeistert, fasziniert von diesen Bildern, die gerade das Laufen lernten.

Auf Anhieb erkannte er, welche Kräfte in diesem neuen Medium verborgen lagen.

Während die Brüder Lumière versuchten, die unverfälschte Wirklichkeit mit der Kamera einzufangen, entdeckte der filmbegeisterte Zauberer die geheimen Kräfte der Kamera, mit der sich die Wirklichkeit phantastisch verzerren und verändern ließ. Als erster unterwarf er das neue Medium bewußt der Subjektivität eines Gestalters. Während die Brüder Lumière die Ankunft eines Zuges filmten, bannte der Zaubertheaterbesitzer eine Reise zum Mond auf Zelluloid.

Bunt und bizarr, so präsentierte sich die Filmkunst der ersten Stunde, und der Mann, der diesen Filmzauber ausdachte, hieß George Méliès. „Méliès war der Pionier der Filmtechnik. Alle heute gebräuchlichen Filmtricks gehen auf ihn zurück, und er erfand noch überdies eine Anzahl anderer, die nach ihm niemand mehr angewandt hat. Er war der erste, der mit Dekoration arbeitete, der ein Filmstudio benützte, der richtige Inszenierungen machte, nach einem Drehbuch, von ihm selbst, mit Schauspielern, Dekorationen usw. ...“[102]

Der allererste Spielfilm: „Das Landhaus des Teufels“

Schon bald widmete sich Méliès mit unglaublicher Energie der Herstellung von Filmen. Allein im Jahr 1896 produzierte er 78 Filme mit einer Gesamtlänge von 1 600 Metern – für damalige Verhältnisse eine sensationelle Leistung! Der größte Teil dieser Filme folgte noch dem Vorbild der Dokumentationsaufnahmen der Lumières, doch bereits „Le Manoir du Diable“ weicht davon ab.

„Le Manoir du Diable – das Landhaus des Teufels“ gilt als allererster Spielfilm in der Geschichte der Spielfilmkunst. Die Elemente, die Méliès im Zaubertheater Houdin präsentierte, verarbeitete er nun in seinen Filmen: Mumien,

Teufel, Geister, Dämonen, kuriose Spielereien und vieles mehr.

1981 hatte ich in München die Gelegenheit, einige Filme von Méliès zu sehen. Es waren Stummfilme, die oft nur zwei, drei Minuten dauerten. Doch die Minifilme hatten es in sich. Da wurde zum Beispiel ein Mann auf einen Spieß gesteckt und gebraten. Ein anderer Film zeigte die Enthauptung mehrerer Frauen, und in einem weiteren überfiel ein scheußliches Monster einen schlafenden Mann und richtete den Schlummernden furchtbar zu. Méliès präsentierte um 1900 herum bereits knallharten Horror!

Betrachtet man Méliès' Gesamtwerk, wird man feststellen, daß ein Generalthema sein gesamtes Filmschaffen beherrschte: die Schwarze Magie, auch „Teufelsmagie" genannt. Darunter ist die Möglichkeit zu verstehen, durch bestimmte Techniken mit übersinnlichen Satansmächten Kontakt aufzunehmen. Mit diesen teuflischen Kräften ist man durchaus in der Lage, Wundersames, Unerklärliches hervorzubringen und zu erleben. In diesem Bereich zeigt sich der wirkliche Hintergrund allen magischen Denkens und Praktizierens ganz offen und ungeschminkt.

Wenn Gott einen Kontakt mit der übersinnlichen Welt verbietet, so liegt ein wichtiger Grund sicherlich darin, die Menschen vor den schrecklichen Einflüssen aus der Sphäre der Finsternis zu schützen. Von dort kommt nämlich der Horror pur, wenn auch nicht immer auf Anhieb. Nach Auskunft der Bibel präsentiert sich Satan auch als „Engel des Lichts", gut und überaus hilfsbereit, um irgendwann seinen eigentlichen, erzbösen Charakter zu zeigen und Menschen ins Unglück zu stürzen.

Méliès war jemand, der sich mit der Schwarzen Magie auskennen mußte. Nicht nur sein Film „Teufelsmagie – George Méliès" belegt dies auf eindrucksvolle Weise. Méliès' liebste Rolle als Schauspieler war die des Satans. Verkleidet als roter Teufel in einem engen Kostüm mit spitzen Schuhen und einer Kappe mit langen Fasanenfedern, „geisterte" er durch seine Filmhandlungen mit den Titeln „Der Abgesandte des Satans“, „Laboratorium des Teufels“, „Satanische Möbel“, „Gehilfen des Satans“, „Umzug der Geister“ oder „Die Gottheiten der Hölle“.

Diese Horrorfilme, aber auch Komödien und Science-fiction-Filme, zeigte der filmbegeisterte Zauberer, der sich als religionslos ausgab, in seinem Zaubertheater. Aus dem Theater Robert Houdin wurde aber schon bald ein Kino – das erste Kino der Welt! Sein Besitzer gilt heute als Vater des phantastischen Films, des Horror- und Fantasy-Films. George Méliès kreierte eine Filmrichtung, die auch heute ganz wesentlich die Leinwände und Mattscheiben der Welt „belebt“.

Wir haben diesen ausgedehnten Ausflug in die Geschichte des Films nicht umsonst gemacht. Wer verstehen will, was sich heute auf den Kinoleinwänden, den Fernsehmattscheiben, teilweise auf den Computerbildschirmen oder in den Comic-Heften abspielt, muß einfach etwas über die Macht und Manipulationsmöglichkeiten des Bildes wissen. Er muß wissen, daß Kinder und Jugendliche ganz selbstverständlich mit einem Verführungsmechanismus aufwachsen, der sie nachhaltig prägen wird. Ohne das Wissen um die tiefe Bedeutung dieses Zentralschlüssels „Bild“ wird einem die wichtigste Eingangstür für das Verständnis des Neuen Zeitalters verschlossen bleiben.

Die Bebilderung der Haushalte

1964 verfügten von 100 Haushalten in der Bundesrepublik 55 über mindestens ein Fernsehgerät. 1970 waren es schon 85 und 1980 gar 97 von 100 Haushalten. Als dieser fast hundertprozentige Sättigungsgrad erreicht war, erfolgte Anfang der achtziger Jahre ein tiefgreifender Umbruch in

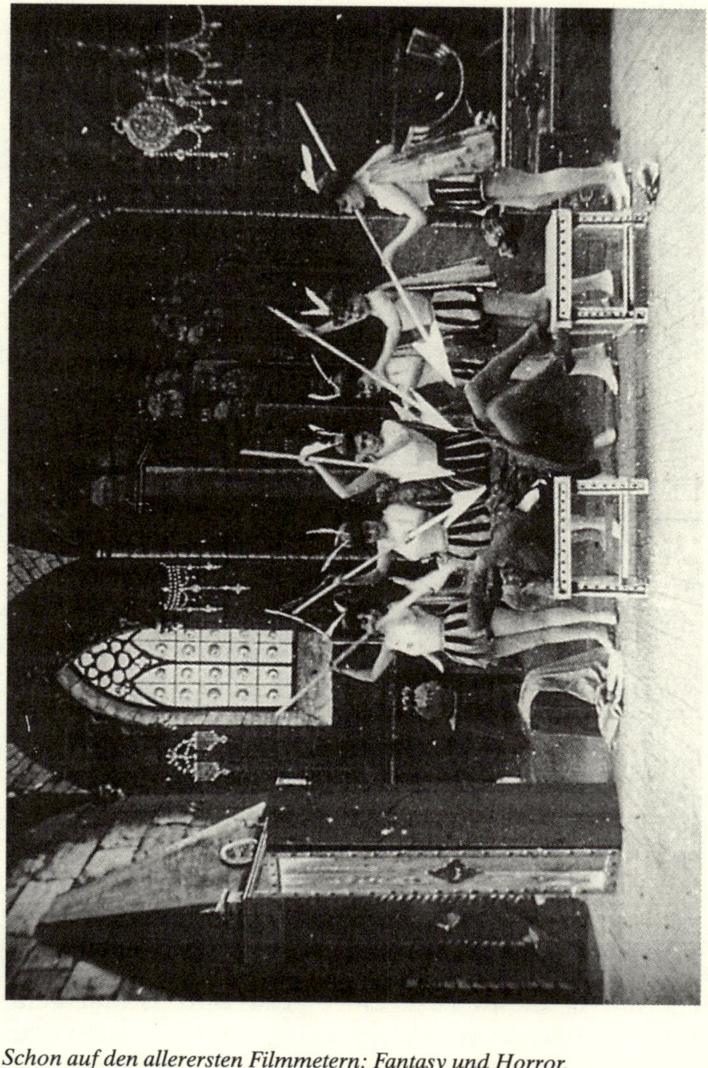

Schon auf den allerersten Filmmetern: Fantasy und Horror.
George Méliès, der Schöpfer dieses Gruselfilms aus der Zeit um 1900, gilt als Vater des Fantasy- und Horrorfilms.
Foto aus Kopie: G. Ullmann.

der Medienlandschaft. Die Schleusen für eine wahre Bilderflut wurden geöffnet.

Wurde früher in einem Kino an einem Abend nur ein Spielfilm vorgeführt, so präsentieren die umgestalteten Kinopaläste seit Ende der siebziger Jahre ein buntes Filmprogramm in mehreren „Schuhkartonkinos" nach dem Motto „Für jeden soll etwas dabei sein".

Die gleiche Entwicklung zeigte sich im „Pantoffelkino". Sind jemandem die Programme der öffentlich-rechtlichen Anstalten zu langweilig, so kann er seit Anfang der achtziger Jahre sein Programm selbst zusammenstellen, vorausgesetzt, er besitzt einen Videorecorder. 1980 stand in ganzen 5 Prozent der Haushalte so ein Gerät, 1990 werden es bereits 50 Prozent sein. Allein 1987 schoben deutsche Videothekare rund 125 Millionen Mal eine bespielte Videoleihcassette über ihren Ladentisch. Zu den Leihcassetten kamen noch einmal 4,4 Millionen Spielfilm-Verkaufscassetten, 800 000 mehr als 1986.

Doch damit nicht genug. Seit Antritt der CDU/CSU/FDP-Bundesregierung im Oktober 1982 wird ein weiteres Projekt der Bildübertragung vorangetrieben: der Aufbau von Breitbandkabelnetzen, im wesentlichen bestimmt für die Verteilung von Fernsehprogrammen.

Längst sind andere Länder schon besser verkabelt als die Bundesrepublik. In Belgien und Luxemburg war schon 1984 ein Versorgungsgrad von 81 Prozent erreicht, in den Niederlanden einer von 54 Prozent, und in den USA waren 41 Prozent der Haushalte am Kabel.

Doch auch diese Verkabelung ist immer noch nicht der Endpunkt. Erst richtig genutzt werden kann die Erdverkabelung, wenn über Satelliten eine „internationale" Bilderflut in dieses Netz eingespeist wird. Schon geraten Filmproduzenten in Verzückung, wenn sie daran denken, welche Möglichkeiten ihnen diese kombinierte Übertragungstechnik bietet. Menahem Golan, einer der Bosse der Filmgesellschaft „Cannon International" formulierte seine Vision auf den Filmfestspielen in Cannes 1987 so: „Ich möchte meine Filme im Theater sehen, im Fernsehen, auf Video, überall, wo es nur geht. Mein Traum ist es, eines Tages eine Video-Premiere zu veranstalten, die von Hollywood aus über Direktsatellit 800 Millionen Menschen erreicht. Wir sprechen damit über eine neue Dimension ...“[103]

Schon längst ist diese zentral gesteuerte Bilderflut keine Vision mehr. In der Medienlandschaft der USA beginnt man, diesen Traum zielstrebig zu realisieren.

Die Zeiträuber

Doch wie sehen die ersten Auswirkungen dieser Bilderflut aus? Das Ergebnis ist eindeutig: immer mehr Zeit wird dem „lebenden und sprechenden Bild“ geopfert. Rund zwei Drittel der erwachsenen Bundesbürger sitzen täglich mindestens vier Stunden vor dem Fernseher – und selbst jedes dritte Kleinkind zwischen drei und fünf Jahren verbringt seine Nachmittage am liebsten vor der Flimmerkiste. Weitere Zahlen:

„Bei einer Ausweitung der Zahl der Fernsehangebote, wie sie über Kabel und Satellit möglich ist, nimmt der Fernsehkonsum der Kinder drastisch zu, während die Erwachsenen nicht häufiger fernsehen. ...
Die ersten GfK-Auswertungen [GfK = Gesellschaft für Konsum-, Markt- und Absatzforschung, Anm. U.S.] zeigen z.B. eine Zunahme im Fernsehkonsum der 6-13jährigen Kinder in Kabelhaushalten um 65 Prozent im Oktober 1985: von 93 auf 153 Minuten täglich. In dieselbe Richtung wiesen auch die Ergebnisse von drei Tagebuch-Studien, die von der Forschungsgruppe Wahlen zwischen März und Oktober 1985 in Kabelinseln durchgeführt wurden: die Fern-

sehnutzung der Kinder in Kabelhaushalten nimmt zu, teilweise bis zu 100 Prozent. …
In 15 bis 20 Prozent der bundesdeutschen Haushalte stehen inzwischen Videorecorder. Das GfK-Metergerät erfaßte als erstes Forschungssystem der Welt sekundengenau auch die Video-Nutzung in diesen Haushalten repräsentativ. Derzeit werden über 300 Video-Haushalte von GfK gemessen. Hier zeigt sich nun, daß Erwachsene und Kinder in Videorecorder-Haushalten deutlich mehr fernsehen. Kinder mit Video sitzen (Fernsehen und Video zusammen) um 30 Prozent länger vor dem Bildschirm als der Durchschnitt. Ihr täglicher Konsum nimmt im Schnitt von 93 um 24 auf 117 Minuten zu. Bei Erwachsenen ist der Nutzungszuwachs mit 20 Minuten (von 150 auf 170 Minuten tägl.) geringer als bei den Kindern. Richtig ‚lustig' wird es aber erst, wenn Kabel und Videorecorder vielerorts Einzug halten.
Ein durchschnittlicher Videohaushalt zeichnet pro Woche rund vier Stunden Fernsehprogramme auf. Nicht alles, was aufgezeichnet wird, kann später auch gesehen werden, denn für die Wiedergabe von Cassetten haben die Videohaushalte nicht mehr genug Zeit; schließlich wollen ja auch die gekauften oder geliehenen Cassetten aus der Videothek betrachtet werden. Auf der Hitliste der Aufzeichnungen stehen wiederum Spielfilme und einzelne Serienfolgen, die man aus diesen oder jenen Gründen verpaßt hat. Auffällig ist, daß Informations-, Kultur-, aber auch Sportsendungen kaum aufgezeichnet werden. Was an Cassetten gekauft und geliehen wird, zählt in der Regel auch nicht zum wertvollsten Kulturgut."[104]

Die Untersuchungen belegen eindeutig, daß gerade unter Kindern der Bildkonsum im Fernsehbereich steigt und daß die angebotene Bildware zu einem ganz bestimmten Bereich gehört: zum Unterhaltungsbereich.

Je mehr Programme über das Heimkino flimmern können, desto schneller dreht sich das Unterhaltungskarussell.

Doch Unterhaltung hat es in sich, im wahrsten Sinne des Wortes. Denn sie beinhaltet häufig versteckte Botschaften, die sich im Unterbewußtsein der Bildkonsumenten festsetzen. Eine der Hauptbotschaften lautet seit Jahren: *Bereitet Euch vor auf einen Kontakt mit einer fremden Welt mit fremdartigen Wesen!*

Bei genauer Betrachtung sind die fremdartigen Wesen gar nicht so unbekannt. E.T. (vorne links) und Yoda, der Jedi-Magier aus der Star-Wars-Trilogie (vorne rechts), würden in der Märchen- und Sagensprache als Wichtel, Troll oder Gnom bezeichnet.
Abdruck mit freundlicher Genehmigung der Kino Verlag GmbH Hamburg

2
Die lieben Außerirdischen

Die Suche nach einer unbekannten Welt

1960: Der amerikanische Astronom Frank Drake richtet sein Radioteleskop auf zwei relativ wenig voneinander entfernte Sterne und beginnt, die Himmelskörper nach Radiowellen abzusuchen. Er startet ein Programm, an dem sich in den folgenden Jahren viele seiner Kollegen beteiligen. Es heißt SETI (Search for Extra-Terrestrial Intelligence = Suche nach außerirdischer Intelligenz). Wissenschaftler rund um den Globus machen sich auf die Suche nach außerirdischem Leben. Bis heute erfolglos. Nicht ein einziger Mikropiepser der Intelligenz ist mit den eigens dazu aufgestellten Radioteleskopen aufgefangen worden. Nicht eine Bakterie wurde bisher auf dem Mond oder anderen Planeten entdeckt.

Auch die Mission der drei Raumschiffe Pioneer 10 und Voyager I und II ist bisher nicht von Erfolg gekrönt. Die Raumsonden, seit 1972 unterwegs, führen auch Botschaften für außerirdische Intelligenzen mit sich. Doch bisher hat aus dem ewigen Dunkel des Universums darauf noch niemand geantwortet.

Fast zur gleichen Zeit, als die Wissenschaftler ihre „Teleskoplauscher“ gezielt auf das All ausrichteten, startete noch ein anderes Programm mit demselben Vorhaben: Am 8. September 1961 erschien der erste Band der neuen „Perry Rhodan“-Serie mit dem Titel „Unternehmen Stardust“. Die Weltraumabenteuer des „Perry Rhodan“ wurden schon bald zu einem Welterfolg. Die Heftchenreihe gilt mit einer bisherigen Gesamtauflage von über einer Milliarde als eine der erfolgreichsten aller Zeiten.

Mit Perry Rhodan und anderen Science-fiction-Helden machte sich eine ganze Generation auf die Suche nach einer unbekannten Welt. Und fast vom Startschuß weg wurden Schritt für Schritt alle Ängste vor der Andersartigkeit der fremden Wesen abgebaut. Viele dieser fremden Wesen entpuppten sich sogar als „gute" Außerirdische, wie beispielsweise die Kosmokraten, die im Perry-Rhodan-Universum um den Erhalt einer harmonischen kosmischen Ordnung bemüht sind. Sie haben Gesandte und Beauftragte – wie die sieben Mächtigen –, die die Völker beeinflussen sollen.

Den Science-fiction-Boom Ende der sechziger, Anfang der siebziger Jahre erklärte der Hollywood-Produzent Samuel Arkoff: „Viele junge Leute suchen nach einem Ersatz für die verbrauchten Religionen. Während der sechziger Jahre fanden und verloren sie ihr Mekka. Nun suchen sie nach neuen Perspektiven. Die Anziehungskraft der Science-fiction-Filme ist mit eben dieser Suche nach einer neuen Religiosität verbunden."[105]

Hollywood wurde somit zum Organisator einer gigantischen Expedition. Raumschiff auf Raumschiff verließ die Illusionsbastelstuben Kaliforniens, um im unergründlichen Dunkel des Alls Antworten auf die zentralen Fragen des Menschen aufzuspüren.

An Bord von „Raumschiff Enterprise": ein Weltpublikum

Eines dieser Raumschiffe war die „Enterprise", ein Sternenkreuzer der Superklasse. 1966 wurde „Star Trek" (die amerikanische Bezeichnung) als Fernsehserie „Raumschiff Enterprise" von der US-Fernsehgesellschaft NBC gestartet. An diesem 8. September um 20.30 Uhr begann ein neuer Abschnitt in der Geschichte der Science fiction mit folgenden Worten: „Das Weltall – die letzte Grenze. Dies sind die Abenteuer des Raumschiffes Enterprise. Seine fünfjährige Mission: die Erkundung fremder Welten, die Suche nach neuem Leben und neuen Zivilisationen, kühn dorthin zu gehen, wo noch nie zuvor ein Mensch war."[106]

Die Abenteuer von Captain Kirk und seiner Crew erwiesen sich zunächst als Flop. Als NBC jedoch nach drei Jahren die Serie absetzte, passierte etwas Außergewöhnliches: Kleine lokale TV-Stationen kauften die Star-Trek-Filme auf und sendeten sie im Spätprogramm. Und plötzlich war das Star-Trek-Fieber da. Der Erfolg der Serie war nicht mehr aufzuhalten. Star-Trek wurde Mitte der siebziger Jahre zu einer der erfolgreichsten Fernsehserien der Welt, verkauft in über 130 Länder und übersetzt in fast 50 Sprachen. Neueste Statistiken weisen aus, daß die Star-Trek-TV-Serie die absolute Nummer 1-Serie der Welt ist.

Auch in der vierteiligen Kinoversion (zu der 1989 ein 5. Teil kommen wird) wurde Star Trek ein galaktischer „Knüller", zumindest an den Kinokassen.

An Bord des Raumschiffes Enterprise waren nicht nur Captain Kirk, Oberbefehlshaber der Raumflotte der Vereinten Nationen der Planeten, nicht nur der spitzohrige Chefwissenschaftler Mr. Spock und Scotty, der Chefingenieur, sondern via Fernsehschirm und Kinoleinwand Millionen von jungen Zuschauern. Bei der Suche nach „fremden Welten" und „neuen Zivilisationen" erlebten sie hauptsächlich eines: eine Begegnung mit fremden Intelligenzen und einer übersinnlichen Dimension. Die „Star-Trek"-Filme führten ein Weltpublikum in alle wichtigen Themen der Science-fiction ein und vermittelten eine zentrale Botschaft: „... daß hinter allem Kontakt mit dem ‚Jenseits' stets Wohlwollen und günstige Gesinnung stehe. ... daß wir jede Intelligenz, die höher ist als die unsrige, für gutgesinnt und hilfsbereit halten."[107]

Nun, über 20 Jahre später, kehrt das stolze Sternen-Schlachtschiff zurück – mit neuer Besatzung und exklusiv auf Video. Schon zwei Monate nach dem Deutschland-

Start im Januar 1988 kreuzte „Star Trek – The Next Generation“ auf Platz 27 der Hitliste für Leihvideos. In diesem neuen Abenteuer zeigen die Klingonen, Erzfeinde aus frühen Enterprise-Tagen, ein anderes Gesicht. Aus den häßlichen und gefährlichen Außerirdischen sind Freunde geworden.

In Hunderten von Science-fiction-Filmen wurde ins Bild gesetzt, was Zuschauer rund um den Globus bewegt: Es ist das Suchen nach einer Wirklichkeit hinter der Wirklichkeit. Auf einem Film-Festival antwortete mir ein SF-Fan auf meine Frage, warum er sich Science-fiction-Filme anschaue: „Vielleicht ein Streben nach Kontakten: Also, ich hätte ein riesengroßes Interesse daran, wenn's die Möglichkeit für uns jetzt schon gäbe – ich meine, es gibt sie mit Sicherheit mal irgendwann –, mit irgendwelchen Außerirdischen vielleicht Kontakt aufzunehmen.“[108]

Programmierung aus dem Jenseits?

Dave Hunt weist in seinem 1980 erschienenen Buch „Götter, Gurus und geheimnisvolle Kräfte“ darauf hin, daß zahlreiche Astrologen und Okkultisten behaupteten, „... höherdimensionale Wesen seien dabei, die Erdbewohner durch ‚die Implantation von Gedanken‘ zu programmieren.“[109] Es seien überirdische Wesen, die versuchten, Erdbewohner mit geistigen Botschaften zu bombardieren, um so deren Denkweise auf ihre Ankunft auf Erden vorzubereiten. „Überall stößt man auf Beweise für eine gezielte und frech angekündigte dämonische Invasion in die Denk- und Gefühlswelt der Erdbewohner.“[110]

Was eignet sich besser für dieses dämonische Bombardement als das lebende und sprechende Bild? Es dringt tief in uns ein und hinterläßt unauslöschliche Spuren.

Der außerirdische Verführer

So eine unauslöschliche Spur hat auch ein Film hinterlassen, der 1982 in die deutschen Kinos kam und bis heute als erfolgreichster Film aller Zeiten gilt: „E.T.“! Millionen von Kindern rund um den Erdball hat das kleine Schrumpelmännchen in seinen Bann geschlagen mit einer Geschichte, die so simpel aufgebaut ist wie die Anfangsidee ihres „Vaters“ Steven Spielberg: „Junge trifft Kreatur, Junge verliert Kreatur, Kreatur rettet Jungen, Junge rettet Kreatur; und das alles in der Hoffnung, daß sie irgendwie immer zusammenbleiben werden und ihre Freundschaft nicht durch Entfernungen begrenzt ist.“[111] Noch knapper und kürzer: Ein Mensch trifft auf ein fremdartiges Wesen und lernt, es zu lieben.

Bis etwa Mitte der siebziger Jahre wurden solche außerordentlichen Begegnungen im Kino meistens als kriegerisch dargestellt: die bedrohten Irdischen kämpften gegen böse Außerirdische. Doch mit „E.T.“ und anderen Filmen begann etwa Ende der siebziger Jahre die weltweite Wende. Die bösen Außerirdischen entpuppten sich plötzlich als süße Knuddelkreaturen, die geliebt werden wollten. Und der Kinofilm „E.T.“ ist deshalb auch nichts anderes als eine große Liebesgeschichte zwischen einem Menschen und einem fremden Wesen.

Der 10jährige Elliott entdeckt eines Abends E.T. in einem Geräteschuppen. Langsam freundet sich der Junge mit dem Außerirdischen an und erfährt, daß E.T. auf einer Spritztour zur Erde von den Seinen vergessen wurde. Nun möchte E.T., von Heimweh geplagt, zurück, und Elliott will ihm dabei helfen. Doch bei den Rückkehraktivitäten wird den beiden ein Bein gestellt: Die NASA ist es, die sich für das hochintelligente Wesen interessiert und sich dieses wissenschaftliche Bonbon nicht wegschnappen lassen will.

Selbstverständlich muß E.T. den seelenlosen Wissenschaftlern unter den Händen wegsterben, um dann nach einigen Filmminuten eine Art Auferstehung zu erleben. Mit Hilfe einiger Kinder flüchtet es auf eine Waldlichtung. Dort wartet schon das Raumschiff mit den Artgenossen, mit denen E.T. zum Himmel auffährt.

Spätestens nach der Himmelfahrtsszene müßte dem christlichen Beobachter auffallen, daß es in diesem Filmmärchen um mehr geht als um eine rührselige Liebesgeschichte zwischen einem irdischen Knaben und einer außerirdischen Kreatur: In „E.T." wird die Lebens- und Leidensgeschichte Jesu Christi nacherzählt! Der E.T.-Jesus hat in einem alten Geräteschuppen seinen ersten Kontakt zu Menschen, Ochs und Esel werden dabei würdig durch einen Hund vertreten; E.T. vollbringt später Wunderheilungen; E.T. stirbt, erlebt eine Auferstehung und fährt mit Worten zum Himmel auf, die direkt aus der Bibel entnommen wurden. Ein amerikanischer Literaturprofessor hat herausgefunden, daß der häßliche Schrumpelzwerg exakt 33 Stationen aus dem Lebensweg Jesu durchwatschelt. Da taucht die Frage auf, warum für so eine läppische Filmgeschichte so ein ernster Hintergrund gewählt wird. Regisseur Spielberg antwortete auf eine entsprechende Frage des Filmjournalisten Michael Schaper:

„*Spielberg*: Ich setz' mich doch nicht hin und mache mit Absicht einen Film, der irgendeine Ähnlichkeit mit dem Leben Jesu Christi hat. Ich bin ein netter, jüdischer Junge aus Phönix, Arizona. Es gab natürlich Szenen, über die ich zweimal nachgedacht habe. Zum Beispiel das aufglühende Herz von E.T., das durchaus an gewisse Christus-Gemälde erinnert. Aber das war's auch.
Frage: Geschieht es oft, daß Kritiker – vor allem europäische – mehr in ihre Filme hineininterpretieren, als Sie selbst sich dabei gedacht haben?
Spielberg: Ja, schon. Aber ich schätze solche analytischen Kritiken durchaus, weil sie mir manchmal klarmachen, daß ich bestimmte Dinge unbewußt inszeniere. Und dann sitze

ich da und sage mir: O ja, das hast du wohl tatsächlich so beabsichtigt.
Frage: Und wie steht's nun mit der Ähnlichkeit zwischen Christus und E.T.?
Spielberg: Das ist allerdings wirklich überinterpretiert."[112]

Der amerikanische Erfolgsregisseur gibt zu, daß er bestimmte Dinge unbewußt inszeniert, und bekennt: „Ich habe festgestellt, daß ich von einer, sagen wir mal, unbekannten Kraft geführt werde, wenn ich Filme mache. Da ist nichts Geheimnisvolles dabei. Jeder, der mal etwas mit seinem Herzen geschaffen hat, kennt diese Kraft. Man sollte dieser Kraft vertrauen und keine Fragen stellen."[113]

Was ist das für eine fremde „Herzenskraft", die solche Filmgeschichten ans Tageslicht befördert? Weshalb wurde dieser Film zum bisher erfolgreichsten Film aller Zeiten? Ist dieses Filmmärchen möglicherweise weitaus mehr als nur märchenhafte Unterhaltung? Bei der Beantwortung dieser Fragen hilft uns vielleicht die Hauptfigur selber weiter: E.T. Was ist das überhaupt für ein Männchen, das die amerikanische Presse 1982 zum Mann des Jahres wählte – wohlgemerkt: ein Außerirdischer! –, für dessen Filmabenteuer Spielberg sogar mit der UN-Friedensmedaille ausgezeichnet wurde?

E.T. auf der Spur

E.T. ist eine typische Zwergenfigur, wie man sie auch aus zahlreichen Märchen und Sagen kennt. Doch was ist eigentlich ein Zwerg?

Schaut man in ein Wörterbuch der Mythologie, also in ein Nachschlagewerk, das sich mit der Gesamtheit der von einem Volk überlieferten Märchen und Sagen befaßt, so wird man folgende Einzelheiten erfahren:

Zwerge sind nicht immer kleine, sondern nur unverhältnismäßig gebaute, menschenähnliche Wesen. Sie sind gewöhnlich auf das Possierlichste mißgestaltet, haben ungeheure Nasen und Bäuche, kahle oder gehörnte Köpfe und sind zuweilen enten- oder geißfüßig. Meistens sind sie sehr alt und verfügen über große Weisheit und über enorme Zauberkräfte. Zwerge sind Wesen der Finsternis. Sie scheuen das Tageslicht und leben in Behausungen tief unter der Erde.

Die Edda, die wichtigste literarische Quelle zur nordgermanischen Religion, lehrt, daß die Zwerge zur Gattung der Elben gehören. Elben sind in der germanischen Mythologie kleinwüchsige Zaubergeister, die zunächst in Lichtelben, Dunkelelben und Schwarzelben unterschieden wurden. Die ersten sind Bewohner der reinen Lichtregion, die zweiten hausen in Bergklüften und Höhlen und die Schwarzelben in der Unterwelt. Später wurden die Dunkelelben und Schwarzelben zusammengefaßt, so daß es nur noch gutartige Lichtelben und böse Dunkelelben gab. Diese Dunkelelben, diese Wesen der Finsternis, werden mythologisch mit den Zwergen gleichgesetzt, die in vielen Märchen und Sagen auftauchen und oftmals entscheidende Rollen spielen, auch in den modernen Märchengeschichten. Bestes Beispiel: E.T.

Es ist ein charakteristischer Zwerg. Als Wesen der Finsternis betritt der Weltraumzwerg natürlich nachts die irdische Szenerie. Er ist sehr alt, 600 bis 800 Jahre, und – ganz typisch für einen Zwerg – häßlich und mißgestaltet. Wie seine bekannten Vorläufer verfügt der Wichtelmann E.T. über eine hohe Intelligenz und außergewöhnliche Zauberkräfte. Ohne Frage: E.T. gehört durch seine Merkmale zur Gattung der Dunkelelben, der Wesen also, die in der Finsternis zu Hause sind.

Betrachtet man diese grobe Einteilung von Geistern in Licht- und Dunkelelben, so könnte eine biblische Parallele ins Auge springen. Es ist die unsichtbare Welt der Engel. Auch dort finden wir gute Lichtwesen, die Engel Gottes, und die bösen Geister der Finsternis, die Dämonen, die im Auftrag Satans arbeiten.

Diese Parallelen werfen Fragen auf: Wer ist E.T.? Und: Welchen Auftrag hatte er auf diesem Erdball auszuführen?

Schon rein mythologisch betrachtet, ist E.T. als Geist der Finsternis, als dämonischer Zwerg auszumachen. Biblisch gesehen erst recht. E.T. verkörpert die typische Rolle eines Lügengeistes, der ein Lügengeheimnis zu verkünden hat.

Zunächst einmal zeigt E.T. schon darin seinen satanisch-verführerischen Charakter, daß er Gott nachäfft, indem er 33 Stationen des Lebens- und Leidensweges Jesu durchläuft. Diese Nachahmung Gottes ist die typische Masche Satans, um Menschen in die Irre zu leiten. Zum zweiten ist E.T. ein geschlechtsloses Wesen, wie es die Engel und Dämonen nach biblischer Schilderung sehr wahrscheinlich auch sind. Als drittes versucht E.T. mit seiner Wesensart, die Persönlichkeit des kleinen Jungen zu beherrschen, wie auch Dämonen versuchen, in einen Menschen einzufahren und ihn zu beherrschen. Nicht zuletzt mag ein Hinweis des Züricher Tagesanzeigers vom Dezember 1982 verdeutlichen, welchen Geist E.T. symbolisiert: In den letzten Wochen wurden Klagen laut von Eltern, daß ihre Kinder nach dem Besuch des Kinofilms „E.T." tagelang aufgeregt waren, nicht mehr schlafen konnten und Alpträume hatten.

Dieses und anderes mehr zeigt, welche Art von Geist E.T. darstellt. Die Gefährlichkeit dieses Films, der in Schweden erst ab 11 Jahre freigegeben wurde (in der BRD ab 6 Jahre), liegt nun darin, daß E.T. trotz seiner angsteinflößenden Häßlichkeit die Herzen der Kinder gewinnt und dabei als Erlöser in Kindsformat auftritt. Ein Erlöser, der Kindern eine Art religiöse Botschaft verkündet, nämlich

- ▷ den Glauben an außerirdische Intelligenzen und
- ▷ die belehrende Information, daß diese angsteinflößenden Wesen in Wirklichkeit liebenswerte Geister sind, die mit Wundern Menschen helfen wollen.

Wie entscheidend die unterhaltende Beschäftigung mit Außerirdischen die Religiosität von Jugendlichen prägen kann, belegte eine Umfrage unter englischen Schülern. Sie wurde Anfang der achtziger Jahre durchgeführt und ergab, daß Teenager eher an Außerirdische glauben als an Jesus Christus.

„E.T." und andere Filme haben zentrale Botschaften weitergegeben. Die deutsche Tageszeitung „Die Welt" faßte sie so zusammen: „E.T. verkündet eine optimistische Botschaft: daß Freundschaft und Friede zwischen den Kindern unserer Erde und den Lebewesen anderer Welten möglich sei."[114]

Außerirdische als sympathische Fremde

Der bisher erfolgreichste Film aller Zeiten versuchte, das zentrale Anliegen des Neuen Zeitalters in Millionen von Kinderherzen hineinzutragen. Der am Ende des Films gezeigte Regenbogen besagt denn auch mehr, als der oberflächliche Betrachter vermuten mag.

Dieses Programm, „außerirdische Wesen" als „sympathische Fremde" kennen und lieben zu lernen, haben etliche sehr erfolgreiche Kinofilme zum Inhalt. So auch der Zelluloid-Streifen „Enemy Mine – geliebter Feind" des deutschen Regisseurs Wolfgang Petersen, der auch den deutschen Kriegsfilm „Das Boot" abdrehte. „Enemy mine – geliebter Feind" beginnt mit einer geradezu typischen Grundsituation: Eine vereinte und im Frieden lebende Menschheit liegt im Krieg mit einer außerirdischen Rasse namens Dracs. Die Dracs sind häßliche, schuppige, eidechsenähnliche Wesen, die merkwürdige gutturale Laute von sich geben. So einem Außerirdischen begegnet ein irdischer Kampfflieger, Davidge, auf dem Planeten Fyrine IV.

Zunächst bekämpfen sich beide, doch dann lernt der Erdenmensch, das „Krötengesicht“ zu respektieren, zu achten und schließlich zu lieben. Petersen, der selbst an Außerirdische glaubt, über seinen Film: „Gemeinsam mit Davidge entdeckt der Zuschauer dieses geheimnisvolle Wesen, das – natürlich – ganz anders ist, als zunächst vermutet. Diese ‚Entdeckungsreise in das Wesen einer nichtmenschlichen Kreatur‘ ist das eigentliche Abenteuer in Enemy Mine – Mein geliebter Feind.“[115]

Bei Spielberg lernen sich ein Kind und ein kindlicher Außerirdischer kennen, bei Petersen sind es zwei Erwachsene. „Enemy Mine – geliebter Feind“ präsentiert aufwendig verpackt eine universelle Versöhnungsidee, die sich mit den Vorstellungen der New-Age-Gläubigen deckt.

Diesem Leitgedanken der Verbrüderung mit fremdartigen Wesen des Universums leistete auch eine Kinderserie Vorschub, die 1988 im „Zweiten Deutschen Fernsehen“ ausgestrahlt wurde.

Außerirdische erobern die Kinderzimmer

Es sieht nicht nur so aus wie eine Kreuzung aus Affe und Schwein, sondern führt sich auch so auf. Ein rotbraunes, schnorchelschnäuziges Zottelmonster namens Alf. Alf steht für „alien life form“, was bedeutet: fremde Lebensform. Der Außerirdische plumpste eines Tages durch das Garagendach der Familie Tanner, weil sein Raumschiff mit den Radiowellen der Erdbewohner nicht klarkam.

Für die Familie Tanner wird Alf schon bald zum Alptraum, weil der Außerirdische sich aufführt wie ein Elefant im Porzellanladen. Mit kessen Bemerkungen, flotten Sprüchen und ungehobelten Manieren wütet die intergalaktische Nervensäge durch den Alltag der amerikanischen Mittelstandsfamilie.

Doch genau dieses unkonventionelle Verhalten scheint Kinder und Jugendliche rund um den Erdball zu begeistern. 1988 lief die amerikanische Fernsehserie „Alf" in über 50 Ländern. In der Bundesrepublik startete die Serie im Januar 1988 und schuf sich vom Start weg eine große Fan-Gemeinde. Die Sehbeteiligung wuchs so gewaltig an, daß das Zweite Deutsche Fernsehen nach ein paar Folgen die Sendezeit verdoppelte. „Einmal Alf – immer Alf", diese Sucht hat auch die Marketingfirmen mobil gemacht. Schon im Frühjahr 1988 hatten 250 Alf-Artikel einen Umsatz von 200 Millionen Dollar geschafft. Alf-Kissen, Alf-Bettlaken, Alf-Tassen, Alf-Regenschirme sorgten dafür, daß das Bild des Außerirdischen ganz massiv in den Alltag der Kinder Einzug halten konnte.

Der Riesenerfolg der außerirdischen, ziemlich häßlichen Lebensform ist selbst den US-Produzenten ein Rätsel. Ob es an den außerirdischen Manieren oder an den kessen Sprüchen liegt, ist ungeklärt. Wo immer auch die tieferen Gründe zu finden sein mögen, eine zentrale Botschaft hat die Fernsehserie: Der Außerirdische ist ein Supertyp, mit dem man amüsante Stunden verbringen kann. Es läßt sich mit der fremden Lebensform ganz gut auskommen. Mehr noch: Die gräßlichen Monster entpuppen sich als sympathische Geister wie E.T..

Oder wie die „Pet Monsters" eines internationalen Spielwarenherstellers, die 1988 ihren Angriff auf deutsche Kinderzimmer starteten. Der Hersteller dieser etwa ein Meter großen, kunterbunten Wuschelfiguren, die „Universal Matchbox Group" mit Hauptsitz in Hongkong, beschreibt seine neue Spielzeugkreation so:

„Besonders vertrauenserweckend sehen sie nicht gerade aus – die Wichtel um Wonster, den Wüster. Betrachtet man ihre gebleckten Zähne, die knollige Nase, die mit Hörnern

verzierten Wuschelköpfe und die mit Krallen bewehrten Pfoten, die von einer Kette zusammengehalten werden, scheint sich jeder Vergleich mit den zipfelbemützten guten Geistern, die weiland unseren Altvorderen so manch guten Dienst erwiesen, schon vom Äußeren her zu verbieten. Doch sollte man sich von dem wilden Gehabe der Plüsch-Figuren aus dem Hause Matchbox, den ‚Pet Monstern‘, nicht abschrecken lassen, sondern einen Blick in ihr ‚Inneres‘ riskieren.
Der große Bruder ist für die kleinen Kinder eine wichtige psychologische Hilfe bei der Auseinandersetzung im Alltag. Mit den neuen ‚Pet Monstern‘ von Matchbox wird unserem Nachwuchs eine weiche Plüschfigur als Brudererersatz in die Hand gegeben, die zwar erschreckend aussieht und durchaus auch ‚Feinde‘ vertreiben soll, aber für den jeweiligen Besitzer einen guten und lieben Freund darstellt. Für Kinder sind die Figuren freundliche Wichtel, die das Selbstbewußtsein stärken und von Alpträumen und Ängsten befreien. Insgesamt neun unterschiedliche Plüsch-Wichtel stehen zur Verfügung, darunter fünf Handpuppen. Und natürlich hat jedes Schmusemonster seinen Namen und seinen besonderen Charakter.“[116]

Diesen gruselig anzuschauenden Hilfsgeistern ist die Rolle eines „Brudererersatzes“ zugedacht worden. Die sympathischen Horrormonster sollen die Furcht vor dem dunklen Zimmer oder die Panik vor dem Alleinsein abbauen helfen.

Es fällt auf, daß die „Geister aus Fernost“ ein eigenständiges Innenleben haben: „Sie sind wie alle Plüschtiere verschmust, zärtlich und verspielt. Wogster z.B. sehnt sich so sehr nach einem Zwillingsbruder, und das stets zu Scherzen aufgelegte Duo Yiplet und Yaplet braucht ebenfalls regelmäßig seine Streicheleinheiten, vor allem, wenn beide einmal getrennt sind.“[117]

Anders als bei der „toten“ Lieblingspuppe oder dem „leblosen“ Teddybär, die schon immer als „Helfer in der

Not“ herhalten mußten, übernimmt hier eine bereits mit unterschiedlichen Charakteren ausgestattete Monsterwelt das Kommando. Gewisse Aktivitäten und Gefühle – Streicheleinheiten, Liebkosungen usw. – werden von den Kindern abgefordert, Spielideen durch die angelegten Charaktere vorgegeben.

Kindern werden hier phantastische Gruselwesen lieb und wert gemacht, mehr noch, die Plüschmonster in Ketten schlüpfen in die Rolle von guten Hilfsgeistern, die für das Wohl und Wehe ihrer kleinen Herrinnen und Herren kämpfen.

Welche Welt sich hier kuschelig anbiedert, darauf könnten die Abstiegstouren von C.G. Jung hinweisen, der in seiner Tiefenfahrt im Unbewußten auf scheußliche Monster stieß. Immer wieder berichten auch Drogensüchtige über solche Begegnungen mit fürchterlichen Horrorwesen. Daß diese mit eigenem Charakter versehenen „Ketten-Geister“ möglicherweise für die Ankunft ganz bestimmter Monsterfiguren werben, ist vor dem Hintergrund biblischer Informationen jedenfalls vorstellbar. Die Offenbarung kündigt nämlich an, daß Dämonen „auf die Erde geworfen werden“: „Und es wurde hinausgeworfen der große Drache, die alte Schlange, die da heißt: Teufel und Satan, der die ganze Welt verführt, und er wurde auf die Erde geworfen, und seine Engel wurden mit ihm dahin geworfen“ (Offenbarung 12,9).

Die „Ghostbusters“ und die biblische Parallele

Genau dieses biblische Motiv griff ein Kinofilm auf, der 1984 in den USA zum erfolgreichsten Film des Jahres wurde und zur Zeit auf Platz 6 der Liste der erfolgreichsten Filme aller Zeiten liegt. In Deutschland kam er unter dem Titel: „Ghostbusters – die Geisterjäger“ in die Kinos.

Satan, im Film „Zuul“ bzw. „Gozer“ genannt, bereitet

die *Rückkehr auf die Erde* vor. In New York möchte der schwarze Engel seine Tempel für die Weltherrschaft errichten. Seine Dämonentruppe schlägt vorzugsweise in Privatwohnungen zu, zum Beispiel im Kühlschrank. In einem TV-Werbespot verspricht daraufhin ein Trio von Parapsychologen, jede Wohnung garantiert spuk- und gespensterfrei zu machen. Mit einem Gespensterlexikon, schnoddrigen Sprüchen und einer Art Dämonenstaubsauger rücken sie den Außerirdischen zu Leibe, bis sie dem Gott der Finsternis selbst gegenüberstehen. Aber auch diesen putzen sie weg – dank patriotischen Mutes und ultramoderner Laserkanonen!

Daß zu jedem halbwegs „starken" Kinofilm Horror, Schock und Ekel gehören, das ist für den jugendlichen Kinofan von heute selbstverständlich. Daneben bietet „Ghostbusters" das „übliche" Übersinnliche: paranormale Phänomene, dämonisch Besessene, satanische Praktiken. Der Film ist eine gefährliche Mischung aus „Dick und Doof"-Elementen und „Exorzist"-Teilen, ein Wechselbad aus Zwerchfellreizung und Gänsehaut.

Schlimm an diesem Film, der nach wie vor als Video-Film mit einer Freigabe ab 12 Jahre im Handel verliehen wird, ist die lächerliche, verharmlosende Darstellung paranormaler Vorgänge. Der Co-Autor des Films, gleichzeitig einer der drei Hauptdarsteller, faßt die Aussage des Streifens so zusammen: „Wir behandeln das Übernatürliche als etwas vollkommen Alltägliches und Selbstverständliches. Wir legen bei der Gespensterbekämpfung dieselbe Gleichgültigkeit an den Tag wie drei Putzfrauen, die anderer Leute Dreck wegwischen, nur daß wir statt mit Aufnehmer und Eimer mit technischem Firlefanz hantieren."[118]

Nachdem die *Ghostbusters als Spielzeugfiguren* den amerikanischen Markt eroberten, sollen sie nun auch in europäische Kinderzimmer einziehen. Die Messeausgabe der Zeitschrift „Das spielzeug" kündigte im Februar 1988 an: „Die Geister sind los, treiben ihr verrücktes Unwesen. Doch keine Angst, doch keine Angst! Nach ihrem weltweiten Kino- und Musikerfolg sind die vier kernigen Geisterjäger jetzt auch in der Bundesrepublik mit ihren bunten Laserstrahlen unterwegs, um den herumspukenden Geistern ein Ende zu setzen; dem ulkiggrinsenden Wasser-Geist oder dem unersättlichen Vielfraß-Geist beispielsweise. 1987 bereits eroberten die Ghostbusters den amerikanischen Spielzeugmarkt. Nun rücken die originalgetreu nachgebildeten, beweglichen Figuren aus, um auch Kinder ab 4 Jahren [!] zu begeistern."[119]

Nicht nur als Spielzeug, sondern auch in Comics, per Hörspiel- und Videocassette sowie auf Sammelbildern sollen demnächst die Geister gejagt werden.

Daß die Grundlage des Ganzen, die Film-Story, keineswegs als eine läppische Komödie abgetan werden kann, zeigt nicht nur das aufgegriffene biblische Endzeitmotiv. Der sehr erfolgreiche Film, dessen zweiter Teil 1989 in die europäischen Kinos kommen soll, geht sogar ins Detail: Im Film tauchen dämonische Froschwesen auf, die vom Tempel Zuuls kommen. Genau diese Beschreibung findet sich auch in der Offenbarung, Kapitel 16, Vers 13, in dem unreine Geister als Frösche beschrieben werden, die von Satan ausgehen!

3
Per Fantasy zum Okkult-Boom

Anfang der achtziger Jahre ergoß sich eine wahre Sturmflut von Büchern und Filmen über ein jugendliches Weltpublikum. Es waren zumeist Unterhaltungsprodukte, die unter dem Oberbegriff „Fantasy“ rangierten und das Übersinnliche aus verschiedenen Perspektiven beleuchteten. Diese Fantasy-Produkte stellten ein belebtes Jenseits vor und zeigten auch, wie man mit dieser Welt in Kontakt gerät.

Etwa ab 1985 folgte auf die Fantasy-Flut in Film und Buch eine neue Welle: Immer mehr Jugendliche ließen sich nicht mehr nur von der Darstellung übersinnlicher Phänomene unterhalten, sondern begannen selbst konkreten Kontakt mit einer dämonischen Jenseitswelt zu suchen. In einer Hörfunksendung des Westdeutschen Rundfunks aus dem Jahr 1986 mit dem bezeichnenden Titel „Ghostbusters“ berichtete ein junger Mann, daß er durch Romanhefte, Fernsehen und Filme auf diese jenseitige Welt aufmerksam geworden sei.

Besorgt stellen Fachleute fest, daß zur Zeit eine okkulte Welle nicht nur die Jugend überrollt, sondern Anhänger in allen Altersklassen findet. Nach Schätzungen von Sektenexperten sollen etwa 10 Prozent der deutschen Schüler bereits Erfahrungen mit dem Jenseits gesammelt haben: in spiritistischen Sitzungen, bei Gläserschieben und Tischrücken.

Auf einer Tagung der Ärztevereinigung Hartmannbund im Dezember 1987 warnten Pädagogen, Psychologen und

Mediziner vor einer spiritistischen Karriere, die schnell in Richtung Satanismus führen könne. Die Illustrierte „Quick" sah sich genötigt, im April 1988 dem „Okkultismus und Geisterglauben an unseren Schulen" eine warnende Titelgeschichte zu widmen: „Die Teuflische Gefahr": „Kinder, die Satan anbeten; Schüler, die nach Geisterbeschwörungen in psychiatrische Behandlung müssen; Jugendliche, die sich vom Teufel in den Tod treiben lassen – alarmierende Anzeichen einer neuen Sucht."[120]

Dieses Verlangen nach übersinnlichen Erlebnissen kommt nicht von ungefähr. Viele dieser jungen Leute sind mit der genannten Fantasy-Welle aufgewachsen. Nach Untersuchungen des Fachverbandes Film- und Diapositiv-Werbung e.V. gehen wöchentlich 600 000 Jugendliche zwischen 14 und 18 Jahren ins Kino. Mehr als 80 Prozent der ca. 110 Millionen Kinobesucher in der Bundesrepublik sind zwischen 12 und 29 Jahre alt.

Nicht unerheblich ist die Zahl derer, für die das Kino eine Möglichkeit von Erfahrungs- und Erkenntniszuwachs darstellt. Die eigenen begrenzten Erfahrungsmöglichkeiten werden erweitert um die Erfahrungen der je neuen Filmwelt. Diese Möglichkeit, etwas Neues kennenzulernen, bietet selbstverständlich nicht nur das Kino, sondern auch das Fernsehen oder die Literatur.

Die Massenmedien geben zu einem beträchtlichen Maß vor, was gerade aktuell sein soll und womit sich ein Massenpublikum zu beschäftigen hat. In der modernen Gesellschaft hat eben nichts mehr Gewicht, was in den Massenmedien nicht als gewichtig aufgegriffen und verarbeitet wird.

Eine neue Fantasy-Welle rollt heran

Zwar scheint in Europa die Fantasy-Welle im Kino und auf dem Buchmarkt etwas abgeklungen zu sein, doch schon erwarten Experten, „daß die Science fiction und Fantasy hierzulande gemäß dem amerikanischen Vorbild ihr Tief in ein bis zwei Jahren überwunden haben und wieder zulegen wird".[121]

Eine neue Fantasy-Welle steht ins Haus, einfach schon deshalb, weil eine neue Konsumentenschicht dafür herangewachsen ist. Doch diese neue Generation der Fantasy-Verbraucher ist bereits „vorgebildet". Die entsprechenden Inhalte haben sie bereits im Kinderzimmer mehr oder weniger beschäftigt, denn dort ist zur Zeit Fantasy der große Knüller z.B. in Form der „Masters of the Universe"-Figuren.

Dazu wird kommen, daß diese „Fantasy-Fans in spe" Eltern haben werden, denen dieser Bereich aus der eigenen Jugendzeit gut in Erinnerung sein wird, möglicherweise so gut, daß sie daran neues Interesse finden werden.

Und noch eines: Die technisch hergestellte Scheinwirklichkeit des Bildzeitalters verbindet sich geradezu grandios mit der nichtrealen Welt der Fantasy. Der Charakter der technischen Übermittlung paßt vorzüglich zum Charakter des transportierten Inhaltes. Doch was ist eigentlich „Fantasy"?

Der Begriff „Fantasy" stammt aus dem Amerikanischen und wurde um 1970 herum kreiert. Er bedeutet in der direkten Übersetzung „Phantasie". Doch mit dieser Vokabel läßt sich der schillernde Inhalt von Fantasy nur verschwommen und ungenau wiedergeben. Denn in den Fantasy-Topf wird alles mögliche hineingeworfen und zu einer farbenprächtigen Soße zusammengerührt.

Da findet man Märchen, sorgfältig gemixt mit schaurigem Horror, neben Sagen und Legenden aus grauer Vorzeit. Auch Träume, Wunschbilder und sonderbare Visionen dürfen nicht fehlen, ebensowenig wie Motive aus der Science-fiction oder aus dem Bereich des Okkulten, des Übernatürlichen. Jenseitswesen wie Kobolde, Feen, Zwerge und Dämonen gehören genauso dazu wie Prinzen und Prinzessinnen, Magier, Hexen, Werwölfe, Vampire und Monster aller Art.

Analysiert man diese Fantasy-Mixturen, so stellt sich eines schnell heraus: Die Fantasy baut sehr oft auf einer längst bekannten Märchen- und Sagenwelt auf. Es sind Geschichten, die sich in der Regel auf zwei Ebenen abspielen. Die erste Ebene ist die Alltagsrealität, in der sich ein Abenteuer ereignet, in dem es um Gut und Böse geht. Ein guter Held kämpft gegen einen bösen Gegner. Während dieses Kampfes tritt dann plötzlich eine zweite Ebene zutage, die mal mehr, mal weniger ausgeprägt ist. Es ist eine phantastische Dimension, eine nicht erklärbare Welt, eine übersinnliche Sphäre. Dort sind Jenseitswesen zu Hause, Zwerge, Kobolde, Feen, die häufig in das Geschehen eingreifen.

Diese fremdartigen Wesen aus einer anderen Welt sind die eigentlichen Helden vieler Fantasy-Geschichten. Sie sind es, die die Geschichten in Gang bringen und in Gang halten, wie auch das Beispiel „E.T." zeigt oder der Kinofilm „Das Wunder in der 8. Straße". Den mitspielenden Menschen bleibt nichts anderes übrig, als auf diese mysteriösen Geschöpfe zu reagieren, auf ihre Aktivitäten einzugehen.

In den meisten Märchen, Sagen und modernen Fantasy-Geschichten geht es um die Begegnung dieser beiden Welten – in welcher Form auch immer.

So ein Zusammentreffen mit einer wunderbaren und phantastischen Dimension schildert auch das Märchen „Vom Schuster und vom Männchen":

„In einem Dorf lebte einmal ein Schuster, der machte die feinsten Schuhe besser als die besten Schuhmacher in den großen Städten. Aber er hatte keine Lust, viel zu arbeiten, und trieb sich lieber mit dem Gewehr im Wald herum. Davon wurden aber Frau und Kinder nicht satt, und nach und nach bekam er auch keine Arbeit mehr.
Eines Abends, als er wieder vergeblich im Wald auf ein Wild lauerte, verwünschte er seine Jägerei und war ganz verzwei-

felt. Da kam ein Männchen, kaum drei Spannen hoch, aber fein angezogen wie ein Junker. Das gab ihm einen Stiefel und bat, er solle ihm genau solche Stiefel aus Rattenfell machen. Handwerkszeug und alles, was er brauchte, hatte es auch mitgebracht. Ein Licht hängte es ihm in einen Baumast, und der Meister machte sich gleich an die Arbeit und war vor Mitternacht fertig.
Da kam der Zwerg wieder, lobte die Arbeit und gab ihm einen Draht. Davon sollte er eine Schlinge machen, sie in seinen Kohlgarten legen und am Morgen nachsehen, ob er etwas gefangen habe. Am Freitagabend möge er wieder in den Wald an die gleiche Stelle kommen. Der Schuster tat, wie ihm befohlen.
Am nächsten Morgen war ein fetter Hase in der Schlinge; und als der Schuster das Tier ausweidete, fand er eine kleine goldene Kugel darin, wohl zehn Taler wert. Und am Freitagabend kam der Zwerg wieder und brachte ihm Arbeit. Er mußte aber vorher versprechen, niemandem, wer es auch sein möge, auch nur ein Wort zu sagen.
So ging das lange Zeit. Der Schuster kam nach und nach zu Wohlstand und trug die besten Kleider im ganzen Dorf.
Aber einmal hatte er hinter dem Bierglas mit den anderen Schustern Streit, wer sein Handwerk am besten verstünde. Und da vergaß er sich und zog ein paar Tanzschuhe heraus, die hatte er für die Zwergenkönigin gemacht und wollte damit die anderen übertrumpfen. Im selben Augenblick bekam er eine Ohrfeige von unsichtbarer Hand. Die Zwergenstiefel waren vom Tisch verschwunden, und als er abends zu dem gewohnten Platz im Wald ging, war kein Zwerg zu sehen, und am anderen Morgen war auch die Drahtschlinge fort und kein Hase mehr im Garten."

Dieses Märchen „Vom Schuster und vom Männchen" beschreibt nicht nur eine Begegnung mit einer belebten Jenseitswelt, sondern berichtet auch von der Beziehung des Schusters zu dieser fremdartigen Zwergenkreatur. Solange der Schuster für den dubiosen Zwerg arbeitete und die Bedingungen einhielt, die der Zwerg ihm diktierte, nämlich niemandem von diesem geheimnisvollen Arbeitsverhältnis zu erzählen, solange ging es dem Schuster blendend; er wurde immer reicher. Als er aber am Biertisch gegen diese Abmachung verstieß, setzt es die Ohrfeige wie von unsichtbarer Hand – und es war aus mit dem Reichtum!

Diese scheinbar harmlose Märchengeschichte hat es in sich. Das kleine Männchen erscheint hier in der Rolle eines dämonischen Jenseitsvertreters, der dem Schuster – und den Lesern des Märchens – eine ganz bestimmte Lehre erteilt. Schon immer hat der Teufel versucht, Menschen für sich zu gewinnen, indem er ihnen phantastische Wünsche zu erfüllen verspricht.

Mit dieser Reichtum-Masche hat er auch Jesus Christus zu verführen versucht (vgl. Lukas 4,5-8). Doch es muß nicht immer nur Reichtum sein. In vielen Märchen und Sagen wird davon berichtet, daß Jenseitswesen Menschen übermenschliche Fähigkeiten verleihen, wie in die Zukunft zu schauen oder Krankheiten zu heilen.

Wie sehr Märchen die Realität widerspiegeln, belegt eine Aussage des weltbekannten Rockmusikers Alice Cooper: „In einer Geistersitzung versprach mir ein Geist den Ruhm und die Weltherrschaft durch Rockmusik und Reichtum im Überfluß. So bin ich weltbekannt geworden. Er verlangte dafür meinen Körper.“[122]

Viele Märchen, ganz besonders aber Sagen, schöpfen ihre Inhalte aus vorchristlich-heidnischen Quellen. Sagen wurden früher „alte Wahrheiten“ genannt und deuten somit den Wirklichkeitsanspruch dieser Berichte an: „Mehr als das Märchen ist die Sage Wissensgut, Tatsache – oder Erlebnisbericht.“[123]

Sagen gehören zum Ältesten, was in unserer Kulturwelt noch vorhanden ist. Sie schildern Einbrüche des Übernatürlichen in die Welt des Menschen und auch umgekehrt. Die

Gebrüder Grimm, die Märchen und Sagen sammelten und zusammenstellten, glaubten, „aus den Sagen den Atem entlegenster Urzeit zu spüren. Insbesondere Jakob suchte in der Sage den Niederschlag der alten Göttermythen. In der niederen Mythologie der Zwerge, Kobolde, Nixen und Wilden Männer sah er einen Abglanz der altgermanischen Götterwelt."[124]

Es gibt Sagen, die über Elementeopfer und Menschenopfer berichten, über heidnischen Totenkult oder übersinnliche Vorgänge.

„Parapsychologische Berichte und Sagen unterscheiden sich oft nur wenig. In beiden Fällen handelt es sich zumeist um intensive Erlebnisse mit der supranormalen Welt ... Die Parapsychologie hat gezeigt, daß solche Vorgänge, wie sie Sagen beschreiben, vorkommen können."[125]

Märchen und Sagen sind also gar nicht so „märchenhaft" und „sagenhaft", wie es den Anschein haben mag. Sie sind häufig Berichte von tatsächlichen Begebenheiten. Volkskundliche und literarhistorische Märchenforscher wehren sich mit Recht gegen die psychologische Deutung solcher „Wahrheitsgeschichten". Lutz Röhrich etwa schreibt in seinem Buch „Sage und Märchen – Erzählforschung heute": „Ein und dasselbe Märchen wird nur selten von zwei Psychologen auf die gleiche Weise interpretiert werden. Das hängt einfach damit zusammen, daß wir es hier mit einer sehr subjektiv bedingten Auffassung des Märchens zu tun haben. ... Bevor psychologische Interpretationen im Volksmärchen den Ausdruck menschlicher Seelenprobleme nachzeichnen und prinzipiell vor jeder wie immer gearteten Deutung, muß aber die Klärung der Fakten stehen."[126]

Bei der Klärung der Fakten stellt sich eben heraus, daß Märchen und Sagen aus Quellen vorchristlich-heidnischer Zeit schöpfen. Und vor diesem Hintergrund werden Aussagen wie die der „Gemeinschaft für heidnisches Leben" in Berlin verständlich:

„Die Beschäftigung mit den heidnischen Göttinnen und

Göttern führt uns zurück zur Harmonie mit dem Kosmos und zur Erkenntnis unseres wahren Wesens. Die Edda, alte Volkssagen und Märchen sind für uns wertvollere Erkenntnisquellen als die christliche Bibel. Unsere Feste feiern wir an geweihten Kultstätten in der freien Natur."[127]

„Seit eh und je besteht für das Märchen ein großes Allgemeininteresse. Und das ist kein Wunder, ist doch das Märchen diejenige Form von Dichtung, mit der der Mensch am frühesten in seinem Leben in Berührung kommt. Lange schon bevor ein Kind lesen und schreiben lernt, pflegt es mit Märchen Bekanntschaft zu machen, und für manche Menschen bleibt es die einzige Form von Dichtung, die sie im Leben kennenlernen. So ist der Einfluß, den das Märchen auf die Entwicklung des Einzelnen hat, gewiß nicht zu unterschätzen. Aber auch noch für das lesende Kind und schließlich sogar noch für den lesenden Erwachsenen bleibt das Märchen eine wichtige Lektüre. Die Kinder- und Hausmärchen der Brüder Grimm sind jedenfalls noch immer das nach der Bibel meistgedruckte und meistübersetzte Buch deutscher Sprache."[128]

Diese Reihenfolge – Bibel auf Platz 1, die Kinder- und Hausmärchen der Brüder Grimm auf Platz 2 – ist sicherlich kein reiner Zufall. Denn sowohl die Bibel als auch die Märchen und die meisten Sagen beherrscht ein zentrales Thema: Es ist das Grundbedürfnis des Menschen nach Erlösung: „Erlösung ist das märchentypischste und märchencharakteristischste Motiv. ... Die Erlösung des Guten aus der Gewalt des Bösen, die Notwendigkeit der erlösenden Liebe sind häufigste Begriffe des Zaubermärchens und gleichzeitig Grundbegriffe der Hochreligionen. Da gibt es Erlösung aus Armut, aus der Niedrigkeit, aus besonderer Häßlichkeit, Erlösung aus Tiergestalt, Erlösung durch Liebe und Heirat, Erlösung zu einem himmlischen Dasein oder zu einem höchstirdischen in Glück, in Wohlstand und ohne Tod."[129]

Ein englischer Vorgeschichtsforscher berichtete einem

mir bekannten Pfarrer, daß die älteste Tonscherbe, die man je aus dem Schutt Babyloniens ausgrub, nur ein Handtellerchen groß, mit folgenden Wörtern beschrieben war: „u goel“ – „Wo ist ein Erlöser?“

Die Sehnsucht nach Erlösung hat Menschen zu allen Zeiten bewegt. Es ist deshalb auch nicht verwunderlich, daß sich viele Märchen und Sagen, auch aus anderen Ländern, um dieses Grundbedürfnis des Menschen drehen. Dieses zentrale Thema der Menschheit ist ein zutiefst religiöses Thema, deshalb sind die Inhalte von Märchen und Sagen sehr ernst zu nehmen. Sie vermögen den Menschen in einer bedeutenden Phase seines Lebens, im Alter zwischen vier und zwölf, entscheidend zu prägen. Welche Form der Erlösung bieten Sagen und Märchen an?

Dieser Frage werden wir anhand mehrerer moderner Märchen und Sagen nachgehen.

4
Das Super-Märchen – „Star wars"

Wenn es ein großes Märchen der achtziger Jahre gibt, dann ist es das des Amerikaners George Lucas. Er sagt: „Kinder brauchen Märchen. Erwachsene ebenfalls. Ich will Märchenfilme drehen, nicht nur für Kinder von acht, zehn oder zwölf Jahren, sondern für alle Menschen, in denen das Kind noch lebendig geblieben ist. Ich habe die naive Idylle von vorgestern in die übertechnisierte Welt von übermorgen transportiert: die Gebrüder Grimm zeitversetzt ins Jahr 2500! Wir erleben eine futuristische Märchenwelt."[130]

Dieses futuristische Märchen ist strenggenommen eine Sage und zog Millionen von Menschen rund um den Globus in seinen Bann. Wie fast alle neuzeitlichen Märchengeschichten wurde auch sie im Kino „erzählt". Und selbstverständlich entstand die Story in Hollywood. Ihr Ausdenker George Lucas gehört neben seinem engen Freund Steven Spielberg zu den erfolgreichsten Filmregisseuren der bisherigen Filmgeschichte. Seine dreiteilige Weltraumsage „Star wars" – auf gut deutsch „Krieg der Sterne" – belegt nach „E.T." die Plätze 2, 3 und 4 der Weltbestenliste der erfolgreichsten Filme aller Zeiten.

1977 kam der erste Teil von „Krieg der Sterne" auf die Leinwand. Er erzählt die Geschichte von Prinzessin Leia und dem jungen Jedi-Ritter Luke Skywalker, die gemeinsam gegen den bösen Tyrannen Darth Vader und den noch böseren Imperator kämpfen.

Im zweiten Teil, der 1980 mit dem Titel „Das Imperium schlägt zurück" in unsere Kinos kam, wird Prinzessin Leia –

wie schon im ersten Teil – gekidnappt, und wieder macht sich Luke auf, das hübsche Sternenkind den Klauen des garstigen Darth Vader zu entreißen. Doch dreister Wagemut und frischer Kampfgeist reichen diesmal nicht aus. Was dem jungen Jedi-Ritter fehlt, ist totale magische, übersinnliche Kraft. Um sie zu erlangen, begibt sich Skywalker zu dem alten, weisen Jedi-Ritter Yoda. Yoda, ein schmutziggraues, schrumpeliges Männchen, 65 Zentimeter groß, soll dem jungen Jedi-Ritter die geheimnisvolle Kraft beibringen. Wenn er die magische Kraft richtig nutze – so der kleine Lehrmeister – könne Skywalker die Gedanken anderer lesen, in die Zukunft und in die Vergangenheit schauen und Gegenstände wie von Geisterhand bewegen. Im Besitz dieser übersinnlichen Fähigkeiten, gelingt es dem jungen Skywalker, Prinzessin Leia und seinen Freund Han Solo freizukämpfen.

Im letzten Kapitel des Weltraumdreiteilers, der 1983 mit dem Titel „Die Rückkehr der Jedi-Ritter" einem Weltpublikum vorgestellt wurde, kommt es nach langem Hin und Her zu einem Happy End. Selbst der böse Darth Vader schlägt sich im letzten Moment auf die Seite von Luke Skywalker, der in Wirklichkeit sein Sohn ist. Das Gute hat über das Böse gesiegt!

Im Januar 1984 besuchte ich einige Mitglieder des Starwars-Fanclubs „German Jedi" in Köln. Die Tatsache, daß sich immer wieder richtige Fan-Gemeinden aufgrund von Unterhaltungsproduktionen bilden, zeigt, daß beispielsweise die Star-Trek-Serie oder die Perry-Rhodan-Reihe oder die Star-wars-Folgen mehr hergeben als unterhaltenden Zeitvertreib.

Die Mitglieder des „German Jedi"-Fanclubs befaßten sich sehr intensiv mit der Weltraumsage von George Lucas. Regelmäßig veranstalteten die etwa 1 000 Mitglieder Treffen, bei denen neben gemütlichem Beisammensein auch intensiv über die Star-wars-Saga nachgedacht und lebhaft diskutiert wurde.

Ich sprach mit einigen Fans über den sagenhaften Erfolg

von „Krieg der Sterne“ und darüber, welche Elemente ihrer Meinung nach diesen sagenhaften Erfolg ausmachten. Auf die Frage, was für ihn persönlich an der Star-wars-Sage so faszinierend sei, antwortete Thorsten, 19 Jahre alt: „Besonders weil die Star-wars-Saga als solche auch vom Film her sehr weit ausgebaut ist, nicht nur bezogen jetzt auf die Handlungen, die in dem Film ablaufen, sondern sie ist auch als Universum gedacht. Und man kann sich leicht, dadurch daß es keinen irdischen Bezugspunkt gibt, selbst einbauen in Form – und das hat mich am allermeisten fasziniert – in Form von Pseudo-Stories, wo man sich selbst umwandelt in einen Helden – na ja, mehr oder weniger in irgend etwas, wo man sich einen Lebenslauf zusammenschustert, wie man ihn gerne hätte ...“[131]

Uschi, 27 Jahre, meint dazu: „Ja, da ist für mich dieser Fantasy-Aspekt, der da drin ist, daß ich praktisch irgendein Köfferchen nehmen kann, mach das auf und kann mit den Teilen, die da drin sind, die alle schon fertig sind, spielen, kann die verändern, kann da vielleicht irgend etwas zupakken. Das, finde ich, ist ’ne ganz tolle Sache, dieses Sichselbst-irgendwie-Einbauen.“[132]

Die zwei jungen Star-wars-Fans drücken präzise das aus, was die Attraktivität der Märchen seit jeher kennzeichnet. Es ist die Möglichkeit, sich selbst in die Geschichten einzubauen und zu wissen: Hier befinde ich mich in einer Wunderwelt.

Zutritt zur Wunderwelt des Star-wars-Universums verschaffen uns die Hauptfiguren der Handlung.

Viele männliche Jugendliche konnten sich leicht mit dem jungen Luke Skywalker identifizieren, weil er dieses Hin- und Hergerissensein zwischen Jugend und Erwachsenwerden zeigt, mit all den dazugehörigen Träumen, Wünschen und Hoffnungen.

Was Luke für die Jungen, ist für die Mädchen Prinzessin Leia. Sie stellt das moderne, junge Mädchen dar. Weiblich, attraktiv, eigensinnig, charakterlich stark, intelligent und technisch versiert. Die Figuren von Luke und Leia sind Spiegelbilder. Spiegelbilder für das jugendliche Publikum, das vor der Leinwand sitzt. Ganz sanft, für viele unbewußt, reichen die wohlbekannten Figuren die Hand und entführen die Zuschauer in die Wunderwelt ihrer Geschichte.

Luke Skywalker möchte gerne ein Jedi-Ritter werden mit allen guten Eigenschaften, die ein Jedi-Ritter haben sollte: freundlich, hilfsbereit, selbstlos, klug, mutig, stark und bereit, alles zu wagen für das Gute, selbst das Leben. Dies ist der Wunsch vieler junger Menschen überall auf der Welt. Er stößt allerdings sehr schnell an eine höchst menschliche Grenze, nämlich die, daß niemand alles kann, was er können möchte. Und immer dann, wenn Menschen nicht weiterkommen, suchen sie nach irgendwelchen höheren Wesen oder einer übernatürlichen Macht, die ihnen das Gewünschte beschaffen oder vermitteln kann. In vielen Märchen und Sagen findet an diesem Punkt eine Begegnung mit einer übersinnlichen Welt statt, die dann meistens in einem Wunder endet.

Die Begegnung mit den übersinnlichen Mächten und Kräften vermitteln in der Regel irgendwelche Zauberer oder Magier, aber auch Wesen aus einer anderen Welt, zum Beispiel Zwerge. Und so ein Zwerg spielt auch in dem modernen Weltraummärchen eine zentrale Rolle. Er heißt Yoda und besitzt parapsychologische Kenntnisse und magische Fähigkeiten. Er benutzt dieses geheime Wissen, um mit der sogenannten „Macht“ in Verbindung zu treten, die eine böse und eine gute Seite hat.

Im Star-wars-Märchen wird diese Macht als ein Energiefeld beschrieben, das von allen lebenden Wesen geschaffen wird und das gesamte Universum zusammenhält. Nach dem Tode verläßt die Seele den Körper und bildet ein mächtiges Energiefeld am Himmel.

Die Jedi-Ritter sind darauf getrimmt, diese Energie anzuzapfen. Wer das vollkommen beherrscht, darf sich „wahrer Jedi-Ritter“ nennen und ist Ritter und Zauberer zugleich. Dieses Geheimnis erfährt der junge, unfertige Jedi-Ritter Luke Skywalker vom zwergenhaften Jedi-Meister Yoda, der ihn auch in der Technik unterweist, diese Macht aufzuspüren. Yoda zu dem jungen Jedi-Ritter: „Die Kraft fließt einem Jedi von der Macht zu. Furcht, Aggressivität ist die dunkle Seite der Macht. Die dunkle Seite wird Dich verzehren, sie ist verführerisch, sehr verführerisch. Erkenne die gute Seite: Ruhe, Frieden, passiv. Von allen Fragen befreie Deinen Geist. ... Die Macht ist mein Verbündeter und ist ein mächtiger Verbündeter. Du aber erschaffst sie, bringst sie zur Entfaltung. Ihre Energie umgibt uns, verbindet uns mit allem. Erleuchtete Wesen sind wir. Du mußt sie fühlen, die Macht in Dir."[133] „Alles, was du brauchst, hast Du, es ist das Göttliche in Dir!"[134]

Erst als sich der junge Kämpfer dieser Macht vollkommen hingibt, gelingt es ihm, seine bösen Gegenspieler zu besiegen. Das Gute siegt mit Hilfe dieser „göttlichen" Macht über das Böse.

Wie fast alle Märchen, hat auch das moderne Weltraummärchen von George Lucas eine lehrreiche Aussage. Der Schöpfer von „Star wars" bemerkt dazu: „Ich merke, daß man im Film seine Botschaft auf Umwegen an den Mann bringen muß. Es genügt nicht, die Dinge beim Namen zu nennen, das zieht nicht, es sei denn, man hat Glück. Wenn man aber von der Seite kommt, ist die Wirkung viel größer, weil der Zuschauer sich nicht angegriffen fühlt."[135]

Und diese versteckte Botschaft „von der Seite" ist eine rein religiöse. George Lucas setzt dafür die übersinnliche „Macht" ein. Mit der „Macht", so gibt George Lucas ganz offen zu, „wollte er Kindern zeigen, daß es einen Glauben an ein höheres Wesen gibt – an keinen religiösen Gott, sondern an eine universelle Kraft, eine kosmische Energiequelle, die sich alle lebenden Wesen einverleibt und sie verkörpert."[136]

Diese „Macht" ruhe tief im Inneren eines jeden Menschen: „Für Lucas bedeutet die Macht das In-sich-Hineinschauen, das Erkennen des eigenen Potentials wie auch der Hindernisse, die sich einem in den Weg stellen mögen."[137]

An die Macht aus seinem Weltraummärchen glaubt niemand intensiver als George Lucas selbst. Seine persönliche Post versah der weltberühmte Regisseur lange Zeit neben seiner Unterschrift mit dem Zusatz „Möge die Macht mit Dir sein!"

Von „Star wars" zu Castaneda

Wesentliche Anregungen für diese Vorstellung von der „Macht" erhielt George Lucas durch die Erfahrungen und Erlebnisse des amerikanischen Völkerkundlers Carlos Castaneda. Dieser befaßte sich einige Jahre mit dem Geheimwissen eines indianischen Medizinmannes namens Don Juan aus Mexiko. Wie Luke Skywalker bei dem Zwergzauberer Yoda, ging Castaneda bei Don Juan in die Lehre. Der junge Castaneda lernte unter Zuhilfenahme von Rauschgiften, in eine ihm bis dahin unbekannte Sphäre vorzustoßen. Dort begegneten dem „Zauberlehrling" gestalthafte Geister und gestaltlose Wesen, die als Helfer und Vermittler aus einer anderen Wirklichkeit auftraten. Sie verliehen ihm übersinnliche Kräfte, mit denen er unter anderem – wie Luke Skywalker auch – in die Vergangenheit und in die Zukunft schauen konnte.

Nach den Vorstellungen des mexikanischen Zauberers bilden Diesseits und Jenseits eine Einheit, sind geheimnisvoll miteinander verwoben. Das Fundament dieses Ganzen sollen besondere Kräfte sein, die als Geister, Lüfte, Winde, verbündete Wesenheiten, als Wille und als Schicksal auftreten und Menschen sowie Tiere und alles Lebende leiten. Als übergeordnete Stelle tritt eine universelle Kraft auf.

Eine ganz besondere Art Kraft ist in diesem Zusammenspiel der Wille. Dabei wird der Wille als eine Macht im Menschen bezeichnet, die mit Gedanken und Wünschen nicht beeinflußt werden kann. Diese Macht sei eng verknüpft mit dem Fühlen, Träumen und Sehen des Menschen und sehr weit von Sprechen und Vernunft entfernt.

Das Weltverständnis des Don Juan, das Carlos Castaneda studierte und notierte, machte der junge Völkerkundler mittels mehrerer sehr erfolgreicher Bücher einem Millionenpublikum zugänglich. Er schrieb auch seine übersinnlichen Erfahrungen nieder. Eine Bekannte von mir las eines seiner Bücher und hatte dabei ein fast traumatisches Erlebnis: Während des Lesens hatte sie plötzlich den Eindruck, die Möbelstücke in ihrem Zimmer bewegten sich langsam auf sie zu. Verstört mußte sie feststellen, daß sie durch das Buch irgendwie mit einer anderen Dimension in Kontakt geraten war. Sie konnte sich die Vorgänge in ihrem Zimmer überhaupt nicht erklären. Voller Angst und Panik legte sie das Castaneda-Buch beiseite und hat nie wieder darin gelesen.

Das esoterische Weltbild: Pantheismus und Animismus

Castanedas Weltbild ist das altbekannte esoterische Weltbild, daß *alles eins ist* und *jeder mit jedem in Beziehung* steht. Dieses Weltbild ist verquickt mit animistischen Vorstellungen.

Die Bezeichnung „Animismus“ wurde von dem englischen Völkerkundler E.B. Taylor (1832 - 1917) eingeführt. Dem Animismus (von lat. Seele) liegt die Vorstellung zugrunde, alle Dinge seien beseelt. Einige Forscher nehmen an, daß sich daraus der Glaube an Geister und später an Götter entwickelte. Diese Beseeltheit der Natur ist vor allem in nichtchristlichen, naturverbundenen Religionsformen stark ausgeprägt. Im Heidentum werden häufig neben einem Gott auch personifizierten Naturkräften göttliche Verehrung erwiesen. Um diese höheren Mächte praktisch nutzbar zu machen, werden im Fetischismus materielle Dinge wegen der dort hineingezauberten Mächte personenhaft verehrt.

Zu diesem Glauben an eine belebte Geisterwelt kommt eine andere Vorstellung des Göttlichen hinzu. Es ist der *Pantheismus*, der den Gegensatz zwischen Gott und Welt auflöst. An die Stelle eines Gottes tritt ein unpersönlicher Urgrund, der alles durchdringt. Es ist das absolute, ewige, unendliche Sein, das alles durchströmt. Alles ist Gott – der Kosmos, die Natur, der Mensch ...

Eine zentrale Schlußfolgerung: Indem sich der Mensch erkennt, erkennt er in Wahrheit Gott in sich selbst, denn er ist selbst Gott. Diese Annahme, beispielsweise in der indischen Religionsentwicklung (Hinduismus) wiederzufinden, hat weitreichende Auswirkungen: „... wird dem Menschen die Verantwortlichkeit genommen sowie der Unterschied von Gut und Böse zunichte gemacht. Dadurch sowie durch die Leugnung der persönlichen Unsterblichkeit werden die Fundamente der Moral untergraben, durch die Gleichsetzung von Gott und Mensch die wesentlichen Grundlagen der Religion zerstört.“[138]

Das Christentum stellt dem Animismus und Pantheismus eine ganz andere Erklärung der Wirklichkeit entgegen. Als einzig existierender Gott wendet sich der Schöpfer von Himmel und Erde als Liebender seinen Geschöpfen zu. Durch den Erlösungsweg über Jesus Christus ermöglicht er allen Suchenden, zur Wahrheit durchzudringen. Constance Cumbey schreibt in ihrem Buch „Die sanfte Verführung – Hintergründe und Gefahren der New-Age-Bewegung“:

„Die New-Age-Bewegung gründet sich theologisch auf den Pantheismus (alles ist göttlich) und auf den Animismus (Verehrung von unbelebten Objekten, Seelen- und Geisteswesen in der Natur). ...
Das Hauptinteresse des Okkultismus, des Luzifer-Kults und der Sekten innerhalb der New-Age-Bewegung besteht darin zu lernen, wie man die ‚Kraft‘ bzw. die ‚Macht‘ beeinflussen kann. Mitglieder der New-Age-Bewegung glauben nicht an einen persönlichen, die Erfahrung überschreiten-

den Gott, vor dem wir uns alle verantworten müssen. Sie glauben, Gott sei eine neutrale Kraft, die entweder zum Guten oder zum Bösen manipuliert werden kann."[139]

Mit „Star wars" ins Neue Zeitalter

Um genau diesen Kern dreht sich das Weltraummärchen „Star wars". George Lucas präsentiert in seinen drei Filmen schlichtweg eine Religions-Mixtur nach New-Age-Vorstellungen. Neben zentralen Elementen aus Castanedas Geisterwelt finden wir auch Bruchstücke aus Hinduismus und Buddhismus und einige flüchtige Gedanken aus christlich-jüdischer Lehre.

Der erste „Krieg der Sterne"-Film erschien fast nach Plan auf den Kinoleinwänden der Welt. Nach den Zeitplan-Vorstellungen der „Meister aus dem Jenseits" sollten ab 1975 die geheimen Lehren über den „New-Age-Christus" und die „Geistige Hierarchie" durch alle zur Verfügung stehenden Medien verbreitet werden. George Lucas, zu dessen Lieblingsthemen nach Auskunft seines Freundes Steven Spielberg die Schwarze Magie gehört, drehte 1976 seine „New-Age-Botschaft" unter Hochdruck und brachte sie 1977 ins Kino.

Wie sehr „seine" Botschaft verstanden wurde, zeigt eine Antwort des Star-wars-Fans Thorsten aus Köln: „Ich glaube, daß die Macht nicht so sehr eine göttliche Religion ist, weil es ja da keinen Gott an sich gibt. Und das gefällt mir persönlich also wesentlich besser als jetzt zum Beispiel bei den christlichen Lehren. Und die Macht ist also eine moderne Religion, wo alle Aspekte eine Rolle spielen, nicht nur die, die man also schon vor mehreren tausend Jahren begründet hat."[140]

Die New-Age-Botschaft des George Lucas erreichte viele Millionen Zuschauer in aller Welt – per Bild, als Kinofilm und später als Video-Version. Kinder und Jugendliche rund um den Erdball konnten sich mit dem Held der Geschichte leicht identifizieren, sie konnten von ihm etwas lernen.

Gelernt wird vor allem aus der Beobachtung eines Vorbildes und aus dem Erfolg seines Verhaltens. Dabei müssen Vorbilder keineswegs real sein, sie müssen jedoch als real empfunden oder als realistisch eingeschätzt werden.

Luke Skywalker ist so ein Vorbild, das für das Gute eintritt und gegen das Böse kämpft. Botschaften wie seine werden um so besser verstanden, je dramatisierter und personifizierter sie sind und je besser sie in Story-Form verpackt sind.

George Lucas hat diese drei Faktoren exzellent miteinander verknüpft und damit seine Botschaft bestmöglich transportieren können – tief in das Unterbewußtsein von Menschen hinein, die zur Kritik noch nicht fähig waren. Geschickt predigt Lucas „von der Seite“: Schau in dich, Junge, da findest du etwas, eine übersinnliche Dimension, so eine Art Energiefeld, das kann dich retten!

Die christliche Bibel ist da ganz anderer Meinung: Sie macht deutlich, daß der Mensch in sich selbst auf Dunkles, Böses und Chaotisches stößt. Und dieses Innere, nennen wir es Seele, muß erlöst werden.

Wie im Film, so im Leben?

Die Medienforschung hat gezeigt, daß die Lernbereitschaft gegenüber medialen Aussagen aber auch dann groß sein kann, wenn der Zuschauer auf einem Gebiet noch nicht festgelegt, also offen ist. So wird erklärlich, daß vor allem Kinder – abnehmend Jugendliche und noch geringer Erwachsene – neue Einstellungen und Verhaltensweisen übernehmen.

Weiter ist bekannt, daß die Bereitschaft eines Menschen, etwas zu lernen, anzunehmen und im Leben zu verwirklichen, wächst, je mehr bereits vorhandene Einstellungen,

Geschmacksrichtungen und Verhaltensweisen bestätigt werden.

Da heute immer mehr Jugendliche Entscheidendes für ihr Leben nur noch aus der Scheinwelt der Medien erfahren, ist es natürlich wichtig, welche Einstellungen, Geschmacksrichtungen und Verhaltensweisen dort eine Rolle spielen. Wie wir noch weiter feststellen werden, sind es keine christlich bestimmten Einstellungen und Verhaltensweisen. Ganz im Gegenteil – Kinder und Jugendliche stehen geradezu unter einem breitgestreuten Dauerfeuer antichristlicher Botschaften! Wie sich diese Botschaften in den Alltag einschleichen und eine verdeckte Rolle spielen können, zeigt ein Bereich, der mit der Scheinwelt der Medien immer enger verknüpft wird. Er nennt sich „Merchandising Business". Was darunter zu verstehen ist, mögen die ersten Sätze eines Artikels zu diesem Thema verdeutlichen: „In den Industriestaaten sind Kinder eine beliebte Zielgruppe für den Lizenzmarkt der ‚Fernsehgeneration'. Sie gelten als die ‚audio-visuelle Generation' und identifizieren sich mit den Charakteren, die sie im Fernsehen sehen."[141]

Dieser Lizenzmarkt, bezeichnenderweise auch „Charaktervertrieb" genannt, sorgt dafür, daß Scheinwelt und Realität immer mehr verwischen. Filminhalte werden umfunktioniert in Lebensinhalte, sie beginnen, die Realität umzugestalten.

Ein Grund dafür ist selbstverständlich das Geschäft – ein Milliardengeschäft, das mit dieser Umformung zu verdienen ist. Doch die Merchandising-Manager machen etwas zu Geld, was schon immer zutiefst ein Urbedürfnis des Menschen war. Und das muß zu einer anderen Betrachtungsweise dieser Umformung führen.

Noch heute kann man bei Eingeborenen Rituale studieren, in denen mittels Anlegen von Tiermasken oder Trinken von Tierblut eine Kraftübertragung erzielt werden soll. Dieses ursprüngliche Verhalten ist auch dem hochzivilisierten Menschen nicht ganz abhanden gekommen. Wie sich so etwas heute äußern kann, zeigt die Vermarktung der Damenunterwäsche aus der US-Fernsehserie „Denver-Clan". Thomas Haffa, Geschäftsführer der größten deutschen Lizenzagentur „Merchandising München": „Uns ist es gelungen, mit dem führenden Miederwarenhersteller in Deutschland einen Vertrag zu schließen für eine Kollektion, die die sehr hochgesteckten Ziele dieses Unternehmens bei weitem übertroffen hat. Es war ein großer Erfolg, sie haben den Bekanntheitsgrad der Serie plus den Bekanntheitsgrad der Charaktere aus der Serie benutzt, um ihre Produkte zu promoten, d.h., um einen Identifikationsfaktor zwischen dem Verbraucher und dem Produkt herzustellen, und dieses ist, als ein Beispiel, hervorragend gelungen."[142]

Welche Motive mögen die zahlreichen Kunden zum Kauf der „Denver"-Dessous bewegt haben? Was wurde mit der Unterwäsche außerdem angezogen?

Für die Marketing-Strategen des Lizenzwesens sind die wichtigste Zielgruppe für den Vertrieb von Charakteren Kinder, Teenager und junge Leute. Kinder können zwischen Sein und Schein noch nicht deutlich unterscheiden. Jugendliche sind in einem Lebensabschnitt, in dem sie sich stark an Vorbildern orientieren.

Der süße „E.T." und der freche „Alf" als Puppe oder Aufdruck auf einem T-Shirt bekommen ein ganz anderes Gewicht, wenn sie es schaffen, stets „anwesend" zu sein. Zumindest sind sie permanente Erinnerungen an ganz bestimmte Botschaften, die tief im Unbewußten abgelegt sind.

Als „Star wars" Anfang der achtziger Jahre zur größten Sensation der Filmgeschichte aufstieg, begann auch die Vermarktung des Weltraummärchens: als Spielzeug und Modellbaukasten, als Videospiel, in Buchform und auf Hörspielcassette, als Aufdruck auf Textilien aller Art oder als Comic. Allein bis 1984 wurden aus diesem Geschäft 1,5 Milliarden Dollar Umsatz erzielt, von denen Lucas etwa 50 Millionen ins eigene Portemonnaie stecken durfte.

5
New Age im Kinderprogramm – Die Ewoks

Bis heute dauert diese Vermarktungswelle an und erlebte 1988 einen neuen Schub, da das ZDF die Kinder-Comic-Serie „Wie die Ewoks ...“ ausstrahlte.

Die Ewoks sind kleine, friedliche Pelztiere mit großen Augen. Diese Zwergwesen leben auf dem Waldmond Endor, dessen dunkle Wälder und uralte Riesenbäume ihr Zuhause sind. Sie sind eine Erfindung von George Lucas und spielten bereits in Teil 3 der Star-wars-Sage eine wichtige Rolle.

Schon der Name des Waldmondes „Endor“ gibt dem Bibelkenner einen ersten Hinweis, welche Atmosphäre die Abenteuer der Ewoks bestimmen könnte. „Endor“ (heute Endur) ist ein israelischer Ort südlich des Berges Tabor und war Wohnsitz einer Totenbeschwörerin. Die Hexe von Endor beschwor dem König Saul den Geist Samuels herauf (1. Samuel 28, 7-25).

Für George Lucas, dessen Lucasfilm Ltd. die Ewoks-Serie produzierte, ist – wie gesagt – die Schwarze Magie ein Lieblingsthema. Für seinen Film „Indiana Jones und der Tempel des Todes“ bestand er darauf, daß Voodoo-Zauber, Menschenopfer und okkulte Orgien zu wesentlichen Elementen wurden.

Nicht verwunderlich ist es deshalb, daß die Kinderserie „Wie die Ewoks ...“ ebenfalls von okkultistischen Themen bestimmt wird. Dazu kommt eine raffinierte Präsentation von New-Age-Inhalten, die kindgerecht verabreicht werden.

Die klugen und tapferen Ewoks leben mitten im Wald und kennen noch die uralten, geheimnisvollen Zauberformeln ihrer Vorfahren. Sie haben einen Häuptling namens Chirpa, die sanfte Prinzessin Kneesa und den Logray, den Zauberer. Hauptfiguren in der Geschichte sind jedoch die Ewoks-Kinder Wicket, Teebo, Wiley und andere.

Dieser kleine Stamm von Naturwesen wird bedroht von Duloks, die ebenfalls einen Häuptling und eine Zauberin besitzen. Die Hexe Morag hat sich dem bösen Geist der Nacht zugewandt und versucht seitdem, den Ewoks zu schaden.

Die einzelnen Ewoks-Abenteuer sind zumeist nichts anderes als Duelle zwischen Schwarzer und Weißer Magie. In den ersten Wochen der Fernsehausstrahlung lieferten sich Logray, der Ewoks-Zauberer, und die Hexe Morag erbitterte Kämpfe mit okkulten Kräften. Erst nach mehreren Folgen gelingt es dem Weiß-Magier, seine Gegenspielerin zu besiegen und zu vernichten.

In dieser entscheidenden Folge „Wie die Ewoks über das Böse siegen" wurde Kindern ein esoterischer Grundsatz vermittelt, der auch im New Age eine zentrale Rolle spielt: „Das Bilden von Gegensätzen selbst und das Denken in Kategorien von Alles-oder-nichts bzw. Entweder-oder gehören demzufolge zu den typisch menschlichen Vorstellungen, die mit der esoterischen Vorstellung einer übergreifenden Einheit nicht zu vereinbaren sind. Schwarz und Weiß, Gut und Böse, Hell und Dunkel sind danach Wahrheiten, keine Gegensätze, die einander ausschließen. Sie bilden nur die zwei Seiten einer Medaille und gehören tatsächlich zusammen."[143]

Diese beiden Seiten der Medaille werden in der Ewoks-Folge als ein Sonnenstern-Stein und ein Schatten-Stein ausgedrückt. Als der Sonnenstern-Stein in den Händen von Logray über den Schatten-Stein der Hexe Morag siegt, verbinden sich beide Steine zum Symbol von Yin und Yang. Fortan gehört der Sonnenstern-Schatten-Stein wieder den Ewoks.

Dieses Sinnbild aus der chinesischen Philosophie beschreibt zwei entgegengesetzte Pole: „Die zwei Pole erzeugen die Kraft des Dunkeln (Yin) und des Lichtes (Yang). ... Sind sie getrennt, so vereinigen sie sich wieder. Das ist der ewige Lauf des Himmels. Himmel und Erde sind im Kreislauf begriffen. Auf jedes Ende folgt wieder ein Anfang, auf jedes Äußerste erfolgt eine Wiederkehr."[144]

Der Zauberer Logray erklärt den Ewoks-Kindern dieses auch im Neuen Zeitalter bedeutsame Prinzip so: „Schwarz war die Nacht, doch golden ging die Sonne auf; so nimmt der Winter Abschied und der Frühling seinen Lauf. Wo Leid und Trauer war, ist nun Freude, und aus dem Bösen wächst ein neues Leben heut'. Die Lebenskraft der Hexe Morag blieb im Wald zurück, wo sie sich am Ende in etwas sehr Schönes verwandelte."[145]

Ob Kinder diese tiefreligiöse Aussage verstehend nachvollziehen können, wird kaum überprüfbar sein. Was aber mindestens bei ihnen hängenbleiben wird, ist die attraktive Rolle des Zaubermeisters Logray. Logray ist ein typischer *Schamane*, der die Magie – die Beschwörung von übersinnlichen Kräften – nur für das Gute einsetzt.

Im New-Age-Wörterbuch von Elmar Gruber und Susan Fassberg wird der Begriff „Schamane" so erklärt: „Mittelpunkt einer Stammesgemeinschaft als Heiler, Wahrsager, Protopsychotherapeut, sakrosankter Politiker, Priester, Poet, Tradierer der Mythen und Initiationsmeister. ... Mit Hilfe von sogenannten ‚Hilfsgeistern' (Castaneda nennt sie ‚Verbündete') findet er sich in den Jenseitswelten der Unter- und Oberwelt zurecht, lernt die chaotische Auflösung jeglichen Bewußtseins kennen und die ‚ursprüngliche Ordnung' jenseits unserer Welt. Der Schamane hat in seiner Initiationsprüfung den Tod überwunden, indem er den Initiationstod gestorben ist und einem neuen, ‚unsterblichen' und gewissermaßen göttlichen Wesen Platz gemacht hat. Dadurch ist er fähig, zu heilen und zu hexen, die Götter zu befragen, sich um die Balance in der Welt zu kümmern (wenn etwas gejagt werden soll und dadurch das natürliche Gleichgewicht verletzt wird und durch ‚Seelentausch' mit den Seelen verstorbener Stammesangehöriger die Götter immer wieder zufriedengestellt werden müssen), Riten zu leiten und durch sein tiefes (im Gegensatz zu historischem) Wissen ein weiser Ratgeber zu sein. Die Figur des Schamanen ist vor allem durch die zahlreichen Bücher des Amerikaners Carlos Castaneda über seine eigene angebliche Initiation in Mexiko bekannt geworden."[146]

Das uralte Wissen der Schamanen wird zur Zeit in zahlreichen Workshops und in Konferenzen der New Ager gelehrt und praktisch eingeübt. Dieser spirituelle Weg zur Verschmelzung von Diesseits und Jenseits ist „ein ganz wesentlicher Faktor, von dem die New-Age-Bewegung sich tiefe Befruchtung erwartet."[147]

Dieser spezielle „schamanistische Faktor" wird Kindern heute mit auf den Weg gegeben. Fernsehserien wie „Wie die Ewoks ..." können schon früh entscheidende Weichen für Einstellungen und Verhaltensweisen im späteren Leben stellen.

6
Hexen im Kinderzimmer – Bibi Blocksberg

Von diesen Weichenstellungen wird auch eine Gruppe von Menschen profitieren können, für die der „schamanistische Faktor“ ebenfalls von zentraler Bedeutung ist. Es sind die neuen Hexen. Viele Hexen sehen im Schamanismus den Vorläufer des heutigen Hexenkults. In ihrem 1987 in einem großen deutschen Taschenbuchverlag veröffentlichten „Hexenbuch“ schreiben einige praktizierende Hexen: „Charakteristisch für den Schamanismus ist vor allem der magische Umgang mit der Natur und ihren offenbaren und verborgenen Kräften. Tier-, Pflanzen- und Steinenergien spielen im Hexenkult eine große Rolle, ebenso natürlich die alten Götter und die Zauberei. ... Auch viele technische Übereinstimmungen lassen sich beobachten, etwa wenn sowohl Schamane als auch Hexe mit Geistern und Geistreichen arbeiten, mittels Kristallen die Zukunft vorhersagen, beim Ritual tanzen und einen Energiekegel herstellen, magische Fernbeeinflussung zur Heilung, aber auch zum Schaden anderer herbeiführen.“[148]

Nach einer Schätzung der Illustrierten „Quick“ gab es Ende 1987 etwa 10 000 aktive Hexen in der Bundesrepublik. Nach Umfragen glaubten zum selben Zeitpunkt über 25 Prozent der Bundesbürger an Hexen.

Aus welchen Quellen das „Neue“ Hexentum gespeist wird, beschreibt die Journalistin Gisela Graichen in ihrem Buch „Die neuen Hexen“ folgendermaßen: „Zusammen mit ‚New Age‘-Anhängern treffen sich Frauenbewegung,

Neues Heidentum und ökologische Bewegung im neuen Hexenkult Deutschlands."[149]

Die Hexe aus „Hänsel und Gretel", die kleine Kinder in den Ofen steckte, ist tot. Die neuen Hexen verkaufen sich positiv. Keß verkünden sie, daß sie das Positive in der Natur darstellen. Sie seien gute Hexen, die ihre magischen Kräfte zur Rettung der Menschheit und der Natur einsetzen wollen. Für diese guten Hexen ist das Magische nicht das Unheimliche, gar Teuflische, sondern das Versöhnende und Verbindende zwischen jenseitigen Mächten und der diesseitigen Welt.

Dazu kommt noch etwas: „Eine Magie, die ich nicht am Küchentisch beim Zwiebelschneiden leben kann, taugt nichts", sagt Ute Schiran, die als Schriftstellerin und Hexe tätig ist.[150]

Genau auf dieses neue Hexenbild der ganz normalen Frau, die die Magie für das Gute einsetzt, werden Millionen von kleinen Kindern eingestimmt: per Kinder-Hörspielkassette!

Bibi Blocksberg als sympathisches Vorbild

„Bibi Blocksberg" heißt die Serie, die zu den Rennern auf dem Hörspiel-Markt gehört. Ende 1988 waren von den bis dahin veröffentlichten Folgen etwa 10 Millionen Cassetten verkauft. Jedes Abenteuer beginnt mit demselben Titelsong, der folgenden Text beinhaltet: „Bibi Blocksberg, die kleine Hexe, kann so manches, wovon Ihr träumt, und sie wird Euch immer helfen, denn sie ist Euer bester Freund. Bibi Blocksberg, du kleine Hexe, komm und zeig uns, was du kannst. Wir mögen deine Streiche, wie du hext, wie du lachst, wie du tanzt. Komm zu uns, Bibi Blocksberg, sei unser Freund, wir sind gespannt, was du heute wieder machst."[151]

Am Anfang spielte die kleine Bibi noch Streiche, wie in

der Folge 2 aus dem Jahr 1980, in der sie die Nase ihres Lehrers verhext. Aber da ist Bibi ja noch jung und unerfahren und lernt erst noch die Hexensprüche von ihrer Mutter, Barbara Blocksberg.

In der Folge 18 aus dem Jahre 1984 darf sie zum ersten Mal mit der Mutter in der Walpurgisnacht zum großen Hexentreffen „mitfliegen". Auf dieser von der Oberhexe Walpurgia geleiteten Zusammenkunft hält Mutter Blocksberg eine feurige Rede gegen das „alte" Hexenbild: „Ich bin eine ganz normale Frau und kann zufällig auch hexen, und ich setze meine Hexenkünste gerne zum Spaß ein und nicht auf Kosten anderer, und wenn ich dabei auch noch Gutes tun kann, ist das eine sehr angenehme Nebenerscheinung. ... Ich bin gerne eine Hexe und gerne eine normale Frau, und in erster Linie bin ich ich – Barbara Blocksberg."[152]

Nicht nur diese Folge stellt Kindern ein total verändertes Hexenbild vor. Denn obwohl die neuen Hexen dem vehement widersprechen, hatte die Hexe schon immer und in allen Kulturen ein schlechtes Ansehen. Werner F. Bonin schreibt dazu in seinem Buch „Naturvölker und ihre übersinnlichen Fähigkeiten": „Dagegen finden wir in Indien und in Tibet, in Japan und Europa, an vielen Orten der Erde und eben auch in Afrika Hexen. Sie stehen überall in dem Ruf, dieselben Künste zu üben. Sie können fliegen, sich unsichtbar machen, Menschen, Vieh und Pflanzen erkranken lassen, und sie brauchen Leichen für ihre Untaten. Allen gemeinsam ist ihre große Sozialschädlichkeit; ein negatives Ethos [Gesinnung, Anm. U.S.] bestimmt ihr Handeln."[153]

Dieses negative Hexenbild schieben die modernen Hexen gerne dem Christentum in die Schuhe, wegen der von der katholischen Kirche betriebenen Hexenverfolgung. Die geschichtlichen und völkerkundlichen Fakten belegen jedoch, daß die Blocksberg-Vertreterinnen schon immer mit bösen Mächten im Bunde waren. Allerdings zeigen sich diese bösen Mächte im Zuge des Neuen Zeitalters von ihrer Schokoladenseite. So ist es nicht verwunderlich, daß die

Benjamin Blümchen und Bibi Blocksberg – zwei Stars im Kinderzimmer. Während Benjamin durch größtenteils harmlose Kinderabenteuer führt, hat Kollegin Bibi für ihre Zuhörer eine aus christlicher Sicht bedenkliche

Hexe von heute ebenso in einem total veränderten Gewand auftritt. Sie präsentiert sich beispielsweise auch als die gute Frau, die über Heilkräfte verfügt.

Als der Elefant „Benjamin Blümchen" krank ist, kann ihn der herbeigerufene Tierarzt nicht heilen, aber die kleine Bibi, und zwar durch ihre Zaubersprüche. „Benjamin Blümchen" ist die „Bruderserie" zu den Bibi-Blocksberg-Folgen und gilt mit 20 Millionen verkauften Kinder-Cassetten (1988) als Marktführer des mit jährlich 200 Millionen DM Umsatz eingeschätzten Kinder-Cassettenmarktes.

Immer wieder einmal taucht bei Benjamin Blümchen die

Botschaft weiterzugeben.
Abdruck mit freundlicher Genehmigung der ITP Ton- und Bildträger GmbH Berlin

kleine Bibi Blocksberg auf, um ihre Hexereien vorzuführen. Bibis Stippvisite darf aber wohl eher als Werbeeinlage verstanden werden, um kindliche Konsumenten für die schon vom Namen her ähnliche Schwesterserie zu interessieren. Der „übersinnliche Faktor" spielt bei den „Benjamin-Blümchen"-Folgen kaum eine Rolle.

Weil die Hörspielabenteuer der Hexenfreundin Bibi stets aufs neue Tausende von Kindern begeistern, war es für die Marketing-Experten nur folgerichtig, die kleine Bibi auch als Puppe in die Kinderzimmer zu schicken. Seit 1988 bietet die Firma Mattel das Hexenmädel als „Bibi Blocksberg –

eine Hexe zum Liebhaben“ an und ließ sich für den Einzelhandel folgenden Werbetext einfallen: „Tollkühn reitet sie auf ihrem Besen – am liebsten durch alle Kinderzimmer. Und damit für jeden Geschmack das richtige dabei ist, gibt's Bibi gleich in verschiedenen Farben und Größen: 45 cm, 30 cm und im sammelfreudigen 15 cm-Format. Bibi Blocksberg eignet sich hervorragend als Wandschmuck. Kinder, die wohlbehütet einschlafen wollen, hängen sie sich sogar als Talisman übers Bett.“[154]

Bibi Blocksberg als Talisman, als ein Gegenstand, der vor Schaden und Zauber schützen und Glück bringen soll! Auch dieses Beispiel zeigt, daß die Figuren, die durch den Charaktervertrieb ins Kinderzimmer vordringen, weitaus mehr darstellen als reines Spielzeug. Sie sind eng gekoppelt mit einer Botschaft. Bereits kleine Kinder werden so auf einen New-Age-Weg aufmerksam, der sie an das Übersinnliche heranführen kann.

Elfie Donnelly, Autorin der Kinderserien „Bibi Blocksberg“ und „Benjamin Blümchen“, ist jedenfalls vom New-Age-Gedankengut fasziniert. Auf meine Frage, ob von der Beschäftigung mit dem Übersinnlichen auch etwas in die „Bibi“-Serie einfließe, antwortete sie mir: „Wenn so etwas einfließt, dann fließt das in den Kinderserien mehr unbewußt ein. Das überleg' ich mir dann gar nicht so sehr. Das ist einfach so, wenn mich ein Thema sehr beschäftigt, und ich bin dabei, eine Folge zu schreiben, dann passiert es zwangsläufig, daß so eine Thematik mitspielt.“[155]

Frau Donnelly würde gern noch mehr „Übersinnliches“ in ihre Serien einbauen, was jedoch von der für die Kinderserien verantwortlichen Firma ITP bisher gebremst wurde. Die Autorin, die nicht als Hexe verstanden werden will, studierte zur Zeit unseres Gespräches Ende 1987 das Seth-Material. Es enthält Geister-Botschaften aus einer jenseitigen Welt, die von dem amerikanischen Trance-Medium Jane Roberts festgehalten wurden.

Ob diese jenseitigen Mitteilungen per Hörspielcassette

bis ins Kinderzimmer vordringen können, bleibt abzuwarten. Im Moment erfahren Millionen von Kindern erst einmal, daß Hexerei etwas Lustiges, etwas Gutes sei und die Hexe als ganz normale Frau ihre magische Hexenkunst für gute Zwecke einsetzt.

Von der Kinderhexe Bibi zur echten Hexe Isis

So eine Image-Kampagne hat Folgen, bedenkt man, daß sich Kinder sehr stark durch die Hörspiele fesseln lassen und die einzelnen Folgen bis zu 20mal anhören. Wie stark Kinder auf die Inhalte reagieren und selbst Einzelheiten beachten, zeigen die Kinderbriefe, die bei den Cassetten-Produzenten eingehen. So verzeichnet beispielsweise die hinter dem Namen „Europa“ stehende „Miller International Schallplatten GmbH“ täglich rund 200 Kinderbriefe im Posteingang.

Die Produzenten sind stets aufs neue erstaunt, wie präzise Kinder ihren Hörspielen zuhören und sogar Veränderungen bei einer Neubesetzung von Sprecherrollen innerhalb einer Serienproduktion registrieren und anzeigen.

Daß die Hörspiele Kinder sehr stark beschäftigen, offenbarte auch eine Studie der „Gesellschaft für Rationelle Psychologie“ in München. Die Ergebnisse dieser Untersuchung blieben bisher jedoch in den Schubladen der Hörspiele produzierenden Industrie, die die Studie auch bezahlte.

Nicht nur die kleine Hexe Bibi trägt zur Imageverbesserung der neuen Hexen bei. Seit 1988 gibt es auch etliche Gesellschaftsspiele, denen bereits das neue Bild der Hexe ganz selbstverständlich zugrunde liegt. Es sind Spiele für Kinder ab 8 Jahre, in denen einfache, aber wichtige Grundelemente und Aussagen zum neuen Hexentum spielerisch vermittelt werden. So beispielsweise im Spiel „Hexentanz – das teuflische Verwirrspiel“, das mit folgendem Text die

Spielanleitung einleitet: „In der Walpurgisnacht vor dem 1. Mai treffen sich alle Hexen zum großen Hexentanz um den Blocksberg. Dabei geht es sehr lustig zu, denn Hexen sind ein munteres Völkchen."[156]

In einem anderen Spiel mit der Bezeichnung „Walpurgisnacht" werden die Spieler auch mit dem Element des Übersinnlichen bekannt gemacht: „In jedem Jahr erfüllt sich nur für eine der jungen Hexen der große Traum. Am Nachmittag vor der Walpurgisnacht finden nämlich in einem abgelegenen Waldstück Wettkämpfe der noch unerfahrenen Hexen statt, bei denen es darum geht, möglichst viel Hexenzauberkraft zu erlangen, um als Siegerin mit den ältesten Hexen fliegen zu dürfen."[157]

Welche Spuren „Bibi Blocksberg" und ihre Ableger hinterlassen, wird erst voll zutage treten, wenn die „Hörspiel"-Kinder 20 Jahre älter sind. Denn diese Kinder begegnen vor der Kinderzimmertür, in Ausstellungen oder einer wild anwachsenden Flut von Hexenliteratur ebenfalls der Umgestaltung des Hexenbildes.

Wo so ein Weg enden kann, auf den schon die Kleinsten der Kleinen geführt werden, zeigt das Beispiel der Hexe Isis. Als sie mit dem Hexenglauben in Berührung kam, war gerade ihre zweite Ehe gescheitert. Ihre Mutter wurde schwer krank, und die Kinder verließen das Haus. In dieser Krise stieß Isis auf eine Gruppe von Frauen, die auf den Externsteinen in der Nähe von Detmold ein Ritual feierten. Es waren Hexen. Heute fühlt sich die ehemals überzeugte Katholikin nicht mehr kraftlos und leer. Jeden Morgen um sechs tritt sie vor ihren Hausaltar und ruft die Geister an. Anschließend wendet sie sich den vier Himmelsrichtungen zu und begrüßt die Göttinnen der Elemente Luft, Feuer,

Ohne Kommentar
Abdruck mit freundlicher Genehmigung der AGP Schloßberg

HEXENTANZ
Das teuflische Verwirrspiel

Wasser und Erde. Dann zitiert sie ihre persönlichen Geister herbei und bespricht die Probleme des Tages. Erst danach macht sie sich auf den Weg zu ihrem Arbeitsplatz, einer Klinik. Dort arbeitet sie als Krankengymnastin.

Isis lebt in einem mythischen Weltbild, in dem Jenseitswesen und Jenseitsmächte eine herausragende Rolle spielen. Jahrhundertelang lebten die Menschen mit Göttern und Geistern, von denen sie ihr Schicksal gelenkt sahen. Überall dort, wo das Christentum Einzug halten konnte, wurde dieses heidnische Weltbild als diabolische Täuschung entlarvt und durch den Glauben an Gott, den Allmächtigen, außer Kraft gesetzt. Nun, im Zeitalter der Microchips und Mattscheiben, kehren die Götter und Geister zurück.

In einer Art Vorwort faßten die Autorinnen des „Hexenbuchs" ihren Glauben so zusammen: „Wir sind Hexen. Wir dienen den alten Göttern: dem Mond und der Sonne, der Erde, dem Himmel, den Tieren, den Pflanzen, den Steinen. ... wir kennen die Worte der Macht und der Kraft. Mit uns sind Pan und Hekate, Inanna, mit uns ist das Leben, die Göttin, der Gott. ... Wir sind Hexen, denn wir sind Menschen, Herren über Leben und Tod. Wir zwingen den Regen und hexen die Dürre, wir heilen uns selbst und zerschmettern den Feind, achtsam behalten wir den Scheiterhaufen im Auge. Vor allem aber lieben wir die Götter, die niemals sterben, wir erwachen bei ihrem Ruf, und wir folgen unserem inneren Stern, wie wir selbst Sterne sind in eigener Bahn."[158]

Daß Menschen den Platz, der eigentlich dem allmächtigen Gott gebührt, lieber den „Tieren, Pflanzen und Steinen" geben, wird in der Bibel folgendermaßen bewertet: „Denn obwohl sie von Gott wußten, haben sie ihn nicht als Gott gepriesen noch ihm gedankt, sondern sind dem Nichtigen verfallen in ihren Gedanken, und ihr unverständiges Herz ist verfinstert. Da sie sich für Weise hielten, sind sie zu Narren geworden und haben die Herrlichkeit des unvergänglichen Gottes vertauscht mit einem Bild gleich dem eines vergänglichen Menschen und der Vögel und der vierfüßigen und der kriechenden Tiere“ (Römer 1, 21-23).

Isis, Astarte, Diana, Kali, Pan, Dionysos, Osiris oder Wodan heißen die alten Göttinnen und Götter, die heute wieder rufen und auf die immer mehr Menschen hören. Aber das erste biblische Gebot lautet: „Ich bin der Herr, dein Gott, du sollst keine anderen Götter haben neben mir!“ Nach biblischem Verständnis ist klar, wer sich hinter den Masken von Isis bis Osiris verbirgt. Es ist das gefallene Engelwesen, das mit seinen Dämonenvasallen versucht, Menschen in die Irre zu leiten.

Unter dem Stichwort „Naturgeister“ notiert das „Hexenbuch“: „Die Arbeit mit Naturgeistern (auch ‚die kleinen Leute‘ genannt) ist Bestandteil jeder Naturmagie und somit auch des Hexenkultes. Kobolde, Trolle, Salamander, Sylphen, Nymphen, Feen – sie alle werden von den Hexen nicht ins Reich der Märchen verbannt; vielmehr können sie von ihr im entsprechenden Bewußtseinszustand (Trance) wahrgenommen werden, und die Hexe weiß auch mit ihnen zu kommunizieren.“[159]

7
Bücher aus dem Jenseits – Michael Ende

Mit zumindest einem „Naturwesen" kommunizierte auch ein Mann, der mit seinen Büchern ein Millionenpublikum rund um den Erdball faszinierte. 1984 standen gleich drei seiner Werke auf den ersten drei Plätzen der Buch-Bestseller-Liste des „Spiegel". In einem Brief-Interview vom Oktober 1984 teilte er mir mit: „Ich versuche, in dem bescheidenen Maß, das uns Heutigen gegeben ist, an dieser kommenden Bewußtseinswandlung mitzuwirken."[160]

Das Maß, mit dem er das Neue Zeitalter einläutete, war alles andere als bescheiden. Mit „MOMO", der „Unendlichen Geschichte" und „Spiegel im Spiegel" machte Michael Ende Millionen von Lesern auf den Weg ins Neue Zeitalter aufmerksam – mit Erfolg.

Besonders die „Unendliche Geschichte" hat viele Menschen zentral angesprochen und etwas in ihnen ausgelöst. Dieser Märchenroman schildert die Reise eines Jungen namens Bastian Balthasar Bux vom Diesseits ins Jenseits. Das Jenseits heißt Phantasien, und in ihm leben zahlreiche Jenseitswesen.

Der Verleger von Michael Ende, Hans Jörg Weitbrecht, erzählte mir, daß an Herrn Ende Hunderte von Briefen gekommen seien, die von einer magischen Persönlichkeitsveränderung durch die „Unendliche Geschichte" berichteten. Es seien darunter Briefe gewesen von bitterbösen Eltern, die ihre Kinder nach der Lektüre der „Unendlichen Geschichte" nicht mehr wiedererkannten. Sie seien „so seltsam verändert“ gewesen. Andere schrieben begeistert, daß sie ihr Leben fortan in einen Abschnitt vor und in einen Abschnitt nach der Lektüre der „Unendlichen Geschichte“ einteilten.

Diese außergewöhnliche Wirkung des Märchenromans wird erklärbar, wenn man begreift, welche Absichten das Buch verfolgt und unter welcher Mithilfe es entstanden ist.

In meinem Interview fragte ich Michael Ende u.a.:

„In einem Fernsehfilm des Bayerischen Rundfunks aus dem Jahr 1983 war zu sehen, wie Sie in Ihrem Garten in der Nähe Roms höheren Wesen kleine Geschenke in die Bäume gelegt haben. Glauben Sie an eine Geisterwelt?
Ende: Es gibt keinen vernünftigen Grund anzunehmen, daß die Welt und der Kosmos sich in dem erschöpfen, was unseren Sinnen wahrnehmbar ist. Die Welt und das Weltall sind von Intelligenzen und Bewußtsein erfüllt, die größtenteils über dem des Menschen stehen, also umfassender sind, teils aber auch dem Menschen brüderlich verwandt sind oder unter ihm stehen. Es handelt sich um jene Geschöpfe, die man früher Gnome, Nixen oder Undinen, Elfen und Salamander nannte. Früher wußte man, daß man ohne deren Mithilfe weder heilen noch eine gesunde Landwirtschaft betreiben kann. Über meine eigenen Erfahrungen möchte ich hier lieber schweigen.

Sie sollen gesagt haben, daß ihnen eine Gottheit, die in Bäumen wohnt, beim Schreiben der ‚Unendlichen Geschichte‘ beigestanden habe.
Ende: Alle Völker, die der Natur noch nicht so völlig entfremdet sind wie wir, wußten und wissen, daß es mit den Bäumen eine ganz besondere Bewandtnis hat. Die Griechen nannten das Wesen, das in einem Baum lebt, den Dryas oder die Dryade, je nachdem, ob es als männlich oder weiblich erlebt wurde. Der heutige Ethnologe [Völkerkundler, U.S.], von seinem eigenen wissenschaftlichen

Weltbild überzeugt, bezeichnet das als Animismus und hält es selbstverständlich für kindlichen Aberglauben. Man kann diese Wesen aber kennenlernen, wenn man feinfühlig genug ist und die Geduld und die innere Stille aufbringt, um ihr Vertrauen und ihre Zuneigung zu erlangen. Was sie vermitteln, ist selbstverständlich nicht in menschlichen Worten gesprochen, es sind Eindrücke ganz anderer Art, die aber doch deutliche Mitteilungen sind. Der Oliven-Dryas, der mir bei der Arbeit an der ,Unendlichen Geschichte' und auch an ,MOMO' beigestanden hat, war nicht nur mir hilfreich."[161]

Im weiteren schilderte Michael Ende, wie auch eine ihm befreundete Malerin Kontakt zu diesem Baumgeist bekam. Diese Frau sei schwer krebskrank gewesen und von den Ärzten aufgegeben worden. Dann sei der Baumgeist gekommen – halb Mensch, halb Tier – und habe sie getröstet und beruhigt: Du brauchst keine Angst mehr zu haben, es wird alles gut!

Tatsächlich, bei ihrem nächsten Klinikaufenthalt fanden die Ärzte zu ihrem freudigen Erstaunen und wider alle Erwartung keinen Grund mehr zu einer neuen Operation. Sie ist seitdem gesund.

Ein Naturgeist soll an „MOMO" und auch an der „Unendlichen Geschichte" mitgearbeitet haben – keine Figur aus einem Märchen, sondern ein realer Dämon aus einer realen anderen Welt. Für manchen mag das jetzt kindische Spinnerei sein, was Michael Ende mir mitteilte. Doch diese „Spinnerei" erscheint in einem ganz anderen Licht, wenn man weiß, daß Michael Ende 30 Jahre lang okkulte Systeme studierte: Zen-Buddhismus, die jüdische Kabbala, das Rosenkreuzertum, die chinesische I-Ging-Orakeltechnik, das Wahrsagekarten-System Tarot und vieles mehr. Er studierte auch mit Gewinn die Werke des englischen Okkultisten Aleister Crowley. Dieser galt als führende Persönlichkeit auf dem Gebiet der Teufelsmagie und wird heute auch von vielen Okkultisten und Hexen sehr verehrt.

Die deutsche Illustrierte „Stern“ bemerkte 1983 in einer Buchbesprechung, daß deutschen Psychiatern zufolge etliche hundert meist jüngere Menschen ihren ersten schizophrenen Schub erlitten, nachdem sie Crowleys Schriften verschlungen hatten. Sensible Gemüter sollten sich vor dessen Werken in acht nehmen.

Crowley hatte auch mit Außerirdischen Kontakt. So will er in der algerischen Wüste den Dämon des Chaos beschworen haben. Er starb 1949 rauschgiftsüchtig und wahnsinnig.

Wer mit dieser jenseitigen Welt in Kontakt gerät, auch über Bücher, läuft Gefahr, krank zu werden. Das muß nicht sein, aber die Praxis zeigt es immer wieder.

Auch Michael Ende war beim Schreiben der „Unendlichen Geschichte“ dem Wahnsinn nahe, wie mir sein Freund und Verleger Hans Jörg Weitbrecht berichtete: „Ganz konkret gesprochen: Ende war, als die große Krise in dem Buch kam, wirklich dem Wahnsinn nahe. Und es ist jetzt nicht nur eine Redewendung, sondern das muß man ganz wörtlich nehmen. Und es hat sich ja immer gezeigt, daß, wenn man sich mit den inneren Dingen beschäftigt, daß das bis zur Lebensgefährdung und zum Tod führen kann.“[162]

Michael Ende versuchte, in seiner „Unendlichen Geschichte“ eine jenseitige Welt in Bildern zu beschreiben, die tief im Unterbewußtsein eines jeden Menschen steckt. Eine Leserin schilderte mir, daß sie einen im Buch beschriebenen Nachtwald bereits kannte, bevor sie das Buch gelesen hatte. Und zwar exakt so, wie er im Buch beschrieben wurde! Sie kannte ihn aus ihren Träumen.

Diese gelesenen Bilder scheinen Schlüssel für die Tore zu einer jenseitigen Welt zu sein. Aber was ist das für eine Welt?

In dem schon angeführten Interview warnt Michael Ende vor einem Okkultismus, wie ihn heute viele Jugendliche betreiben: „Der Umgang mit diesen Dingen ist kein Gesellschaftsspiel. Durch solche Praktiken wird auf beiden Seiten der Welt nur Verwirrung, wenn nicht Übleres angerichtet. Ich selbst habe früher an spiritistischen Sitzungen, Tischrücken und ähnlichen Veranstaltungen teilgenommen. Das Problem dabei ist nicht, wie der rationalistische Einwand meist lautet, daß alles Schwindel sei ... Nein, der Tisch bewegt sich wirklich, und oft nicht nur der Tisch, da geschehen noch ganz andere Dinge. Das Problem ist ein ganz anderes: Der richtige Weg ist, mit dem eigenen Bewußtsein in jene anderen Sphären einzudringen. Das erfordert viel Geduld und einige Anstrengungen. Diese Geduld und Anstrengung wollen sich manche angeblichen Okkultisten ersparen."[163]

Michael Ende empfiehlt hier einen ganz bestimmten Weg in „jene anderen Sphären". Es ist derselbe Weg, den auch die Anhänger des Neuen Zeitalters mit ihrem Verschmelzungsprogramm von Diesseits und Jenseits beschreiten. Bei genauem Hinsehen stellt sich aber heraus, daß der Weg der Okkultisten und der per Bewußtsein exakt dasselbe Ziel haben.

Gott warnt in der Bibel vor selbständigen Kontakten mit dem Jenseits und spricht sogar strenge Verbote aus. Eines davon finden wir in 5. Mose 18, 10-12: „Es soll niemand unter dir gefunden werden, der seinen Sohn oder seine Tochter durchs Feuer gehen lasse, oder ein Wahrsager, oder ein Wolkendeuter, oder Schlangenbeschwörer, oder ein Zauberer, oder ein Medium, oder einer, der einen Wahrsagegeist hat, oder jemand, der die Toten befragt. Denn wer solches tut, der ist dem Herrn ein Greuel ..."

Das Verbot, mit einer jenseitigen Welt in Verbindung zu treten, wird auch im Neuen Testament noch einmal deutlich zum Ausdruck gebracht: „Niemand soll euch um den Kampfpreis bringen, indem er sich in Demut und Engelsdienst gefällt und sich in Sachen einläßt, die er nicht gesehen hat ..." (Kolosser 2, 18). Andere Handschriften lesen auch: „... die er in Visionen gesehen hat."

Altes wie Neues Testament lassen erkennen, daß Gott sich gegen einen selbst verschafften Eintritt in die unsichtbare Jenseitssphäre stellt. Die Betonung liegt dabei auf „selbst verschafft". Denn der Schöpfer von Diesseits und

Jenseits weiß nur zu gut, wer in der unsichtbaren Dimension mit welchen Absichten lauert. Deshalb ist auch das Herunterdrücken der Klinke zur „Jenseitstür“ schon höchst gefährlich.

Meine Bekannte mußte das beim Lesen des Castaneda-Buches feststellen, Hunderte von jungen Lesern bei den Crowley-Büchern leidvoll erfahren, und auch Hans Jörg Weitbrecht räumt auf meine Frage, ob die „Unendliche Geschichte“ nicht auch lebensgefährlich sein könne, ein: „Ich glaube, daß sie es auch werden kann.“[164]

Michael Ende versuchte, das zentrale Anliegen des Neuen Zeitalters literarisch umzusetzen. Es ist die Verschmelzung des Diesseits mit einer jenseitigen Dimension, die im Unterbewußtsein des Menschen zu schlummern scheint. Michael Ende schaffte es, viele Menschen auf diesen Verschmelzungsprozeß einzustimmen. Er schaffte es mit Hilfe aus dem Jenseits.

Dieses Verschmelzungsprogramm wurde in den letzten Jahren auch Millionen von kleinen Kindern nahegebracht – spielerisch.

8
Vom Schlaffi zum Supertyp – Die Masters of the Universe

In unzähligen Kinderzimmern tobt er Tag für Tag: der Kampf um den Planeten „Eternia“. Eltern und Großeltern stehen zumeist fassungslos vor den Vertretern einer Plastik-Bande, mit der schon die Kleinsten der Kleinen fasziniert spielen.

Auch diese Invasion ins Kinderzimmer startete jenseits des großen Teiches im Land der unbegrenzten Möglichkeiten. Dort brachte 1982 der US-Spielzeughersteller Mattel seine Aktionsfiguren „Masters of the Universe“ auf den Markt. Die „Giganten des Universums“ wurden allerdings erst zum Spielzeug-Renner, als das Fernsehen begann, die „Masters“-Zeichentrick-Filme auszustrahlen. Jeden Tag eine halbe Stunde. Nachdem die drei TV-Giganten ABC, CBC und NBC die Ausstrahlung der Kinderserie abgelehnt hatten, waren es die vielen kleinen privaten Stationen, die wie bei „Star Trek“ der Serie zum Durchbruch verhalfen.

Einen ganz ähnlichen Ablauf erleben zur Zeit die skandinavischen Länder. Dort wurde die Ausstrahlung der „Masters“- Kinderfilme im öffentlichen Fernsehprogramm verboten. Nachdem sie aber auf Video und jetzt auch über die Privatsender Skychannel und Superchannel verfügbar geworden sind, ist auch dort der Erfolg dieser Spielzeugserie nicht mehr aufzuhalten.

In der Bundesrepublik schafften es die Spielzeugfiguren auch ohne Fernsehunterstützung, einen sensationellen Umsatzgipfel zu erklimmen. Wie anderswo auf der Welt, so sind auch bei deutschen Eltern die totenköpfigen Plastik-Monster längst zum Alptraum geworden – besonders beim Einkaufsbummel mit ihren Kindern! Die Verkaufsleiterin eines bekannten Hamburger Spielzeuggeschäftes findet drastische Worte: „Die Kinder sind süchtig nach dem Zeug! Die stehen wie gebannt vor den Regalen; sie kennen jede einzelne Figur und wollen sie auch haben – was anderes kommt für sie nicht in Frage!"[165]

Mittlerweile hat der amerikanische Hersteller weltweit mehr als 120 Millionen „He-men", „Skeletors", „Orkos", „Teelas" und „Beastmen" abgesetzt. So heißen diese 14,5 Zentimeter hohen Plastik-Spielfiguren, die, in zwei große Gruppen aufgeteilt, gegeneinander kämpfen.

1988 waren 53 verschiedene Figuren, Gegenstände und batteriebetriebene Fahrzeuge auf dem deutschen Markt. Alles zusammen kostet etwa 1500 DM, die den Eltern allerdings durch das Sammlersystem so nach und nach aus der Tasche gezogen werden.

Damit die Masters-Fans stets wissen, welche neuen Figuren die Eltern kaufen sollen, wird ein kostenloses „Masters of the Universe"-Magazin mehrmals im Jahr verteilt: Auflage 500 000 Stück. In diesen bunten, aufwendig hergestellten Druckstücken stehen auch neue Abenteuer, die auf einer Grundstory aufbauen: „Fernab unserer Milchstraße, unzählige Lichtjahre von unserem Planeten entfernt, zieht der geheimnisvolle Planet Eternia in einer fremden Galaxis seine Bahn: ein friedlicher Planet mit friedfertigen Bewohnern, regiert von einem gerechten König. Doch die Ruhe trügt. Eternia wird zum Schauplatz eines Machtkampfes, denn der skrupellose Herrscher der Unterwelt setzt alles daran, die Macht über Eternia an sich zu reißen. Sein Name ist Skeletor. Er ist intelligent, aber auch berechnend und eiskalt. Begleitet von seinen Dämonen, die blind zur Durchführung seiner düsteren Pläne bereit sind, versucht er immer wieder, Castle Grayskull einzunehmen ..."[166]

Dem düsteren Magier der Unterwelt geht es um die

Macht auf Schloß Grayskull, die von der Zauberin Zoar gehütet wird. Wer die Macht besitzt, ist der Herrscher des Universums. Skeletors Gegenspieler ist Prinz Adam, ein verträumter Königssohn. Was jedoch niemand weiß: In Augenblicken höchster Gefahr verwandelt sich Prinz Adam in He-man, den strahlenden „Master of the Universe". Dies gelingt ihm durch sein Zauberschwert und die Geheimformel „Bei der Macht von Grayskull!"

Seitdem die zum Teil grausigen Plastikfiguren in Kinderzimmern für Zoff und Action sorgen, stehen sie auch im Kreuzfeuer der Kritik. „spiel gut", der Arbeitsausschuß Kinderspiel + Spielzeug e.V. in Ulm, der sich aus Pädagogen, Psychologen, Ärzten, Chemikern, Technikern und Soziologen zusammensetzt, zeigte He-man und Co. die „Rote Karte". Das Spielzeugsystem basiere auf einem gewalttätigen und auf extremen Spielzeugkonsum gerichteten Konzept:

„Wer ‚Masters' spielen will, braucht die entsprechenden ‚Masters-Figuren' – je mehr, desto besser für den Hersteller. Alles wird fix und fertig geliefert – auch die Geschichten in endlosen Fortsetzungen. Sie sorgen auch dafür, daß die Wünsche der Kinder nicht aufhören. Die Kämpfe um Macht und Besitz sind in den Weltraum verlegt: Krieg mit neuen Mitteln als Science-fiction für Kinder.
Es entsteht kein Rollenspiel aus dem Erleben oder der Fantasie der Kinder: Das Spiel wird ganz und gar von außen bestimmt. Selbst wenn Kinder von den mitgelieferten Geschichten abweichen – die Handlungstendenzen bleiben erhalten.
Der Inhalt der Geschichte ist primitiv und vorwiegend brutal: In Macht- und Waffenkämpfen wird das Recht des Stärkeren vertreten und demonstriert."[167]

Weiter kreiden die Ulmer Spielzeugwächter den „Masters" an, daß „Gut" und „Böse" die gleichen gewalttätigen Mittel verwendeten und dadurch eine Gewöhnung an Gewalt entstehe.

Wer die „Spielzeug-Stars" der Kinder noch näher unter die Lupe nimmt, wird noch mehr Bedenkliches entdecken können. Auf Eternia gibt es zum Beispiel keine Gebrechlichen, keine Alten und keine Kinder. He-man ist ein Mann ohne Angst, ein blonder Muskelprotz, gut und ritterlich bis auf die Knochen. Die Frauen spielen eine eindeutig untergeordnete Rolle, die edlen sind selbstverständlich blond, die bösen dunkelhaarig. Keine Klischees werden ausgelassen. Auch der Tod kommt im He-man-Universum nicht vor. Keiner darf umkommen, da sonst die Figuren ja nicht abgesetzt werden könnten.

Den Hauptvorwurf, durch das Spielen mit den „Masters"-Figuren werde Gewalt als Mittel zur Lösung von Konflikten eingeübt, versuchte der Hersteller mit einer Langzeitstudie zu entkräften. Sie wurde 1987 von Mattel in Auftrag gegeben und bezahlt. Durchgeführt hat diese repräsentative wissenschaftliche Untersuchung die „Gesellschaft für Rationelle Psychologie" in München. Sie beobachtete über einen Zeitraum von sechs Monaten 5039 Kinder beim Spielen mit den Masters-Figuren. Im Mittelpunkt standen dabei spielpsychologische und soziologische Aspekte.

Die Ergebnisse der Studie sollen eindeutig positiv für das Mattel-Spielzeugsystem ausgefallen sein. Die Phantasiewelt der „Masters" biete Kindern die Möglichkeit, ein vorhandenes aggressives Potential spielerisch abzubauen. „Übereinstimmend sehen die Psychologen in dem modernen Aktionsspielzeug gute Voraussetzungen für Kinder, sich eine eigene phantasiereiche Welt zu schaffen. Denn die neuen Herren der fremden Welten haben im Kinderzimmer heute die Funktion der traditionellen Märchengestalten und Helden übernommen, wenn es um den Kampf von guten und bösen Gewalten geht."[168]

Die religiöse Botschaft von „Masters of the Universe“

Wie immer man auch die Auswirkungen von Gewalt und Horror in diesem Spielzeugsystem beurteilen mag, die Gefahr liegt in einem ganz anderen Bereich. Dieses geschlossene Spielzeuguniversum ist nämlich nicht ohne Grund eine clevere Mischung aus Märchen, Sage, Mythologie und Science-fiction. Der Kampf zwischen den Mächten des Lichts und der Finsternis ist auch hier das tragende Grundkonzept. Im Kern geht es um das Menschheitsproblem Nr. 1: Wie überwinde ich das Böse?

Und da präsentieren viele alte wie neu hergerichtete Märchen und Sagen, heute Fantasy genannt, aus christlicher Sicht recht bedenkliche Lösungen. Auch bei der Fantasy zum Anfassen, den „Masters“, ist das so. He-man & Co. haben zum Thema „Errettung vom Bösen“ ganz bestimmte Lösungen parat, die im Grundmuster in vielen Sagen und Märchen wiederzufinden sind: *Gib dich höheren Mächten hin, die durch dich das Gute vollbringen wollen*. Das Beschwören dieses Jenseits wird zum Erlösungsweg, das *Einswerden mit „der Macht“* wird zur Erlösung vom Bösen. Dieses Prinzip wurde schon in der Star-wars-Saga zur zentralen religiösen Aussage.

Bei den „Masters of the Universe“ ist dieses Verschmelzen von Diesseits und Jenseits wieder der Dreh- und Angelpunkt. Wie kein anderes Spielzeugsystem trägt „Masters of the Universe“ den zentralen Gedanken des Neuen Zeitalters in Millionen von Kinderzimmer und Kinderseelen – verkörpert in der Hauptfigur He-man.

Um den Planeten Eternia (= Ewigland) zu retten, muß sich Prinz Adam verwandeln – „transformieren“, wie es im New-Age-Jargon heißen würde. Adam wird umgewandelt in He-man, was übersetzt „Er-Mann“ bedeutet oder – freier – „Selbst-ist-der-Mann“. Die Verwandlung erfolgt durch eine jenseitige Macht, die von einer Zauberin, einer Schamanin, gehütet wird. Nach der Transformation wird aus Prinz Adam He-man, der keine Schlacht verliert und immer zur Stelle ist, wenn Freunde in Not sind. In den Augen der Kinder wird er zum allmächtigen, allwissenden Heiland des Universums. Dieser „Heiland“ kämpft gegen den mit Ketten versehenen Skeletor, den Anführer der Dämonen der Unterwelt. Der Dämonenchef haust auf „Snake Mountain“, dem „Drachenstein“ oder „Schlangenfels“, und ist unter anderem verbündet mit den hinterlistigen Schlangenmenschen.

Hier wird schon deutlich, welche biblischen Parallelen das Spielzeugsystem aufgreift, um seine zentrale Botschaft abzusetzen. Doch der „Messias des Universums“ führt keineswegs zum Messias der Bibel, der am Kreuz von Golgatha den echten Dämonenchef Satan besiegte. In der dunklen Stunde auf Golgatha fand keineswegs eine glorreiche Verschmelzung mit einer Zauberkraft statt; vielmehr waren dort die Worte „Mein Gott, mein Gott, warum hast du mich verlassen?“ zu hören.

Jesu Kampf gegen das Böse war auch nicht bestimmt von Muskelpaketen, Kriegsgerät und gewalttätigem Verhalten. Seine Waffen waren die Liebe, das Wort Gottes und die Bereitschaft zum eigenen Opfer. Diese „Waffenrüstung“ gilt für gläubige Christen auch heute noch. Sie sind zwar auch verwandelte Menschen, doch der Weg dorthin führt über Sündenerkenntnis, Sündenbekenntnis und Sündenvergebung.

Fantasy-Geschichten wie „Masters of the Universe“ führen Kinder in ein ganz anderes Programm der „Erlösung vom Bösen“ ein. Es zeigt sich heute nicht nur spielerisch im Kinderzimmer, sondern findet vor der Kinderzimmertür im Programm des New Age eine Fortführung. Nach dem „Selbst-ist-der-Mann“-Rezept werden übersinnliche Kräfte genutzt, um die Probleme des Lebens bzw. die des Planeten Erde zu lösen.

Die „Masters" als Elternersatz

Eltern und Erzieher sollten Aktionsspielzeug wie „Masters of the Universe" nicht unterschätzen. Grundsätzlich weist Spielzeug einen Weg ins Leben.

Für die innere Sicherheit eines Kindes scheint ein stabiles und zuverlässiges Elternbild notwendig zu sein. Fehlt dieses, und leider ist das in immer mehr Familien der Fall, so schlüpfen andere in die Funktion des Elternbildes: „Wenn die Eltern ihre natürlichen Aufgaben nicht angemessen erfüllt haben – aus welchem Grund auch immer –, so können magische Hintergrundfiguren vorübergehend an ihre Stelle treten, um bestimmte Entwicklungsprobleme sichtbar und lösbar zu machen. Dafür kommen in Frage: König und Königin, Hexe und Zauberer, Götter und Göttinnen und andere archetypische Gestalten mehr."[169]

Die psychoanalytisch orientierte Entwicklungspsychologie hat darüber hinaus überzeugend dargelegt, daß Puppen für die kindliche Entwicklung eine besondere Rolle spielen. Sie formen am Menschenbild, an Handlungsmustern, an Einstellungen und Haltungen.

Verstärkend kommt hinzu, daß dieses Spielzeug Teil einer Medien-Scheinwelt ist, die immer mehr Kinder und Jugendliche als real akzeptieren. Und auf allen Ebenen dieser Scheinwelt sind die „Masters" zu finden. Mittlerweile gibt es 16 Videos, die in Großstädten fast immer vergriffen sind, über 30 Hörcassetten, von denen knapp 3 Millionen verkauft wurden, und auch als Computerspiel sind die Abenteuer von He-man zu haben. Überall hämmert der „Messias des Universums" dieselbe Botschaft in die Seelen der Konsumenten: Du wirst vom Schlaffi zum Supertyp, wenn du „die Macht" nutzt – ohne sie läuft nichts! Es ist klar, daß diese verlockende Botschaft bei den „Schlaffis" der „No-future-Generation" nicht auf taube Ohren stößt.

Wie sehr die Botschaft schon von Kindern verstanden und umgesetzt wird, berichtet eine Kindergartenleiterin in einem Seminar über das „Masters“-Spielzeug. Eines Morgens sei ein Junge, der in einer Außenseiterrolle war, mit der He-man-Figur hoch über dem Kopf in den Kindergarten gekommen. Er hielt sie wie eine Jesus-Statue. Fortan stand er im Zentrum des Interesses. Er wurde zum „King“!

Dr. Karl Renner schrieb 1988 in einem Artikel mit der Überschrift: „Geheime Wegbereiter des Okkultismus?“: „Jeder, der es hören und lesen will, weiß, wie mächtig die okkulte Welle ist, die zur Zeit über unsere westliche Welt rollt. Auf allen Medien kann man Wahrsagerei, Spiritismus, Voodoo-Kult und andere okkulte Praktiken kennenlernen, und auch die Rockmusik tut das ihre, um Jugendliche auf diesen Irrweg zu führen.
Ich sehe in den ‚Masters of the Universe‘ und den verwandten Spielwelten einen Wegbereiter für solches spätere Handeln, der schon im Kinderzimmer wirksam ist. ... Die Zauberkraft ist es letztlich, die den Sieg verleiht. Letztlich ist der Kampf des Guten gegen das Böse ein Kampf zwischen weißer und schwarzer Magie. Ohne Überlegung und ohne Reue benutzen die Guten dieselben Mittel wie die Bösen. Hier zeigt der Dualismus seine Frucht: Wo gut und böse so klar verteilt ist und Gott nicht vorkommt, ist dem Guten alles erlaubt und geboten, was ihm nutzt. Diese Handlungsstruktur scheint mir ein ausgezeichneter Wegbereiter des Okkultismus zu sein.“[170]

9
Die rettende Haarsträhne – Lady Lockenlicht

Die Wegbereiter zum Okkultismus geben sich zur Zeit offenbar die Klinke der Kinderzimmertür in die Hand. Ein neuer Vorbereiter im magischen und okkulten Denken ist eigentlich eine Sie: „Lady Lockenlicht" aus der Spielzeug-Serie „Lady Lovely Locks". Dieses Spielkonzept wurde von dem „Masters of the Universe"-Hersteller Mattel entworfen und ab März 1988 auf den deutschen Spielzeugmarkt gebracht. Wie bei den „Masters", so wurde auch dieses Mädchenspielzeug mit einem ausgefeilten Marketingkonzept in die Verkaufsregale geschickt.

Zum Start lagen in den Spielzeugläden 500 000 kostenlose Kinder-Märchenhefte bereit, in denen die Basis-Storyline und Tips und Spielideen vorgegeben wurden. Damit zum Beginn des Abverkaufs gleich ein hoher Bekanntheitsgrad erzielt werden konnte, bediente sich der Hersteller des Privatfernsehens. Der auch in Deutschland zu empfangende englische Fernsehsender Sky Channel begann schon im Februar mit der Ausstrahlung der entsprechenden Zeichentrick-Serie. RTL plus startete am 30. April 1988 mit der 20teiligen Zeichentrick-Serie „Lady Lockenlicht" im Kinderprogramm am Samstagnachmittag.

Auch diese Kinderserie offenbart die recht fruchtbare Allianz zwischen Industrie und dem von ihr finanzierten privaten Fernsehen. Hier wird Unterhaltung zu reinen Werbezwecken hergestellt und eingesetzt, ein Massenmedium raffiniert mißbraucht.

Mißbraucht wird zusehends auch immer mehr Spielzeug, mit dem Kindern ganz bestimmte Inhalte und Botschaften „untergeschoben“ werden. Ob dies bewußt oder unbewußt geschieht – Lady Lovely Locks ist dafür ein Beispiel.

Die schöne Prinzessin Lady Lockenlicht wohnt gemeinsam mit ihren Freunden Prinzessin Goldlöckchen, Prinzessin Seidenwelle und Prinz Herzeloh in einem märchenhaften Königreich. Wie auf dem Planeten Eternia, so leben ebenso im Königreich Lockenlicht alle friedlich zusammen. Dazu gehören auch die kleinen magischen Waldtierchen mit ihren seidig glänzenden Löckchen. In dieser märchenhaften Welt spielen überhaupt die Haare eine zentrale Rolle. Alle Puppen haben langes und volles Haar, das stets aufs neue frisiert werden will.

Doch den guten, blonden Lockenlichtern steht die schwarzhaarige, eifersüchtige Gräfin Rabenstolz entgegen. Bei dieser typischen Auseinandersetzung „Gut gegen Böse“ spielen die magischen Waldtierchen mit ihren glänzenden Löckchen eine herausragende Rolle: „Zu jeder Puppe gehören drei Glückssträhnchen. Das ist wichtig, denn die magischen Glücksbringer haben für das Königreich Lockenlicht eine besondere Bewandtnis: Sie helfen Lady Lockenlicht und ihren Freunden immer wieder aufs neue, die schöne, aber eifersüchtige Gräfin Rabenstolz und ihre frechen Kämmbolde zu überlisten.“[171]

Überall tauchen in diesem amerikanischen Spielzeug-System diese Glückssträhnchen auf – sie zieren sogar die Zinnen des Schlosses Lockenlicht! Doch damit nicht genug. Die kleinen magischen Glücksbringer, die jeder Packung in ausreichender Anzahl beiliegen, lassen sich sowohl in Puppen- als auch Kinderhaar befestigen. Informationstext im Mattel-Verkaufskatalog 1988 für die Spielzeughändler: „Denn die magischen Glücksbringer lassen sich beliebig im Puppen- und Kinderhaar befestigen und zaubern eine innige Beziehung zwischen Puppe und Kind! Kein Wunder also, wenn Glückssträhnchen zu magischen Umsatzbringern des Jahres werden."[172]

Daß diese Glückssträhnchen allerdings etwas ganz anderes „umsetzen", wird schon nach einer flüchtigen Untersuchung deutlich. Kindern wird hier ein magisches Verständnis nahegebracht, der Glaube an Glücksbringer wie Talismane und Amulette spielerisch vermittelt. Entscheidend dabei ist, daß die Glückssträhnchen selbst schon Talismane sind und als solche persönlich gebraucht werden können.

Das Strähnchen aus Kunsthaar ist mehr als nur ein Spielzeug. Im Kinderhaar bekommt es schicksalsentscheidende Bedeutung – und da hört jegliches Spiel auf! Diese Amulette und Talismane sind Elemente einer ganz bestimmten Religiosität, die als „Aberglaube" bezeichnet wird: „Der Aberglaube gründet in einer magischen Weltanschauung, in der der Mensch meint, durch außergewöhnliche Handlungen Einfluß auf übersinnliche Mächte gewinnen zu können. Meist verbinden sich damit animistische Ansichten, nach denen psychische Kräfte oder Dinge für beseelt gehalten werden und von denen man glaubt, sie entsprechend benutzen, d.h. mit zauberischen Absichten einsetzen zu können."[173]

10
Transformation und Exkursion der Seele – Die Transformers und Jan Tenner

Umgestaltung im Denken und Handeln

Vieles von dem, womit sich Kinder beschäftigen, ergibt als Mosaiksteinchen in einem größeren Bild einen Sinn. Beispiel: das Verwandlungsspielzeug „Transformers".

Sie sind intelligente Roboterwesen und kommen von einem anderen Stern. Durch ihre überlegene Technologie sind sie in der Lage, sich in Formen aus dem menschlichen Leben zu verwandeln: in Autos, Waffen, Konsumgüter.

Diese Plastikspielzeuge sind neben den „Masters"-Figuren weltweit ein großer Renner auf dem Spielzeugsektor. Kinder tüfteln begeistert an ihnen herum, bis sie beispielsweise durch Verdrehen, Ziehen, Verschieben und Umklappen aus einem Sattelschlepper einen Roboter-Menschen zusammengefummelt haben. Durch die vorgegebene Grundidee und die Bastelarbeiten lernen Kinder spielerisch den Lieblingsbegriff vieler New Ager kennen: die Transformation.

„Transformation" bedeutet „Umgestaltung", „Neustrukturierung". Im New-Age-Sprachgebrauch wird dieser Begriff auf die Umwandlung von Menschen angewandt, auf die völlige Umstrukturierung von Denk- und Handlungsmustern. Nach dem Verständnis einiger Vordenker des Neuen Zeitalters zwingt der hohe Stand der Technik zu einem Evolutionssprung, der zu einem neuen Menschen führen wird – zu einem Gott-Menschen.

Genau diese Idee wird durch die „Transformers" Kindern nahegebracht – Zielgruppe im Alter zwischen 5 und 12! Es ist der Zeitabschnitt im Leben eines Menschen, in dem er entscheidend geprägt wird.

Außerkörperliche Erfahrungen

Es sind oftmals nur winzige Puzzleteilchen, die in Kinderzimmern wild durcheinander herumliegen und für sich genommen harmlos erscheinen mögen. So ein „unbedeutendes" Puzzleteilchen ist beispielsweise die Folge „Der Fluch der Silberkugel" aus der Hörspiel-Cassetten-Reihe „Jan Tenner".

Jan Tenner ist ein junger, unerschrockener Draufgänger, der mit Freundin Laura, General Forbett und Professor Futura die Erde und Westland verteidigt. Zum einen gegen böse Außerirdische aus dem Weltraum, zum anderen gegen den machtbesessenen Professor Zweistein, der die Weltherrschaft anstrebt. Dieser Kampf findet nicht nur auf der Erde statt, sondern auch an anderen Orten des Universums.

In der genannten Folge wird Kindern eine übersinnliche Erfahrung geschildert, die der Held macht, als ihn der Fluch der Silberkugel trifft. Jan Tenner löst sich aus seinem Körper und gleitet als Geist in eine Jenseitsdimension, aus der heraus er sich den Zurückgebliebenen mitteilt.

Das „New-Age-Wörterbuch" erklärt außerkörperliche Erfahrungen so: „Bewußtseinszustände, in denen sich der Erlebende außerhalb seines physischen Körpers befindlich erfährt."[174]

Der Ex-New-Age-Guru Katrin Ledermann unternahm solche Ausflüge in andere Sphären und sagt heute: „Das

Ohne Kommentar
Abdruck mit freundlicher Genehmigung der ITP Ton- und Bildträger GmbH Berlin.

zentrale Erlebnis des Übersinnlichen ist auch heute noch im New Age die sogenannte Exkursion (Forschungsreise) der Seele. Das heißt, man steht unter dem Eindruck, den eigenen Körper zu verlassen und sich in einer Region, die sich außerhalb des irdischen Planeten befindet, zu bewegen."[175]

Jan Tenner befindet sich in einer solchen Dimension. Nachdem er dort erfolgreich einen Geister-Kampf bestanden hat, kehrt er in seinen Körper zurück.

Diese außerkörperliche Erfahrung ist das Thema dieser Hörspiel-Cassette für Kinder. Das Abenteuer schließt mit einem Gespräch zwischen General Forbett und Professor Futura:

„*General Forbett*: Ich kann immer noch nicht begreifen, wie Jans Geist sich einfach aus seinem Körper lösen konnte.
Prof. Futura: Berichte über die Loslösung eines Bewußtseins aus einem Körper gibt es genug, General. Bei Jan wurde es höchstwahrscheinlich durch das Eindringen der Kräfte der Kugel in ihn möglich. Das ist ein Gebiet, das von unserer Wissenschaft noch weitgehend unerforscht ist."[176]

Kindern wird hier ein zentrales Erlebnis aus der New-Age-Religion vorgestellt, das möglicherweise später den Zugang zu einer echten außerkörperlichen Erfahrung erleichtert.

Die Bibel gibt in Sprüche 22, Vers 6, folgenden ernstzunehmenden Hinweis: „Gewöhne einen Knaben an seinen Weg, so läßt er auch nicht davon, wenn er alt wird." Heutzutage wird diese „Gewöhnung" und Prägung *ganz entscheidend von den Medien übernommen*. Ob von „Krieg der Sterne", den „Masters", den „Transformers", Hörspielcassetten oder – wie im folgenden berichtet – durch Gesellschaftsspiele.

11
Vom Gesellschaftsspiel zur Wahrsagekunst – Die drei Magier

Das Gesellschaftsspiel „Die drei Magier“ erhielt 1985 den begehrten Kritikerpreis „Spiel des Jahres 1985“. Anfang 1988 waren 70 000 Exemplare verkauft.

In dem sehr phantasievoll illustrierten Spiel, das für Spieler ab 10 Jahren empfohlen wird, geht es darum, sieben Tarot-Karten zu erkämpfen. „Vor langer, langer Zeit lebte ein König, der ein wunderschönes, altes Wahrsage-Spiel besaß. Es war ein Tarot-Spiel mit vielen Karten. Er liebte dieses Spiel über alles, denn es war wunderbar gezeichnet, und er hätte sich so gerne damit die Zukunft gedeutet, doch das Spiel war nicht komplett. Es fehlten genau sieben Karten. Und diese wollte er unbedingt haben. Also rief der König die drei berühmtesten Magier des Landes zu sich und gab ihnen den Auftrag, die sieben fehlenden Karten zu suchen.“[177]

Das ist die Ausgangssituation der drei Spieler, die nun als Magier mit je einem Zauberlehrling auf die Suche nach den fehlenden Tarot-Karten gehen. Zum Spielmaterial gehören auch 14 originalgetreue Nachbildungen der echten Tarot-Karten.

Das echte Tarotspiel besteht aus 78 bunten Karten mit geheimnisvollen Bildern und Symbolen sowie magischen Formeln. Die Herkunft des Spieles ist bis heute nicht geklärt. Sehr wahrscheinlich waren es Zigeuner, die den Tarot aus dem zentralasiatisch-indischen Raum mit nach Europa brachten und ihn zur Schicksals- und Zukunftsdeutung verwendeten.

Im momentanen Esoterik-Boom erleben diese geheimnisvollen Kartenbilder eine gewaltige Neubelebung. In zahlreichen New-Age-Seminaren dienen sie als Weg, sein „inneres Selbst“ zu entdecken und kennenzulernen. Der Tarot-Meditierende versetzt sich mittels dieser Bilder in einen trancehaften Bewußtseinszustand, um dann mit einer jenseitigen Sphäre Kontakt aufzunehmen.

Die Tarot-Gläubigen nehmen an, daß die Kartenbilder ein Abbild des Kosmos und seiner ewigen Gesetze sind. Der Kosmos bestehe aus Energie, die sich nur mittels Bilder einem menschlichen Bewußtsein mitteilen könne. Durch das Betrachten der Bilder sei man nun in der Lage, Zugang zu diesem Energie-Kosmos zu erlangen und seine Kräfte wirksam werden zu lassen. Die Wirkungen würden sich auch dann entfalten, wenn dem Betrachtenden dieser mysteriöse Zusammenhang nicht bewußt sei.

Jahrhundertelang sei dieses Wissen im Geheimbereich der Esoterik zurückgehalten und gepflegt worden. Angesichts der ungeheuren Menschheitsprobleme hätten es die Hüter der esoterischen Tradition nun jedoch freigegeben, damit Menschen Gelegenheit bekämen, daraus die große kosmische Schöpfungsordnung mit ihren Gesetzen zu erkennen und sich darauf zurückzubesinnen.

Welche Kräfte auch immer durch die sehr alten Bildsymbole aktiviert werden mögen, eines ist unübersehbar: Der Weg des Tarot ist eine der vielen Pseudo-Möglichkeiten der Selbsterlösung, die in der Esoterik des Neuen Zeitalters angeboten werden. Als Orakel und Wahrsageinstrument ist es vor dem biblischen Hintergrund unhaltbar.

Nun mag man fragen, ob Gesellschaftsspiele überhaupt einen bleibenden Eindruck hinterlassen können. Schließlich ermöglichen sie in der Regel nur einen vergnüglichen Zeitvertreib. Immer häufiger gesellt sich aber neben Spaß und Unterhaltung noch ein weiteres Element hinzu, das vielen Spielen einen neuen Charakter verleiht: Gesellschaftsspiele entpuppen sich mehr und mehr als Schatzkammer für unterschiedlichstes Wissen. So versucht der hinter dem Namen „Ravensburger" stehende Otto Maier Verlag mit dem Spiel „Natur auf der Spur" Kenntnisse über die Tier- und Pflanzenwelt zu vermitteln. Kinder und Erwachsene können mit diesem Lernspiel spielerisch ihr naturkundliches Wissen erweitern und vertiefen.

Warum soll das, was mit diesem Spiel aus dem Bereich „Spielen und Lernen" angestrebt wird, nicht auch für andere Gesellschaftsspiele Gültigkeit haben, in denen es ebenfalls darum geht, ein ganz bestimmtes Wissen zu erweitern? Konkreter gefragt: Was sollte die voraussichtlich 210 000 Spieler (70 000 Spiele mit je drei Mitspielern) von „Die drei Magier" davon abhalten, das spielerisch kennengelernte Wahrsagespiel einmal ganz praktisch auf seine Echtheit hin zu überprüfen?

Sollten Jugendliche, nachdem sie per Gesellschaftsspiel die notwendigen Informationen über Tarot-Karten aufgenommen haben, nicht so recht wissen, wie es nun zur Sache geht – kein Problem, „Mädchen" hilft weiter! Die deutsche Jugendzeitschrift präsentierte im Februar und März 1988 die zweiteilige Serie „Liebes-Tarot – Das große Orakel: Glück und Schicksal".

Der Beitrag stellte nicht nur das Tarot-Spiel vor, sondern leitete auch an, wie man die Karten legt und deutet. Dazu gab es 22 Original-Tarot-Karten zum Heraustrennen.

Bei der „Mädchen"-Aktion ging es nicht mehr nur um ein spannendes Gesellschaftsspiel, sondern darum, konkrete Anliegen des Neuen Zeitalters praktisch umzusetzen: „Denn die Zigeuner, die Überlieferer des Tarots, wissen, daß in jedem Menschen mystische Kräfte stecken. Je mehr Du Dich damit beschäftigst, um so sicherer wird auch Deine Deutung der Karten."[178]

Dies ist ein Beispiel dafür, wie umfassend die (un)heimliche Verführung inzwischen geworden ist. Irgendwie ist der Einstieg vollzogen, etwa durch ein Gesellschaftsspiel, und dann geht es nahtlos weiter!

12
Das zweite Ich – Fantasy-Rollenspiele

In der Flut von Spielen schwimmt eine Welle mit, die 1984 von den USA ausging und auch die Bundesrepublik erreicht hat; es sind die Fantasy-Spiele. Erstaunlicherweise erblickten sie gerade um 1975 herum das Licht der Welt. Just ab diesem Zeitpunkt sollte ja, so die Ankündigung der New-Age-Prophetin Alice Bailey, über alle verfügbaren Kanäle die New-Age-Religion verbreitet werden. Einer dieser Kanäle ist die Erziehung und damit verbunden der Spieltisch, auf dem eine besondere Art von Spielen Menschen total in ihren Bann zieht: die Fantasy-Rollenspiele:

„,Vor euch stehen vierzehn Hobgoblins [Kobolde], alle schwer bewaffnet. Als sie euch erblicken, greifen sie sofort nach ihren Schwertern und stürmen auf Euch zu.' ‚Die mach' ich platt ...' brüllt der Kämpfer – und rollt den zwanzigseitigen Würfel. Eine 17! Der erste Hobgoblin blickt fassungslos auf die Klinge, die sich ihm tief und furchtbar in den Bauch gebohrt hat.
Doch jetzt schlagen die anderen Hobgoblins zu. Der Spielleiter würfelt zuerst mit dem zwanzigseitigen, dann mit dem sechsseitigen Würfel. Die Begleiter des Kämpfers, ein Zwerg, ein Kleriker, zwei der Diebe und Silberfarn, der Elf, verteidigen sich so gut sie können, müssen allerdings auch einige Wunden hinnehmen. Der Kampf tobt noch weitere zehn Minuten, bis alle Monster erschlagen zu den Füßen der Abenteurer liegen. Der Kleriker heilt die schlimme

Schulterverletzung des Zwerges per Zauberspruch, dann setzt die Gruppe ihren Weg durch das Rote Schloß fort. Es gilt, die liebenswerte Prinzessin Dorora aus den Klauen des finsteren Unholds Gharrfor zu befreien."[179]

Die geschilderte Szene ist ein typischer Handlungsablauf aus einem Fantasy-Rollenspiel. Auf dem Spieltisch steht weder ein rotes Schloß, noch werden irgendwelche Figuren hin- und hergeschoben. Die Abenteuer der Fantasy-Rollenspiele ereignen sich fast ausschließlich im Kopf der Spieler unter Anwendung von Einfallsreichtum und Vorstellungsvermögen. Deshalb existieren auch keine festgelegten Regeln, sondern nur Richtlinien, nach denen gespielt werden kann. Gespielt wird, solange die Lust, die Kreativität und die Vorstellungskraft anhalten, denn Fantasy-Spiele sind endlose Abenteuer, die immer über mehrere Stunden, häufig auch über Tage hinweg andauern können.

Am Anfang eines Spiels steht die Grundannahme, alle Spieler befänden sich in einer anderen Welt: in einer Fantasy-Welt mit Drachen und Monstern, mit Zwergen und Zauberern, mit unglaublichen Schätzen und zu rettenden Prinzessinnen. Das Spiel beginnt, indem der Spielleiter eine Vorgeschichte erzählt, aus der sich für die Mitspieler eine Aufgabenstellung ergibt. In der Regel baut der Spielleiter seine Geschichte auf einem Szenario auf, das ihm durch den Spielplan eines Fantasy-Spiels vorgegeben ist: „Mit Hilfe von Landkarten, Schlachttafeln, Monsterlisten usw. gestaltet er eine bestimmte Fantasy-Welt. Er wählt das psychologische und geographische Umfeld aus, durch das sich die Spieler hindurchkämpfen sollen. Dazu gehören vielleicht mehrstöckige Verliessysteme, Städte, andere Welten, Ebenen und Zeitepochen. Alles wird auf Koordinatenpapier festgehalten – zusammen mit versteckten Fallen, Schätzen, Monstern, Drachen, magischen Gegenständen, Zaubertränken, Zauberern, Dämonen und Göttern."[180]

Ein Beispiel: In einem labyrinthartigen Verlies ist ein Goldschatz zu suchen. Doch der Weg zu diesem Schatz ist gefährlich, denn Monster und Fallen lauern auf die Abenteurer. In welchen Räumen nun die Gefahren lauern, erfährt nur der Spielleiter, und zwar durch das Textbuch. Der Spielleiter ist es auch, der die Rollen der Monster und Ungeheuer übernimmt, mit denen die Schatzsucher kämpfen müssen.

Bevor man sich nun durchs Labyrinth würfeln kann, muß festgelegt werden, mit welcher Rolle – mit welchem „Charakter“ – man die Abenteuerreise antritt: als Kämpfer, Zwerg, Elf, Zauberkundiger, Halblink, Kleriker oder Dieb. Ein Elf zum Beispiel ist ein schwächerer Kämpfer, ist aber in der Lage, Geheimtüren leichter zu entdecken. Ein Kämpfer dagegen ist besonders für den Kampf geeignet, findet aber die Geheimtüren nicht so schnell, während ein Zauberkundiger mit besonderen Zauberkräften Geheimtüren finden und öffnen kann.

Aufgrund des häufig sehr sorgfältig zusammengebauten Charakters mit verschiedenen festgelegten Eigenschaften erhält jeder Mitspieler eine Lebensenergie, die mit einer Punktzahl festgelegt wird. Ausgestattet mit dieser Lebensenergie, kann der Spieler sich nun ins Kampfgetümmel stürzen. Es beginnt ein kompliziertes Spiel mit Würfeln und Punktesammeln, das hier nicht näher erläutert werden kann.

Aber nicht nur der Würfel entscheidet über Sieg oder Niederlage, über die Zu- oder Abnahme von Lebensenergie-Punkten: Übersinnliche Fähigkeiten, magische Utensilien, Zaubersprüche oder Schutzgötter sind bei dem Kampf untereinander oder mit Ungeheuern oder Dämonen von schicksalsentscheidender Bedeutung. In den Textbüchern werden oft ganze Kapitel der Magie gewidmet mit der Erklärung, wie und wo die mitspielenden „Charaktere“ sie spieltechnisch einsetzen können. „Das Buch der Regeln“ des in der Bundesrepublik erfolgreichsten Fantasy-Rollenspiels „Das Schwarze Auge“ notiert im Kapitel „Magie“ beispielsweise folgendes:

„Im Reich des Schwarzen Auges gibt es einige magiebegabte Monster – Kobolde, Sphinxen und Dämonen gehören zu dieser Kategorie – und zwei Heldentypen, die die ‚Kraft‘ haben: die Magier und die Elfen. Alle anderen Helden und Bewohner verfügen nur dann über Zauberkräfte, wenn diese Kräfte an einen magischen Gegenstand – zum Beispiel einen Zauberschlüssel oder einen Tarnring – gebunden sind. Anschließend erfahren Sie das wichtigste über magiebegabte Helden und magische Gegenstände. In später erscheinenden Aufbausätzen zum Spielsystem des Schwarzen Auges wird der Zauberei dann ein breiterer Raum gewidmet. …
Der Spieler sollte die Zauberformel seines Magiers oder Elfen nach Möglichkeit auswendig lernen. Einem frischgebackenen, magiebegabten Helden wird es der Meister des Schwarzen Auges gewiß nachsehen, wenn er eine Formel nicht richtig beherrscht, aber einem Magier der 6. Stufe steht es schlecht zu Gesicht, wenn er vor jedem Zauber im Regelbuch blättern muß.“[181]

Nicht ohne Grund werden in Fantasy-Spielen Magie und Okkultismus großgeschrieben. Wie die meisten Märchen und Sagen, sind auch die Abenteuer der Fantasy-Spiele in einer vorchristlichen Zeit angesiedelt, in der das Übernatürliche an der Tagesordnung war. Die Atmosphäre eben jener Epoche versuchen die Anhänger des Neuen Zeitalters und die hinter ihnen stehenden „Kosmokratoren“ wieder herzustellen, und da scheint jedes Mittel recht zu sein.

1984 waren von dem berühmtesten und verbreitetsten Rollenspiel „Dungeons & Dragons“ (D & D) weltweit schon über 7 Millionen Basis-Sets verkauft. Heute werden diese Spiele an amerikanischen Schulen zur Förderung der Kreativität und des Teamgeistes eingesetzt.

In der Bundesrepublik stiegen die Spiele-Hersteller erst relativ spät auf den Verkaufsschlager aus den USA ein. „D&D" zum Beispiel stand als deutsche Fassung erst 1984 zur Verfügung. Doch schon im selben Jahr wurden davon sensationelle 50 000 Stück verkauft. Mittlerweile gibt es auch in der Bundesrepublik weit über 1 000 Clubs, in denen Fantasy-Rollenspiele „professionell" gespielt werden.

Zu jedem guten Spielzeug-Fachgeschäft gehört heute auch die gut sortierte Fantasy-Corner, eine Verkaufsecke, in der nicht nur die „Klassiker" wie „D&D", die Weiterentwicklung „AD&D" und „Das Schwarze Auge" zu finden sind, sondern mehr und mehr eine zweite Generation von Spielen, die auf die Spielidee der „Pioniere" aufbaut. So bietet die „Nummer 2" am deutschen Spielemarkt, die „Schmidt Spiel+Freizeit GmbH", neben einem großen Sortiment an sehr schönen und empfehlenswerten Gesellschaftsspielen auch eine Reihe von Fantasy-Spielen an. Das Fantasy-Brettspiel „Höllenhaus", das mit der Altersangabe „Ab 12 Jahren" versehen ist, wird im Verkaufskatalog 1988 so beschrieben: „Hier ist im wahrsten Sinne des Wortes der Teufel am Werk: Das alte Landhaus ist der Sitz gar grauslicher Schreckenswesen. Als Spieler sind Sie entweder ein ‚Jäger des Okkulten' und wollen dem Spuk ein Ende bereiten. Oder Sie sind ‚Diener des Bösen' und verteidigen Ihren Meister gegen die Jäger. Aber Vorsicht: Während des Spiels können Sie des öfteren auch die Seiten wechseln. In jedem Fall behalten Sie jedoch das primäre Spielziel im Auge: eine Menge aufregenden Spaß im gruseligen Höllenhaus, dem in den USA bereits sehr populären CHILL-Brettspiel."[182]

In den meisten Fantasy-Spielen geht es keineswegs nur um aufregenden Spaß oder gruselige Kurzweil. Viele Spiele führen Jugendliche und junge Erwachsene direkt in den Okkultismus ein. Der amerikanische Okkultist Philip Emmens Isaac Bonewitz hielt das Spiel „D&D" für eine „so gute Einführung in das Okkulte, daß er ein Buch darüber schrieb, wie Spieler Zugang zu wirklicher Zauberei finden können."[183]

In ihrem Buch „Fantasy – das Spiel mit dem Feuer" fassen die amerikanischen Autoren John Weldon und James Bjornstad die okkulten Inhalte der Fantasy-Spiele folgendermaßen zusammen:

„Erstens sind Magie und Hexerei Bestandteile fast aller Fantasy-Spiele. Bei D&D ist die Magie vorherrschend und kann auf verschiedene Weise eingesetzt werden. ...
Zweitens findet man in bestimmten Spielen okkulte Spielarten von ‚schützenden Inschriften'. Magischer Kreis, Pentagramm und Dreieck wurden in das D&D-Rollenspiel eingebaut. Den Spielern wird beigebracht, diese Symbole als Schutzzauber zu gebrauchen – ähnlich wie in Hexerei und Satanismus! ...
Drittens findet sich in einigen Spielen die okkulte Praktik der Astralprojektion oder Seelenwanderung. ...
Viertens ist in vielen Spielen die okkulte Praktik Nekromantie (Kommunikation mit den Toten) anzutreffen. Da heilt man mit Hilfe von Zaubersprüchen nicht nur Wunden, stellt Kraft und Glieder wieder her und erweckt Tote; man beschwört auch – u.a. zwecks Wahrsagerei – die Toten, wie es im Spiritismus Brauch ist. ...
Fünftens gehört auch die okkulte Praktik der Beschwörung und Herbeirufung von Dämonen und Teufeln zu vielen Spielen. Das ‚D&D-Monster-Handbuch' widmet ein ausführliches Kapitel allein den Dämonen. Sie werden mit Namen vorgestellt, beschrieben (komplett mit Skizze) und entsprechend ihren Fähigkeiten und Kräften in Klassen eingeteilt. Die Spieler werden dazu ermuntert, diese Informationen in Verbindung mit bestimmten Zaubersprüchen bei der Herbeirufung dieser Wesen zu gebrauchen. ...
Sechstens findet in manchen Spielen ein Ausrichten auf okkulte Mächte und Gottheiten statt. ..."[184]

Das Kennenlernen von fremden Gottheiten und die Verbindung zum Okkulten beschränken sich nicht nur auf die Spiele selbst und die Handbücher und Materialien zu diesen Spielen. Bei den D&D-Spielen beispielsweise wird auf die Bedeutung eigener Nachforschungen über heidnische Kulturen und Mythologien hingewiesen, aus denen die Spiel-Gottheiten und -Wesen entstammen. Somit werden die Interessierten noch mehr in das den Fantasy-Spielen zugrunde liegende Weltbild eingeführt. Es fußt auf einer mystisch-okkulten Weltsicht, bei der das Schicksal des Menschen von mächtigen Gottheiten beeinflußt wird.

Der US-Forscher Gary North fällt über Fantasy-Spiele ein drastisches Urteil: „Nach jahrelangem Studium der Geschichte des Okkultismus und der Abfassung eines Buches zu diesem Thema, nachdem ich Wissenschaftler aus dem Bereich der historischen Forschung zu Rate gezogen habe, kann ich voller Überzeugung sagen: diese Spiele sind die wirksamste, am besten verpackte, am gewinnträchtigsten vermarktete, am sorgfältigsten ausgeklügelte Einführung in den Okkultismus, die es je gegeben hat."[185]

Woher die Faszination für diese Spiele herrührt, ist leicht herauszufinden. Die Besitzerin eines Frankfurter Spiele-Fachgeschäftes brachte es in einem Gespräch mit mir so zum Ausdruck: „Es sind oft Menschen mit einem leisen Defekt, die das spielen. Das ist auffällig. Die Leute, die überfett sind, die lispeln oder die stottern, sind in einem großen Maße überrepräsentiert als Fantasy-Spieler gegenüber den anderen. Und da denk' ich, das ist für die ein Ersatz, weil sie dadurch vollwertig werden."

In der Tat verschaffen die Fantasy-Rollenspiele in hervorragender Weise die Möglichkeit, „jemand zu sein", Macht zu haben: „Fantasy-Rollenspiele kommen dieser Neigung sehr entgegen. Dort kann der Spieler in seine Spielfigur hineinschlüpfen und ein zweites Ich entwickeln, eine auf Erden nie erreichte Macht ausüben, sein eigenes Universum schaffen usw."[186]

Immer mehr Jugendliche fühlen sich in einer Tag für Tag komplizierter werdenden Welt immer ohnmächtiger. Da ist es nur zu verständlich, daß sie in wohlgeordnete Schein-Universen hineinschlüpfen, um dort jemand zu werden, der mit Macht und Stärke bestimmt, wo's langgeht.

13
Per Computer ins Land der Fantasy – Horrorspiele am Bildschirm

Die Flucht in realitätsferne, symbolträchtige Welten ermöglicht niemand besser als der Computer. Er ist es auch, der widerspruchslos und sofort jegliche Machtgelüste verwirklicht – mittels Druck auf einige Tasten. Zudem ist er ein fairer Gegner, der sich stets an die Spielregeln hält und durch Geschick und Cleverneß ehrlich besiegt werden kann.

Nach einer Umfrage der Zeitschrift „Chip“ (1/87) haben 40 Prozent der deutschen Haushalte mit Jugendlichen einen Homecomputer. Die „Ataris“, die „Schneiders“, „Amigas“ oder „Commodores“ sind für viele Erwachsene jedoch „böhmische Dörfer“. Erst recht das, was auf den Mattscheiben der kleinen, schlauen Kisten erscheint. Letzteres wird „Software“ genannt und mittels kleiner Disketten oder Kassetten in die „Hardware“, sprich Geräte, gefüttert.

Doch was die kleinen Kästchen oder Scheiben manchmal beherbergen, läßt selbst gestandenen Jugendschützern das Blut in den Adern gefrieren. Es sind eigentlich „nur“ Spiele, Computer-Spiele, die es aber in sich haben. Da wird gehauen und gestochen, geballert und abgeschlachtet und sogar vergast. Im Computer-Spiel „Hitler Diktator“, einem sogenannten Text-Adventure, kann der Spieler entscheiden, wieviel Juden er vergasen will! Horror und Gewalt sind nur ein Thema vieler Computer-Spiele, das dann auch oft zur Indizierung durch die Bundesprüfstelle für jugendgefährdende Schriften (BPS) in Bonn führt.

Auf dieser „schwarzen“ Liste, die Monat für Monat länger wird, befinden sich auch solche Spiele wie „Stroker“. Es handelt sich dabei um eine simple Variante einer Masturbationssimulation, bei der der Spieler mittels eines kleinen Hebels, dem Joystick, so im Rhythmus hin- und herfahren muß, bis sich ein riesiger Penis auf dem Monitor langsam aufrichtet.

Nach Insider-Schätzungen wird mit solcher Spiele-Software mittlerweile pro Jahr in der Bundesrepublik 150 Millionen Mark Umsatz erzielt. Allein der Marktführer Ariolasoft, ein Unternehmen der Bertelsmann-Gruppe, bringt Jahr für Jahr etwa 350 neue Titel auf den Markt. Viele dieser Spiele haben schon nach drei Monaten ihre „Kasse“ gemacht und müssen neuen Hits weichen.

Das Riesenangebot von Computer-Spielen gibt jedoch keineswegs wieder, was in der „Szene“ wirklich los ist. Als sich die niedersächsische Jugendschützerin Andrea Urban in Schulen und Freizeitheimen umsah, stieß sie auf ein bis dahin unbekanntes Phänomen der Computer-Freaks: „Da gab es Kids, die 500 Spiele auf ihren Disketten hatten, ohne je ihr Taschengeld dafür herzugeben.“[187] Viele dieser „kostenlosen“ Spiele sind Raubkopien von legalen Spielen, deren Kopierschutz gebrochen wurde, und die nun als Duplikate auf Schulhöfen getauscht werden. Die meisten illegalen, aber auch legalen Computer-Spiele stammen aus dem Software-Mekka Großbritannien und kamen von den USA auf die Insel.

Fantasy-Rollenspiele im Bildschirmformat

Ein Großteil der amerikanisch/britischen Importe sind allerdings Fantasy-Spiele, die den Fantasy-Brettspielen bis auf das I-Tüpfelchen gleichen. So z.B. auch das Adventure-

Spiel „Dungeon Master“, das im Frühjahr 1988 bei Ariolasoft zum großen Renner wurde. Die Grundstory entwickelt sich nach dem bekannten Muster Gut gegen Böse; Okkultismus und Magie spielen die typisch tragenden Rollen.

„Dungeon Master“ hebt sich von vielen anderen Fantasy-Computer-Spielen ab und weist auf einen neuen Trend. Ein Tester der Fachzeitschrift „Aktueller Software Markt“ meinte dazu: „Das Besondere an DUNGEON MASTER ist die äußerst realistische 3D-Grafik. Während des Spiels fühlt man sich schon fast selbst als ‚reales‘ Mitglied der Party. Es scheint alles zum Greifen nahe. Nach jedem Schritt werden die Gegenstände größer oder erscheinen auch in den verschiedenen Perspektiven (Front- und Seitenansicht) sehr wirklichkeitsgetreu. Es ist eine unglaublich dichte Atmosphäre, die den Spieler/die Spielerin im Dungeon erwartet. Geräusche, z.B. von sich öffnenden Falltüren, werden lauter oder leiser, wenn man sich der Tür nähert oder sich von ihr entfernt.“[188]

Es sind aber nicht nur die technischen Möglichkeiten, wie die 3D-Grafik, die die Computer-Fans faszinieren. Die Spielinhalte selbst ziehen den Spieler wie durch einen Strudel in eine andere Welt hinein und versuchen ihn dort so lange wie möglich festzuhalten.

Über das Computer-Spiel „Phantasie II“, in dem Elfen, Gnome, Magier und andere Figuren mit dem bekannten okkulten Handwerkszeug gegeneinander kämpfen, schreibt Michael Suck in einem Testbericht:

„Das Programm bietet nämlich ein derart variantenreiches Spielgeschehen, daß spannende Unterhaltung auf Wochen und Monate garantiert ist. ...
Überhaupt erinnert der ganze Spielaufbau sehr an die gängigen Fantasyrollenspiele, wie etwa Dungeons & Dragons oder andere. Im Laufe der Zeit entwickeln die Spielcharaktere mit der Veränderung ihrer Punktzahlen (also der Stärke oder Schwäche ihrer Eigenschaften) geradezu eigen-

ständige Persönlichkeiten, so daß sie auch auf ein höheres Level aufsteigen können. ...
Das komplexe und variable Spielgeschehen macht das Programm auf lange Zeit interessant, der Spieler braucht Fantasie und logisches Denken, um die schweren Aufgaben zu lösen, und die mystische Atmosphäre tut ein übriges, den Spieler am Bildschirm zu halten."[189]

Von der Fluchtwelt zur Suchtwelt

Was der Spiele-Tester zum Schluß eher beiläufig bemerkt, ist ernster zu nehmen, als es auf den ersten Blick erscheinen mag. Diese kaum in Worte zu fassende Faszination, die vom Mystischen und Okkulten ausgeht, kann Menschen so in ihren Bann ziehen, daß sie die Kontrolle über sich selbst verlieren.

So mußten in Amerika und Großbritannien zahlreiche Fantasy-Brettspieler wegen übertriebener Identifikation mit Spielfiguren oder der Unfähigkeit zur Unterscheidung zwischen Phantasie und Wirklichkeit psychotherapeutisch behandelt werden.

Aus den USA wurden etliche Fälle bekannt, die man als Opfer der Spielinhalte von Fantasy-Rollenspielen bezeichnen muß. Am erschreckendsten mag die Geschichte eines 21jährigen D&D-Spielers sein, der bis 24 Stunden am Tag in der Scheinwelt der Fantasy-Rollenspiele verbrachte. Mehr und mehr begann er, seine Lieblingsrolle als Magier auch im richtigen Leben zu übernehmen, und ließ sich in Versammlungen von Satansanbetern in den Satanismus einführen. Später wurde er als Mitglied einer Bande festgenommen, die mehrere Personen umbrachte, darunter Kinder. „Wahrscheinlich glaubte er durch das Spiel und das Studium der verschiedenen Anleitungshefte immer mehr an die Reinkarnation (Wiederverkörperung). Deshalb führte er die Spielkomponente ein, daß man Menschen, wenn man sie tötete, einen Gefallen erweise, weil man sie an einen besseren Ort schicke."[190]

Immer wieder tauchen solche religiösen Elemente wie die der Reinkarnation und des Karma-Denkens auch in Computer-Spielen auf. So kann der Spieler von „Samurai Warrior", dessen Handlung im Japan des siebzehnten Jahrhunderts spielt, durch kämpferische Aktionen „Karma-Punkte" sammeln, die in seinem nächsten „Spiel-Leben" sicherstellen, daß er nicht wieder von vorne beginnen muß.

Wie wir schon feststellten, sind die meisten Computer-Spiele „Made in USA" oder „Great Britain". In diesen Ländern nehmen Fantasy und Horror einen weitaus breiteren Raum ein als bei uns. So läßt sich in der deutschen Computer-Spielszene feststellen, daß Kinder und Jugendliche nicht unbedingt „auf Fantasy abfahren". Hoch im Kurs stehen eher „Sportsimulationen" von Fußball bis Tennis und sogenannte „Ballerspiele", in denen auf alles geschossen wird, was sich bewegt. Trotzdem besteht ein überwältigender Anteil unter den Computer-Spielen aus Fantasy-Spielen, unter denen wir auch Versionen von „Masters of the Universe", „Star Wars", „Star Trek" und „Ghostbusters" finden.

Die Worte Manfred Kleimanns, Chefredakteur des Fachblattes „Aktueller Software Markt" mögen deutlich machen, was Alice Bailey mit ihrem Erziehungsprogramm ins Neue Zeitalter auch meint, nur anders formulierte. Kleimann in einem Gespräch mit mir zum Thema Fantasy in Computer-Spielen: „Die werfen uns die Brocken vor, und unsere Fans würgen daran."

Bernhard – ein Schicksal

Sind die „Brocken" erst einmal hinuntergeschlungen, können sie verheerende Wirkungen haben, wie das Beispiel des Schweizer Fantasy-Fans Bernhard zeigt. Bernhard fand den

Einstieg in die Scheinwelt der Fantasy über Bücher. Er las nicht nur fünf oder zehn, er las Hunderte. Heute ist Bernhard froh, dieser Scheinwelt der Ritter, Magier und Dämonen entkommen zu sein. Seine Bücher hat er schon vor vielen Jahren in seinem Garten vergraben, beerdigt wie seine Sucht. In einer Radio-Sendung beschrieb er den Stoff, nach dem er lange Jahre süchtig war:

„Ich glaube, die Beeinflussung durch Fantasy ist sehr stark; in jeder Welt, die heute von den Autoren erfunden wird, spielen Dämonenkräfte eine sehr große Rolle. Jede Welt ist bevölkert von Dämonen. Es gibt leider viele Gefahren, die von der Fantasy ausgehen. Ich glaube, die, die mich am meisten beeindruckt hat, nach meinen heutigen Erkenntnissen, die ich wirklich von Gott bekommen habe, da muß ich sagen, daß sie einen verformt. Man nimmt Züge an von den Menschen, von verschiedenen handelnden Figuren in den Romanen. Man wird dazu gedrängt, beinahe zu dem Wunsch, die Fähigkeiten der Romanfiguren zu übernehmen. Wenn einer z.B. eben so außersinnliche Kräfte hat, daß man gerne so sein möchte. In dieser Zeit, als ich noch süchtig war, las ich auch sehr viele esoterische Bücher. Ich habe mich mit Telepathie befaßt, was das ist. Ich habe versucht, mich mit diesen außersinnlichen Wahrnehmungskräften auseinanderzusetzen, zu sehen, ob ich sie erwerben könne. Die Hypnose hat mich interessiert. Und dann hab ich gespürt, daß das ein Einfluß ist. ... Ich muß sagen, daß Fantasy, so wie ich sie erlebt habe an mir, einen verändert. Es ist wie eine Art Gehirnwäsche. Man wird umgepolt. Und alles Gute in einem geht weg.“[191]

Bernhards Lesesucht begann in seiner Jugendzeit und setzte sich auch in der Ehe als junger Familienvater fort. Auf dem Höhepunkt seiner Sucht war es so schlimm, daß der Vater von drei Kindern regelmäßig Fantasy-Bücher stahl, um seine Fantasy-Gier zu stillen.

Als Kind einer gläubigen Mutter und eines verschuldeten Alkoholikers isoliert er sich schon früh von seiner Umwelt. Minderwertigkeitsgefühle, bedingt durch einen krummen Rücken und „Hasenzähne“, blockieren Kontakte zu Gleichaltrigen. In der Schule ist er häufig der Prügelknabe und oft krank. Die anschließende, ihm aufgeschwatzte Lehre als Bäcker und Konditor scheitert wegen einer Berufskrankheit. Der folgende berufliche Werdegang ist gekennzeichnet durch immer wieder neue Gelegenheitsjobs – vom Bauarbeiter bis zum Hilfsbademeister. Auch in der Ehe fühlt sich Bernhard als Versager und taucht ab in die Welt der Märchen und Sagen, in frühere Zeiten, in denen beispielsweise Conan, der Barbar, seine gewaltigen Abenteuer erlebte.

1981 erlebt Bernhard eine Bekehrung zu Jesus Christus. Ihm gelingt es, seine Fantasy-Sucht zu besiegen, seiner gefährlichen Fluchtwelt den Rücken zu kehren.

Bernhard war der typische Kandidat für eine Flucht in die Welt hinter der Wirklichkeit. Er gehört zu jenen, die auch die Spiele-Expertin aus Frankfurt an den Spieltischen der Fantasy-Rollenspiele entdeckte. Es sind die – wie sie meinte – mit den „leisen Defekten“. Doch die „leisen Defekte“ scheinen sich explosionsartig auszuweiten. Deutsche Lehrer schlagen im Moment Alarm, weil eine ganze Generation von psychisch und verhaltensgestörten Kindern heranwächst. Immer mehr Pädagogen müssen mit Entsetzen feststellen, daß in ihren Klassen Kinder sitzen, die die bereits an anderer Stelle dieses Buches zitierte hannoversche Schulrektorin Barbara Nowack so beschreibt: „Entmutigte, zerfallene kleine Persönlichkeiten.“

14
Furchtbare Zeiten für Kinder – Ursachen und Folgen

Wo einige der Ursachen für die Entmutigung und den Zerfall der „kleinen Persönlichkeiten“ zu suchen sind, ist schnell auszumachen. In der Bundesrepublik Deutschland wird gegenwärtig fast jede dritte, in manchen Ballungsgebieten sogar jede zweite Ehe geschieden. Jährlich sind davon 130 000 Familien mit rund 100 000 minderjährigen Kindern betroffen. Über zwei Drittel der sorgeberechtigten Mütter sind berufstätig, so daß Kinder in dieser Situation größtenteils auf sich gestellt sind, ohne die Zuwendung (mindestens) einer ihrer vertrauten Bezugspersonen. Zur Zeit leben über 1,5 Millionen minderjährige Kinder bei einem Elternteil, davon 200 000 bei ihrem alleinerziehenden Vater.

Der Direktor des Staatsinstitutes für Frühpädagogik und Familienforschung in München, Prof. Dr. Dr. Dr. Wassilios E. Fthenakis, stellt warnend fest: „Die neue Familienforschung, die sich u.a. auch mit den mittel- und auch langfristigen Konsequenzen elterlicher Deprivation auf die Entwicklung des Kindes befaßt, zeigt eindrucksvoll, daß Kinder, die ohne einen Elternteil (etwa den Vater) aufwachsen, mit erheblichen Nachteilen in ihrer Entwicklung rechnen müssen.“[192]

Es sind „furchtbare Zeiten für Kinder“, resümiert denn auch der große alte Mann der Kinderpsychologie, Bruno Bettelheim.[193] Immer wieder betont der in Wien geborene Psychologe, Psychiater und Psychoanalytiker, wie wichtig es für Kinder ist, in intakten Familien aufzuwachsen. Doch damit können 40 - 50 Prozent der bundesdeutschen Kinder nicht rechnen. Aber auch in den sogenannten intakten Familien ist längst nicht alles Gold, was glänzt: immer mehr Eltern haben immer weniger Zeit für Kinder.

Studien, beispielsweise aus den USA, England, den skandinavischen Ländern und auch aus der Bundesrepublik, weisen nach, daß sich immer mehr Väter aus dem Leben ihrer Kinder zurückziehen. Ein Grund liegt darin, daß beim Anwachsen der Familie auch die Zahl der Arbeitsstunden erheblich zunimmt. Die finanzielle Mehrbelastung versuchen viele – vor allem junge – Familienvorstände durch Überstunden auszugleichen. Daß nach einem strapaziösen Arbeitstag im Büro oder Betrieb der „ausgepumpte“ Papi überhaupt keine Lust mehr hat, sich mit seinem Nachwuchs zu befassen, auch das belegen Untersuchungen. Unter den fünf beliebtesten Freizeitbeschäftigungen von Vätern sind Sport und Hobbys zu finden, das Spielen mit Kindern nicht.

Das Spielen mit ihren Kindern überlassen die Erziehungsberechtigten gerne denen, die eigentlich kein Recht dazu haben: den Autoren und Regisseuren der Scheinwelt. Eltern ermöglichen diesen Griff nach ihren Kindern, weil sie Kinder- und Jugendzimmer vollpfropfen mit Elektronikspielzeug, Heimcomputern, Cassettenrekordern, Walkmen, Fernsehern, Videogeräten und und und. Sie ermöglichen ihren Kindern somit den Einstieg in eine Welt, in der etwas los ist – und sich selbst ein paar ruhige Minuten!

Eltern nutzen diesen „elektronischen Tropf“ gern, um ihre Quälgeister ruhigzustellen. Doch sie ahnen nicht, was da so alles in die Seelen ihrer lieben Kleinen hineingegeben wird.

Sicher ist die fehlende Betreuung und Zuwendung vieler Eltern ein Grund, warum sich Kinder dem von anderen gemachten und erdachten Universum zuwenden. Eine andere Ursache wurde mir ganz plastisch vor Augen geführt, als ich ein „Masters of the Universe“-Seminar in einem Kölner

Vorort besuchte. Der Seminarort lag inmitten einer Hochhaussiedlung.

Das Hochhauskind lebt wie in einem Käfig. Es darf nicht laut sein, weil sonst in den zumeist hellhörigen Bauten die Nachbarn sich gestört fühlen. Auch kann es nicht einfach mal hinausstürmen, um seinem Bewegungsdrang freien Lauf zu lassen. Und wenn, dann sind den kleinen Abenteuern vor der Haustür enge Grenzen gesetzt: „Betreten des Rasens verboten!", „Vorsicht! Stark befahrene Straße!" usw. Das Hochhauskind erlebt von der wirklichen Welt einen winzigen Bruchteil. Was es braucht, wird geliefert: Abenteuer frei Haus, sauber abgepackt und wohl portioniert: He-man, Bibi Blocksberg, die Magier aus „D&D" – auf Disketten, Cassetten oder im Plastikpack.

Heutzutage lernen Kinder schon früh, daß man vieles in dieser Welt nicht machen kann oder nicht machen darf. Aber sie haben auch schnell heraus, daß es Möglichkeiten gibt, sich bildlich und akustisch bedienen zu lassen. Andere tun etwas, ich schaue zu. Lucas und Spielberg inszenieren, ich konsumiere. Programmierer programmieren, ich reagiere.

Die Unterhaltungsmedien verwandeln mehr und mehr bewegungshungrige, tatendurstige Kinder in faule, sprachlose Stubenhocker. Sie drängen sie in die Rolle des Hinnehmens, sie machen sie zu Abhängigen. Vokabeln wie „Fernsehsucht", „Videoten" oder „Terminal-Junkie" stehen längst für Tausende „zerfallener, entmutigter Persönlichkeiten", die ohne den elektronischen Tropf nicht mehr leben wollen und können. Pädagogen, Psychologen und Mitarbeiter in der Jugendarbeit stellen mit Bestürzung fest, daß Heranwachsende sich immer stärker medienmäßig verhalten: auf Abwechslung und auf Kurzweil bedacht. Wer als Lehrer in der Schule oder als Leiter einer Jugendgruppe nicht eine spritzige Show inszenieren kann, steht schon bald nicht mehr im Mittelpunkt des Interesses. Aber das ist längst nicht alles: „Die Entwicklung der Kinder, die mit ihren Emotionen, mit Freude oder Traurigkeit, an die technischen Unterhaltungsangebote verwiesen werden, nimmt einen merkwürdigen Verlauf. Der Bezug von Mensch zu Mensch ist gestört, aber mit Unbekannten lebt man mit. Der Gefühlsleere im privaten Bereich stehen Pseudogefühle gegenüber, die die visuellen Medien auslösen. ... Kinder und Jugendliche werden cool, kühl wie ihre Ziehmütter, die technischen Medien."[194]

Heute gehören Medien ganz selbstverständlich zum Alltag von Kindern und Jugendlichen. Sie gehören dazu wie Tische, Stühle, Hunde oder Menschen. Schon früh lernen Kinder, sich auf einer elektronischen Spielwiese auszutoben, im vorproduzierten Universum auf Abenteuersuche zu gehen. Mehr und mehr wird diese künstliche Wirklichkeit ihr Zuhause, und die Stars daraus zu nachahmenswerten Vorbildern.

Diese Entwicklung wird Folgen haben: „Alle lebensbeherrschenden Gesinnungen, die lebensfördernden wie die lebensgefährdenden, alle grundlegenden Urmuster des Lebens werden in der Kindheit, also von der Geburt bis zum vollendeten dreizehnten Lebensjahr geprägt. Kindheit ist die Zeitspanne der Gesinnungsbildung. Das ist ihr tiefster Sinn."[195] „Am Tor zur Reifezeit trägt jeder junge Mensch eine ganze Serie sehr ausgeprägter, wertvoller oder unheilträchtiger Kerngesinnungen in sich: Urmuster des Mann-Frau-Verhältnisses, des Gesonnenseins zur Natur, zur Technik, zum Sport, zur Arbeit, zum Mitmenschen, zu Gott."[196]

Warum wohl zielen die meisten in diesem Buch vorgestellten Unterhaltungsprodukte ausgerechnet auf die 4 - 12jährigen? Welche Einstellungen und Denkweisen sollen da im Unterbewußtsein der Heranwachsenden verankert werden?

Etwa die, mit häßlichen Außerirdischen wie Alf oder E.T. das Zimmer und das Leben zu teilen?

Oder die, sich mit Regina Regenbogen und den Glücks-Bärchis auf eine phantastische Dimension am Ende des

Regenbogens zu konzentrieren, aus der gute Wesen den Menschen zu Hilfe eilen?

Oder die der kleinen Hexe Bibi: Hexen sind ganz normale Frauen, sie setzen die Magie stets für das Gute ein?

Oder die der Ghostbusters, daß alles Okkulte alltäglich, selbstverständlich und harmlos sei?

Oder die des Eternia-Heilandes He-man, der nur mittels einer unpersönlichen Zauberkraft vom Schlaffi zum Superhelden wird?

Oder die der Prinzessin Lockenlicht, die mit ihren Glückssträhnchen in den Aberglauben einführt?

Oder die aus den Fantasy-Computerspielen, in denen mit Magie und angewandtem Okkultismus das Böse bezwungen werden kann?

Die erste und zweite Fantasy-Welle

Die Welt der Märchen und Sagen, wie sie heute einem jugendlichen Massenpublikum vorgeführt wird, ist durchdrungen von der Atmosphäre einer vorchristlichen, heidnischen Zeit.

Das angeblich „Neue" Zeitalter beginnt mit einer Rückführung in eine Epoche, in der Menschen – durch Götter und Geister versklavt – ängstlich ihr Dasein fristen mußten.

Diese Rückführung begann nach Plan im Jahr 1975, wie es Alice Bailey vorhergesagt hatte. Von da an bis etwa 1985 überrollte eine Fantasy-Welle vor allem das sogenannte christliche Abendland. Etwa ab 1985 startete eine Art zweite Fantasy-Welle. Ganz besonders auf dem Buch- und Zeitschriftenmarkt erscheinen seither Produkte, die die unterhaltenden Inhalte aus der ersten Fantasy-Welle aufgreifen und einen sehr realen Bezug geben. Es sind Bücher und Berichte über Geistheilung, Spiritismus, Reinkarnation, Astrologie, Magie und vieles mehr. Autoren wie Thorwald

Dethlefsen, Chris Griscom oder Shirley MacLaine schreiben solche Werke und erreichen damit Millionenauflagen.

Diese zweite Fantasy-Welle läuft sich keineswegs in Bücherregalen oder Papiercontainern aus. Immer mehr Interessierte studieren nicht nur den Fahrplan für eine Reise ins mysteriöse Jenseits, sondern steigen auch ein in diesen Esoterik-Zug, der sie in geheimnisvolle Sphären mitnimmt.

Im Frühjahr 1987 veröffentlichte die deutsche Frauenzeitschrift „Brigitte“ die Ergebnisse einer Befragung zum Thema „Die neuen Lebensziele“. Danach sind Frauen im Alter von 18 bis 29 Jahren besonders offen für Aberglauben und Übersinnliches: „Niemand ist so sicher wie sie, daß es Wunder gibt, niemand ist so überzeugt, daß an Astrologie, Wahrsagen und Kartenlegen etwas Wahres dran ist. Die Kinder der skeptischen Generation. Was ist von ihnen zu erwarten? Eines ist sicher. Sie werden vieles verändern.“[197]

Ein Großteil dieser Frauengruppe der 18-29jährigen ist mit der Fantasy-Welle großgeworden. Diese Frauen sind heute die Mütter, die am Übersinnlichen wachsendes Interesse zeigen und zum „Baumeister der Tiefe im Kind und Wächter am Tor zur Tiefe“ werden: „Wächter im Doppelsinn, daß sie zu wachen haben über das, was an Tiefenbeständen ins Kind eingebracht wird, und über das, was aus ihm heraus die Wirklichkeit gefährlicher, den Eltern zuvor unbekannter Bestände ankündigt.“[198]

Bisher ist mir keine veröffentlichte Untersuchung bekannt, die einen Zusammenhang zwischen den aktuellen Inhalten der Unterhaltungsmedien und religiösen Einstellungen bei deren Konsumenten erforscht hat. Eines ist aber belegt: Das Weltbild von Kindern und Jugendlichen wird seit Eintritt in das Bild- und Elektronikzeitalter ganz wesentlich durch die Medien geprägt, somit auch die Einstellung zu und das Interesse an ganz bestimmten religiösen Themen.

Die Gesellschaft für Rationelle Psychologie in München ist das größte Institut Europas, das besonders für die Industrie psychologische Studien erarbeitet, die für die Einschätzung des Konsumentenpotentials verwertet werden. Ein Mitarbeiter dieses Institutes erklärte mir, daß das Übersinnliche zur Zeit *die größte Bedeutung im Kinderzimmer* habe. Als Grund nannte er das fehlende echte religiöse Erlebnis bei vielen Kindern von heute.

Hier wird klar, welche entscheidenden Weichen für das spätere Leben der Kinder durch die Medien und ihre Inhalte gestellt werden. Und diese Weichenhebel liegen besonders in den Händen von Müttern, bei denen das Interesse an Übersinnlichem zunimmt. Wer mag bestreiten, daß diese Mütter „vieles verändern“ werden!

Vom Mythenstudium zur Geistersitzung

Welche Richtung bei dieser Rückkehr zur Welt der Mythen, zur Welt der Fantasy, zu den zentralen Inhalten des Neuen Zeitalters eingeschlagen wird, zeigt das Beispiel einer jungen Gymnasiastin. Nachdem in der Schule im Literaturkurs das Thema „Mythen“ besprochen wurde, versuchte sie zusammen mit anderen Schülern, bestimmte Inhalte zu überprüfen. Zum Beispiel in einer spiritistischen Sitzung, in der sie Geister befragte!

Sektenexperten vermuten, daß rund zehn Prozent der westdeutschen Schüler derzeit Erfahrungen mit Geistern gesammelt haben – durch Gläschenschieben und Tischrükken. Über die eigentliche Ursache dafür schreibt das Nachrichtenmagazin „Der Spiegel“: „New Age, das Zeitalter der Esoterik, hat Jugendliche in allen Schulen ergriffen ...“[199]

Die Nachwirkungen dieses meist im Geheimen praktizierten Okkultismus sind häufig verheerend: Angstgefühle, Verwirrung, Alpträume, Depressionen, Selbstmordgedanken, Wahnvorstellungen, schwere Geistesstörungen bis hin zum totalen Wahnsinn.

Die Folgen dieses praktizierten Spiritismus sind nicht

ohne Grund so schrecklich. Drei Jugendliche im Alter zwischen 15 und 17 Jahren offenbarten einem Reporter der Rhein-Lahn-Zeitung, mit welchen Bereichen man sich in Wirklichkeit einläßt, wenn die Geister gerufen werden: „Wir haben dann einen anscheinend guten Geist, ‚Kevin', gerufen. Wir waren halt sehr neugierig. Er hat uns unsere Spitznamen genannt und alle Geburtsdaten. Bis dann einer fragte, ob wir auch mal mit 'nem bösen Geist fahren könnten. Da hat er geantwortet: ‚Luzifer'. Da kamen wir echt in Panik und haben zu ihm gesagt: ‚Geh weg, wir wollen dich nicht!' Vor lauter Panik haben wir alle Fenster und Türen aufgemacht und viermal ein Vaterunser gebetet. Er hat dann geschrieben: ‚Satans Söhne werden in Euch sein.' Daraufhin haben wir ihn gefragt, was er will, warum er gekommen ist. Er hat geschrieben: ‚Ihr werdet Seelen kaputtmachen und andere Leute linken'. Ja, er hat uns einen Auftrag gegeben, anderen Leuten Böses zu tun."[200]

Einem Solinger Mädchen teilte „Satan" in einer Geisterstunde mit: „Man will meine Macht zerstören, aber ich werde kämpfen. Tötet, vernichtet, was euch bedroht, ich bin bei euch. Große Aufgaben warten auf euch, ihr müßt die Welt erobern. Wartet, eure Stunde kommt bald."[201]

Auf einer Tagung der Ärztevereinigung Hartmannbund im Dezember 1987 in Marl warnten Pädagogen, Mediziner und Psychologen vor einer „spiritistischen Karriere", die schnell in Richtung Satanismus führen könne. Inzwischen sind die ersten Opfer aus der Satanismusszene zu beklagen: zumeist rituelle Selbsttötungen, aber auch Ritualmorde.

Nirgends in der Bibel werden Phänomene, die die raumzeitliche und auf die Sinne angewiesene Begrenztheit des Menschen durchbrechen, von den natürlichen Möglichkeiten des Menschen her erklärt. Sie werden stets entweder mit einer dämonischen oder einer von Gott stammenden Ursache in Verbindung gebracht. Aus dem Alten wie dem Neuen Testament ist erkennbar, daß der Weg ins Jenseits ein Weg in den dämonischen Bereich Satans ist, von dem Jesus selbst sagt: „Der ist ein Mörder von Anfang an" (Johannes 8,44).

Den Bibelkenner wird es nicht überraschen, daß in Okkult-Büchern Lehrsätze stehen wie diese: „Du sollst Freude haben am Erschlagen! Foltert und martert! Erbarmen laßt beiseite."[202]

Grausige Horrorfilme und blutige Menschenopfer

In vielen Horrorfilmen werden diese und andere schrecklichen Gebote in einer grausamen und abscheulichen Filmhandlung verarbeitet – von Leuten, die Interesse am Okkultismus finden oder ihn sogar praktizieren.

Für die Dreharbeiten seines Voodoo-Films „Die Schlange im Regenbogen" bat beispielsweise Horror-Regisseur Wes Craven einen haitianischen Hohenpriester um spirituellen Schutz. Tage später wurde der Hauptdarsteller von merkwürdigen Erscheinungen heimgesucht. In einem anderen Horrorfilm mit dem Titel „Das Ritual" – er lief Ende 1987 sehr erfolgreich in deutschen Kinos – bestand die Hauptdarstellerin darauf, eine dämonisch besessene Frau nicht nur zu spielen. Sie wollte es „echt" bringen, wovor sie der Regisseur warnte. Sie wagte es trotzdem – mit Erfolg!

In vielen Horrorfilmen werden Blutbäder und Metzelorgien von unbeschreiblichem Ausmaß gezeigt, Folterprozeduren und abscheuliche Quälereien. Menschliche Körper werden durchstochen, zerstückelt, zerfetzt, zerschlagen, zermatscht oder sonstwie zerstört.

Eine Umfrage unter 450 Neusser Hauptschülern ergab: bereits *40 Prozent der elfjährigen* und gar *70 Prozent der 14jährigen Jungen und Mädchen* sehen *regelmäßig* Videos mit brutalen Krimis, Horrorstreifen und Sexfilmen.

Der namhafte Marburger Kriminologe Professor Erich Hupe stellt warnend fest: „Was da auf uns zukommt, ist noch gar nicht abzusehen. Solche Filme und die Reize, die sie auslösen – das kann zur Sucht werden. Ganzen Generationen droht eine unüberschaubare Verrohung. *Diese Filme sind Impulse für Verbrechen.*"[203]

Was der Marburger Kriminologe noch als „Impulse für Verbrechen" bezeichnet, mag im schönen Neuen Zeitalter eine ganz andere Bedeutung bekommen. Wenn die Apostel des Wassermannes den Weg zurück in eine vorchristliche Zeit beschwören, in der noch ein direkterer Kontakt zu Göttern und Geistern bestand, sollte man diese Zeit noch etwas genauer unter die Lupe nehmen. Wir wollen es tun am Beispiel der Mayas, weil gerade deren Prophezeiungen für ein jetzt beginnendes Zeitalter von vielen New Agern ernstgenommen werden.

Lange Zeit galten die Mayas, die vor 2900 Jahren im heutigen Südmexiko, in Guatemala, Belize sowie Teilen von Honduras und El Salvador siedelten, als friedfertige Himmelsspäher und kunstvolle Pyramidenbauer. Jetzt ist es Forschern erstmals gelungen, die Hieroglyphen der Mayas zu entschlüsseln. Sie zeichnen ein ganz anderes Bild der bedeutendsten Indio-Kultur Mesoamerikas: Die Geschichte der Mayas ist mit Blut geschrieben, mit unglaublich viel Blut; bei diesem hoch entwickelten Kulturvolk zog sich Blut – im wahrsten Sinne des Wortes – wie ein roter Faden durch das Leben!

„Es war die Substanz, die von den Königen und dem Adel für alle bedeutenden Ereignisse im Leben des einzelnen und der Gemeinschaft unter qualvollen Torturen dargebracht wurde: bei Geburt und Tod, bei der Aussaat, bei der Weihe von Gebäuden, beim Aufbruch in den Krieg. Blut war ein Ausdruck der Ehrfurcht, es war der Saft, der die Verbindung zu den Ahnen herstellte, und es war das einzige Mittel, die Götter zu ernähren, damit das Universum weiterbestehen konnte."[204]

Und diese Götter des Universums stillten ihre Blutgier auf brutalste Weise. Den Opferkandidaten, oftmals Gefangene, wurde öffentlich der Fuß auf den Kopf gesetzt.

„Ebenfalls öffentlich wurden sie auf rituelle Blutopfer vorbereitet und mußten eine Reihe von Folterprozeduren – wie etwa das Herausreißen der Fingernägel oder das Abschneiden der Fingerkuppen – über sich ergehen lassen, bevor sie den Gnadenstoß erhielten. Erst nach langen Quälereien wurde ihnen bei lebendigem Leib das Herz herausgerissen und den Göttern geopfert."[205]

Szenen wie das Herausreißen eines noch zuckenden Herzens bringen die Kino- oder Videogeneration nicht mehr vom Stuhl. Solche Szenen kennen sie aus Horrorfilmen zur Genüge. Nicht nur aus Horrorfilmen – solche Szenen kommen auch schon in Fantasy-Filmen vor. Helmut Hartwig, Autor des Buches „Die Grausamkeit der Bilder", versucht eine solche Szene zu beschreiben: „Dies ist der zweite Versuch. Oder der dritte. Oder der vierte, eine Szene aus Steven Spielbergs Film ‚INDIANA JONES und der Tempel des Todes' (1983/84) zu beschreiben. Gezeigt wird, wie einem jungen Mann das Herz aus dem Leib gerissen wird und wie sich die Wunde wieder schließt. Gezeigt wird dann, wie dieser Mensch in einem eisernen Käfig in flüssiges Feuer gesenkt wird und schreiend verbrennt."[206]

Der Film „INDIANA JONES und der Tempel des Todes" liegt zur Zeit auf Platz acht der zehn erfolgreichsten Filme aller Zeiten. Ein jugendliches Weltpublikum hat diesen Film von E.T.-Schöpfer Steven Spielberg (Regie) und Star-Wars-Erfinder George Lucas (Produzent) „genossen".

Die besagte Szene beschreibt ein Menschenopferritual zugunsten der indischen Göttin Kali. Auf die Frage an Steven Spielberg, wieso er so sehr von Schwarzer Magie fasziniert sei, antwortete er: „Bin ich gar nicht. Das ist ein Lieblingsthema von George. Er hat sich die Geschichte ausgedacht und wollte Voodoo, Menschenopfer und okkulte Orgien drinhaben."[207]

Welche Bausteine werden hier für welchen Zweck in die Tiefe der Seelen von Kindern und Jugendlichen eingelagert? Wer sind diese alten Götter, die nach Meinung der

Hexen heute wieder rufen? Die alten Götter der Mayas, der Kelten und Germanen oder der indischen Völker, die sich alle ihre Gunst mit Menschenblut honorieren ließen? Mit welchem Preis wird das New-Age-Aussöhnungsprogramm zwischen Erde und Universum, zwischen der Menschheit und diesen Göttern bezahlt werden müssen?

In vielen Kinderseelen werden zur Zeit Potentiale aufgebaut, mit denen ein heidnischer Zeitabschnitt wieder lebendig werden kann. Die Ausrichtung auf übernatürliche Mächte und die Gewöhnung an abscheulichste Greuelbilder stellen dabei wichtige Grundelemente dar.

Warum sollten Kinder des Medienzeitalters sich später nicht so verhalten wie amerikanische Soldaten im Vietnamkrieg? „Amerikanische Psychologen, die in Vietnam kämpfende Soldaten darüber befragten, wie sie ihre Search-and-destroy-Aktionen erlebten, kamen zu einem bemerkenswerten Ergebnis: Ein großer Teil der Soldaten hatte sich vorgestellt, er befinde sich, während er tatsächlich tötete, in einem Film. Diesen psychologischen Selbsttäuschungs- und Selbstrechtfertigungseffekt nennen die Wissenschaftler seither ‚war-as-war-movie'. Ist er zu einem festen Bestandteil der Persönlichkeit geworden, heißt er ‚life-as-movie'."[208]

Dieses „life-as-movie", dieses „Leben, wie in einem Film", nimmt in einem beginnenden Bildzeitalter bereits konkrete Züge an. Das gigantische Visualisierungsprogramm, bei dem nach Meinung der Okkultisten das Realität wird, was man sich bildlich vorstellt (oder vorgestellt bekommt), scheint zu gelingen.

Bedenkliche Parallelen

Das gesellschaftliche Klima der westlichen Industrieländer ähnelt heute stark dem des Deutschlands der zwanziger Jahre. Die deutsche Jugend versuchte damals, der harten und bedrückenden Realität zu entfliehen, indem sie sich der Wandervogelbewegung und östlicher Mystik zuwandte. Sie beschäftigte sich mit germanischer und nordischer Mythologie, mit mystischen Vorstellungen von einer Sagen- und Märchenwelt, in der die Helden der Vorzeit stets unbesiegbar blieben. Heute ist fast die gleiche Flucht – beispielsweise in die Welt der Fantasy – festzustellen.

Es ist nicht von der Hand zu weisen, daß die Ausbreitung mystisch-okkulten Gedankenguts unter der damaligen Jugend als *ein* Faktor zu sehen ist, warum Hitler später als geradezu messianisch-übernatürliche Gestalt aufgenommen wurde.

Dieser Prozeß hat vor einigen Jahren aufs neue begonnen. Auch heute wird die Jugend auf breiter Front in okkultes Denken, Empfinden und Handeln eingeführt – mit dem Unterschied, daß die modernen Massenmedien eine nahezu lückenlose, tiefergehende Erfassung garantieren!

15
Ein sehr persönlicher Schluß

Während ich dieses letzte Kapitel schreibe, wird die deutsche Öffentlichkeit durch Schlagzeilen über Robbensterben, Meeresverschmutzung, Ozonlöcher usw. aufgeschreckt. Die Umweltkatastrophe droht nicht mehr – sie ist bereits eingetreten. Und es wird uns kaum möglich sein, ehrlichen Herzens zu behaupten, mit den Ursachen hätten wir alle nichts zu tun.

Eine Umweltkatastrophe ganz anderer Art scheint sich bei den Erwachsenen von morgen anzubahnen. Wie wir gesehen haben, werden schon seit Jahren ganz bestimmte Giftstoffe rücksichtslos in Kinderseelen hineingepumpt, deren erste Wirkungen jetzt bemerkt werden. Auch hier sollte endlich Schluß sein mit dem Gerede, beispielsweise über die Wirkung der Medien. Mit Sicherheit sind sie nicht an allem schuld, doch sie stellen zweifelsohne eine munter sprudelnde Giftquelle dar.

Was kann man aber tun? Eine Frage von großer Bedeutung. Antworten darauf könnten ein zweites Buch füllen, abgesehen davon, daß es schon viele gute und hilfreiche Veröffentlichungen dazu gibt. Doch ob diese bekannten Ratschläge zwischen neuen Buchdeckeln auf offene Ohren und Herzen stoßen würden, ist recht fraglich, zumal alle anderen gutgemeinten Hinweise bisher zu keiner entscheidenden Weichenstellung geführt haben. Wer läßt sich auch schon gerne von einem anderen konkret vorschreiben, wie er sein Leben führen oder seine Kinder erziehen soll?

Wer ist letztlich bereit – und das wäre die Summe aller Ratschläge –, umzukehren und gegen einen breiten Strom zu schwimmen? Sich mit der Strömung treiben zu lassen, ist doch viel angenehmer und bequemer. Nur: das Bett für diesen Strom bauen und verlegen andere, somit bestimmen sie auch das Ziel der Flußfahrt. Der amerikanische Medienfachmann Neil Postman, der mit seinen beiden Büchern „Das Verschwinden der Kindheit" und „Wir amüsieren uns zu Tode" die Auswirkungen eines Medienzeitalters aus einer anderen Perspektive beleuchtete, tröstet sich mit folgendem Gedanken: „Wenn man nicht sagen kann, wie wir eine gesellschaftliche Katastrophe abwenden können, dann ist vielleicht schon der Versuch nützlich, zu verstehen, warum sie sich ereignet."[209]

Vielleicht mag mancher von Ihnen jetzt an Flucht denken: an Flucht aus dieser apokalyptischen Entwicklung hin zu einer einsamen Insel.

Fliehen Sie nicht auf eine einsame Insel, sondern versuchen Sie, Ihr Zuhause zu einer „einsamen Insel" zu machen. Zu einer Insel, auf der die Uhren anders gehen. Auf der man Zeit hat – Zeit für sich selbst, zur Besinnung und besonders viel Zeit für die Kinder. Werfen Sie rücksichtslos so viel Zeitdiebe wie möglich in das Meer vor Ihrer Insel: Fernseher, Videogerät, übertriebene gesellschaftliche Verpflichtungen, die Verfolgung rein egoistischer Ziele oder Spitzenpositionen auf der Geltungs- und Konsumleiter.

Bauen Sie Ihre Insel aus zu einem Ort, an dem Menschen so sein dürfen, wie sie sind, und Kinder sich zu eigenständigen Persönlichkeiten entwickeln können und nicht zu fremdgesteuerten Robotern werden. Machen Sie Ihr Zuhause zu einer Insel, auf der man ungestört spielen kann, ohne daß andere mit einem ihr Spiel machen. Lassen Sie auf dieser Insel vor allem nicht jeden x-beliebigen ein- und ausgehen. Kontrollieren Sie die Medientüren – vom Buch bis zum Fernseher, vom Walkman bis zum Computer –, und lassen Sie diese Türen nie gedankenlos offenstehen.

Vor allem schaffen Sie auf Ihrer einsamen Insel die Voraussetzungen und den Freiraum, das Wichtigste im Leben eines Menschen kennenzulernen: die Bibel und die darin enthaltene Rettungsbotschaft für alle Menschen.

Der Apostel Paulus schreibt an den jungen Pastor Timotheus: „Du aber bleibe bei dem, was du gelernt hast und was dir anvertraut ist; du weißt ja, von wem du gelernt hast und daß du von Kind auf die heilige Schrift kennst, die dich unterweisen kann zur Seligkeit durch den Glauben an Jesus Christus. Denn alle Schrift, von Gott eingegeben, ist nützlich zur Lehre, zur Zurechtweisung, zur Besserung, zur Erziehung in der Gerechtigkeit, daß der Mensch Gottes vollkommen sei, zu allem guten Werk geschickt" (2. Timotheus 3, 14-17).

Die Worte Gottes bieten hilfreiche Empfehlungen an, damit Menschen in Gottes Schöpfung schöpfergemäß leben können. Damit sie zu wahrhaften Menschen werden, die als individuelle, geistige Wesen ihr Leben gestalten lernen.

In puncto Medien haben bei mir zwei Hinweise zu entscheidenden Weichenstellungen geführt:

▷ „Prüfet aber alles, und das Gute behaltet. Meidet das Böse in jeglicher Gestalt" (1. Thessalonicher 5, 21-22).
„... in jeglicher Gestalt": „Denver" und „Dallas", vieles aus dem Kinderprogramm bis hin zum Spätfilm, ebenso die meisten Kino- wie Videofilme drehen sich zutiefst um das Böse in jeglicher Form, ja leben sogar davon.
Warum Menschen das Böse meiden sollen, auch darüber macht die Bibel eine interessante Aussage:

▷ „Dein Auge ist das Licht des Leibes. Wenn nun dein Auge lauter ist, so ist dein ganzer Leib licht; wenn es aber böse ist, so ist auch dein Leib finster" (Lukas 11, 24).

Nach neutestamentlichem Verständnis ist der Leib nicht nur der Körper des Menschen, sondern meint stets den ganzen Menschen als körperliche Person. Dieses kurze Jesus-Wort weist auf einen geheimnisvollen Bezug hin, der von ungeheurer Tragweite ist – gerade jetzt zu Beginn des angeblich Neuen Zeitalters, das gleichzeitig ein totales Bildzeitalter sein wird.

Anmerkungen

1 *Quick,* 19.2.1981, S. 22
2 ebenda
3 *Prigge, Marlies,* „Zombies, Porno, Kaffee und Kuchen", Stern, Nr. 43/1987, 15.10.1987
4 *film-dienst,* Nr. 7, 7.4.1981
5 *Osterkorn, Thomas,* Bericht über die deutschen Ninjas, Stern, Nr. 43/1987, 15.10.1987
6 ebenda
7 ebenda
8 *Perry-Rhodan-Kalender 1988,* Rastatt, S. 100
9 *WDR III-Fernsehen,* „Abenteuer Perry Rhodan", 25.9. 1983
10 *Cronin, Vincent,* Säulen des Himmels, München 1983, S. 356, 357
11 *Phillips, Phil,* Turmoil in the Toy Box, Lancaster (USA) 1986, S. 36
12 „Modernes Aktionsspielzeug zwischen Emotionen und Argumenten", Eltern-Informationsbroschüre, Hrsg.: *Informationsstelle Aktions-, Phantasie- und Rollenspielzeug,* Eschenheimer Anlage 25 A, 6000 Frankfurt
13 *Bettelheim, Bruno,* Kinder brauchen Märchen, Stuttgart 1977, S. 12
14 *Deutschlandfunk,* 23.10.1987
15 *Bettelheim, Bruno,* a.a.O., S. 20
16 *Ruppert, Hans-Jürgen,* New Age – Endzeit oder Wendezeit?, Wiesbaden 1985, S. 9
17 *Brigitte,* Nr. 9/1987, 22.4.1987, S. 127
18 Eigene Übersetzung des Originalsongs „Aquarius/Let the Sunshine in" von der Popgruppe „The 5th Dimension" aus dem Jahr 1969

[19] *Ruppert, Hans-Jürgen,* a.a.O., S. 25
[20] *esotera,* Nr. 3/1988, S. 1
[21] *Skambraks, Ulrich,* „Übersinnliches ist ‚in'", Interview mit Michael Ende, *idea-Spektrum,* Nr. 42, 15.10.1986, S. 4
[22] Duden-Bedeutungswörterbuch, Mannheim 1970, S. 128
[23] *Eichelbeck, Reinhard,* „Die Zeit im Zeichen des Aquarius", esotera, Nr. 3/1988, S. 46
[24] *Bailey, Alice,* Erziehung im Neuen Zeitalter, Genf, S. 185
[25] vgl. z.B. *McDowell, Josh,* Bibel im Test, Neuhausen-Stuttgart 1987; *dgl.,* Die Tatsache der Auferstehung, Weichs 1987[3]
[26] „Die Rockefeller-Papiere", in: Appell an alle, Hrsg.: *Internationale Arbeitsgemeinschaft Bekennender Christen,* Wuppertal 1982, S. 110/113
[27] *Gorbatschow, Michail,* Perestroika, München 1987, S. 10
[28] *Hunt, Dave,* Götter, Gurus und geheimnisvolle Kräfte, Basel und Gießen 1984, S. 206
[29] *Skambraks, Ulrich,* „Von einer, die loskam", in: *idea-Spektrum,* 24.9.1987, S. 19
[30] ebenda
[31] ebenda
[32] ebenda
[33] ebenda
[34] *Lenz, Friedel,* Bildsprache der Märchen, Stuttgart 1984, S. 19
[35] *Ferguson, Marilyn,* Die sanfte Verschwörung, München 1984
[36] *LaGard Smith, F.,* Tanz ins Dunkel, Weichs 1987, S. 34
[37] *Capra, Fritjof,* Essentia, Nr. 28, 21.12.1987, S. 9
[38] *Ledermann, Katrin,* Zeitanalyse New Age, Berneck (Schweiz) o.J., S. 39
[39] *Bailey, Alice,* Die geistige Hierarchie tritt in Erscheinung, Genf, S. 613
[40] *Muller, Robert,* Die Neuerschaffung der Welt, München 1985, S. 181

41 *Sant Darshan Singh,* Botschaft des Friedens, Satsang-Informationen

42 *Bailey, Alice,* Erziehung im Neuen Zeitalter, S. 46

43 ebenda

44 *esotera,* Nr. 2/1987

45 „Reise ins Vokabelheft“, *esotera,* Nr. 11/1987

46 *Bailey, Alice,* Der Tibeter, S. 185

47 *Michaelsen, Johanna,* Der große Betrug, Asslar 1984, S. 174

47a *Share International,* November 1987

48 *LaGard Smith, F.,* a.a.O., S. 44

48a *Drogistenstern,* Nr. 10/88, S. 22

49 *Senn, U.,* Was ist Autogenes Training?

50 „Das liegende Klassenzimmer“, *Annabelle,* 12.5.1987

51 ebenda

52 „Anneke lernt Liebe senden“, *esotera,* Nr. 2/1986

53 ebenda

54 ebenda

55 *Bailey, Alice,* Die geistige Hierarchie ..., S. 619

56 *Cumbey, Constance,* Die sanfte Verführung, Asslar 1987[7]

57 *Bailey, Alice,* Erziehung im Neuen Zeitalter, S. 26

58 ebenda, S. 24

59 ebenda, S. 184

60 ebenda, S. 179

61 *Bailey, Alice,* Die geistige Hierarchie ..., S. 641f.

62 *Diakrisis,* Nr. 3/1987, Tübingen 1987

63 *Bailey, Alice,* Die geistige Hierarchie ..., S. 612

64 ebenda, S. 615

65 ebenda, S. 619

66 *Merchandising München,* News, Februar 1988

67 *Mein kleines Pony,* Nr. 12/1987

68 *Michaelsen, Johanna,* a.a.O., S. 156

69 *McClain, Elissa,* Elissa, Weichs 1988, S. 30

70 ebenda, S. 65

71 *Weldon, John/Levitt, Zola,* Ufos und Okkultismus, Asslar 1980, S. 45

72 *Ledermann, Katrin,* Studentenfutter, Berneck, S. 64, 68

73 *Bailey, Alice,* Die geistige Hierarchie ..., S. 505

74 *Postman, Neil,* Wir amüsieren uns zu Tode, Frankfurt am Main 1985, S. 67f.

75 ebenda, S. 45

76 *Postman, Neil,* Das Verschwinden der Kindheit, Frankfurt am Main 1983, S. 34

77 *Jörg, Sabine,* Per Knopfdruck durch die Kindheit, Berlin 1987, S. 37

78 „Gestört und seelisch tot", *Der Spiegel,* Nr. 15/1988, S. 31, 35

79 ebenda

80 „Television – Wettlauf ums Fernsehen", *WDR III-Fernsehen,* 17.7.1987

81 *Zglinicki, Friedrich v.,* Der Weg des Films, New York 1979, S. 640

82 ebenda, S. 3

83 ebenda, S. 5

84 *Földes-Papp, Karoly,* Vom Felsenbild zum Alphabet, Stuttgart 1966, S. 27

85 ebenda, S. 13

86 Begriff für Filmwissenschaft und Filmtechnik, Aufnahme und Wiedergabe von Filmen

87 *Pauwels, Louis/Bergier, Jacques,* Aufbruch ins dritte Jahrtausend, München 1962, S. 91

88 *Zglinicki, Friedrich v.,* a.a.O., S. 202

89 *Cumbey, Constance,* a.a.O., S. 45

90 *Gombrich, Ernst H.,* Bild und Auge, London 1982, S. 136f.

91 *Vogel, Amos,* Kino wider die Tabus, Frankfurt am Main 1979, S. 11

92 ebenda, S. 10

93 *Bauer, Wolfgang/Dümotz, Irmtraud/Golowin, Sergius,* Lexikon der Symbole, Wiesbaden 1980, S. 550

94 *Vogel, Amos,* a.a.O., S. 11

95 *Hunt, Dave,* Die Verführung der Christenheit, Bielefeld 1987, S. 148

[96] *Zglinicki, Friedrich v.,* a.a.O., S. 10
[97] *Jörg, Sabine,* a.a.O., S. 105-109
[98] *Lenz, Friedel,* a.a.O., S. 12
[99] ebenda, S. 11
[100] *Padberg, Lutz v.,* New Age und Feminismus, Asslar 1987, S. 56
[101] *Ferguson, Marilyn,* a.a.O., S. 51
[102] *Langlois, Henry,* in dem Katalog der Méliès-Ausstellung der Cinémathèque Française 1961
[103] *Zielinski, Siegfried,* „Der Heimvideomarkt im zehnten Jahr" in „BPS-Report" 5/1987
[104] „Der Kampf um die Zuschauer" aus „ARD-Magazin" 1/1986
[105] „Science-Fiction '80", in *Cinema*-Sonderheft Nr. 3, Hamburg 1980, S. 2
[106] Presseheft zum Kinofilm „Star Trek IV" der United International Pictures, Frankfurt am Main
[107] *Woodrow, Nichols/Alexander, Brooks,* „Der moderne Prometheus. Science fiction", factum, Nr. 11-12/1979, S. 7
[108] Interview mit dem Autor
[109] *Hunt, Dave,* a.a.O., S. 146
[110] ebenda, S. 147
[111] „Die Science-fiction-Filme", Filmbuch von *Cinema,* Hamburg 1983, S. 89
[112] *Schaper, Michael,* Wir handeln mit Träumen, Frankfurt am Main 1988, S. 185
[113] „Mich führt eine fremde Kraft, wenn ich meine Filme mache", Interview mit dem Regisseur Steven Spielberg, Die Welt, 22.9.1986
[114] ebenda
[115] Presseheft zu „Enemy Mine – geliebter Feind", S. 13
[116] Aus der Pressemitteilung der Fa. Matchbox, Pressebüro Dieter Tschorn, Postfach 1745, 6940 Weinheim/B.
[117] ebenda
[118] Presseheft zu „Ghostbusters – die Geisterjäger" aus dem Jahr 1984

119 „KennerParkerTonka: Mit marktgerechten und ausgesuchten Spielzeug-Innovationen weiter nach vorne“, in der Messeausgabe der Zeitschrift *das spielzeug* vom 5.2.1988

120 „Die teuflische Gefahr“, *Quick,* 6.4.1988

121 „Das Science Fiction Jahr“, Ausgabe 1988, herausgegeben von *Wolfgang Jeschke,* München 1988, S. 238

122 *Skambraks, Ulrich,* „Fantasy – dem Drachen auf der Spur I“, Radiosendung des Evangeliums-Rundfunks Wetzlar, 28.3.1984

123 *Röhrich, Lutz,* Sage und Märchen – Erzählforschung heute, Freiburg 1976, S. 44

124 ebenda, S. 45

125 ebenda, S. 36

126 ebenda, S. 275, 291

127 „Spirituelles Adressbuch 86/87“, Clausthal-Zellerfeld, S. 71

128 *Röhrich, Lutz,* a.a.O., S. 21

129 ebenda

130 *Skambraks, Ulrich,* „Fantasy – dem Drachen auf der Spur II“, Radiosendung des Evangeliums-Rundfunks Wetzlar, 4.4.1984

131 *Skambraks, Ulrich,* „Fantasy – dem Drachen auf der Spur II“, a.a.O.

132 ebenda

133 aus dem Film „Das Imperium schlägt zurück“

134 aus dem Video-Film „Die Macht von morgen“, Neuhausen-Stuttgart 1987

135 *Pollok, Dale,* Sternenimperium, München 1983, S. 90

136 ebenda, S. 89

137 ebenda, S. 90

138 *Brugger, Walter,* Philosophisches Wörterbuch, Freiburg im Breisgau 1976, S. 284

139 *Cumbey, Constance,* a.a.O., S. 89.90.91

140 *Skambraks, Ulrich,* „Fantasy – dem Drachen auf der Spur II“, a.a.O.

[141] „Kinder, eine beliebte Zielgruppe für den Lizenzmarkt", *das spielzeug,* Juni 1987, S. 842

[142] ebenda, S. 847

[143] *Ulrich, Hans E.,* Von Meister Eckardt bis Carlos Castaneda, Frankfurt am Main 1986, S. 135

[144] Lexikon der östlichen Weisheitslehre, München 1986, S. 456

[145] „Wie die Ewoks über das Böse siegen", Kindersendung des *Zweiten Deutschen Fernsehens,* 27.4.1988

[146] *Gruber, Elmar / Fassberg, Susan,* New-Age-Wörterbuch, Freiburg im Breisgau 1986, S. 124

[147] ebenda

[148] Das Hexenbuch, München 1987, S. 23

[149] *Graichen, Gisela,* Die neuen Hexen, Hamburg 1986, S. 31

[150] *Dalichow, Irene,* „Magie am Küchentisch", esotera, Nr. 9/1987, S. 52

[151] Titelsong der „Bibi Blocksberg"-Folgen, Autoren: *Wolfgang W. Loos/Heiko Rüsse,* hör + lies-Verlag 1986

[152] „Bibi Blocksberg"-Folge Nr. 18, Autorin: *Elfie Donnelly,* hör + lies-Verlag 1986

[153] *Bonin, Werner F.,* Naturvölker und ihre übersinnlichen Fähigkeiten, München 1986, S. 39

[154] Verkaufskatalog 1988 der Firma Mattel GmbH, An der Trift 75, 6072 Dreieich, S. 142

[155] *Skambraks, Ulrich,* „Die Lust auf das Jenseits", Radiosendung des Evangeliums-Rundfunks Wetzlar, 5.11.1987

[156] Aus der Spielanleitung zu „Hexentanz – das teuflische Verwirrspiel" von *Björn Hölle,* F.X. Schmid, Vereinigte Münchener Spielkarten-Fabrik GmbH & Co. KG, 8210 Prien

[157] Aus der Spielanleitung zu „Walpurgisnacht" von *Helge Andersen,* Georg Reulein GmbH & Co. KG, 8510 Fürth

[158] Das Hexenbuch, a.a.O., S. 9

[159] ebenda, S. 180

[160] *Skambraks, Ulrich,* „Übersinnliches ist ‚in'", a.a.O., S. 4

161 ebenda

162 *Skambraks, Ulrich,* „Fantasy – dem Drachen auf der Spur II“, a.a.O.

163 *Skambraks, Ulrich,* „Übersinnliches ist ‚in‘“, a.a.O., S. 4

164 ebenda

165 „Was ist so schön an Skeletor?“, *Brigitte,* Nr. 22/1986, S. 117

166 „Masters of the Universe“-Magazin, Nr. 1/1986

167 aus der Informationsschrift „Horror-Spielzeug – die neue Gewalt im Spiel“, Hrsg.: „spiel gut“, Heimstraße 13, 7900 Ulm

168 „Gesellschaft für Rationelle Psychologie testet Masters“ in Messe-Heft extra 3 der Zeitschrift *das spielzeug*, Februar 1988, S. 8f.

169 *Tietze, Henry G.,* Imagination und Symboldeutung, München 1986, S. 96

170 *Renner, Karl,* „Geheime Wegbereiter des Okkultismus?“, Erneuerung in Kirche und Gesellschaft, Heft 34, I. Quartal 1988, S. 9f.

171 aus dem Verkaufskatalog der Fa. Mattel, a.a.O., S. 121

172 ebenda

173 Schülerduden „Die Religionen“, Mannheim 1977, S. 10

174 *Gruber, Elmar/Fassberg, Susan,* a.a.O., S. 18

175 *Skambraks, Ulrich,* „Von einer, die loskam“, a.a.O., S. 19

176 Aus der Hörspielserie „Jan Tenner“, Folge „Fluch der Silberkugel“, hör + lies-Verlag 1983

177 Aus der Spielanleitung zu „Die drei Magier“ von *Johann Rüttinger,* noris spiel & hobby, Georg Reulein GmbH & Co. KG, 8510 Fürth

178 „Das große Liebes-Tarot“, *Mädchen,* Nr. 6, 2.3.1988, S. 12

179 *Kaiser, Ulrich,* „Drachen, D-Mark und Dämonen“, Die Zeit, Nr. 18, 27.4.1984

180 *Weldon, John/Bjornstad, James,* Fantasy – das Spiel mit dem Feuer, Asslar 1986, S. 21f.

[181] Aus „Das Buch der Regeln“ des Fantasy-Spiels „Das Schwarze Auge“, Verlag Droemer und Knaur und Schmidt Spiele, S. 48

[182] Aus Verkaufskatalog „Schmidt ’88“, S. 68

[183] *Weldon/Bjornstad,* a.a.O., S. 56

[184] ebenda, S. 56-59

[185] ebenda, S. 62

[186] ebenda, S. 9

[187] *Lehnhoff, Dirk,* „Die Jugend am Joystick“, BPS-Report, Nr. 5/1987, S. 13

[188] *Winkelkötter, Uwe,* „Ein (Kerker)Meister aller Klassen!“, Aktueller Software Markt, Nr. 4/1988, S. 84

[189] *Suck, Michael,* „Elfen, Gnome & Prinzessinnen – Phantasie kennt keine Grenzen“, Aktueller Software Markt, Nr. 5/1987, S. 55

[190] *Weldon/Bjornstad,* a.a.O., S. 13f.

[191] *Skambraks, Ulrich,* „Der Fantasy-Fan“, Radiosendung des Evangeliums-Rundfunks Wetzlar, 6.6.1984

[192] *Fthenakis, Wassilios E.,* „Mehr Zeit für unsere Kinder“, das spielzeug, Nr. 12/1987, S. 1497

[193] „Furchtbare Zeiten für Kinder“, Interview der Illustrierten *Stern,* Nr. 21, 19.5.1988, S. 115

[194] *Jörg, Sabine,* a.a.O., S. 117

[195] *Pfahler, Gerhard,* Die zwölf wichtigsten Jahre des Lebens, München 1967, S. 17

[196] ebenda, S. 7

[197] *Nicolaus, Frank,* „Die neuen Lebensziele“, Brigitte, 22.4.1987, S. 127

[198] *Pfahler, Gerhard,* a.a.O., S. 57

[199] „Direkter Draht zum Jenseits“, *Der Spiegel,* Nr. 42/1987, S. 71

[200] *Skambraks, Ulrich,* „Satans Söhne werden in Euch sein!“, idea-Spektrum, 13.1.1988

[201] „Direkter Draht zum Jenseits“, a.a.O., S. 74

[202] *Skambraks, Ulrich,* „Blutrausch aus der Glotze“, Sendung des Evangeliums-Rundfunks Wetzlar, 5.9.1984

203 *Skambraks, Ulrich,* „Blutrausch aus der Glotze", a.a.O.

204 *Küchler, Wolfgang,* „Die blutigen Rituale der ‚friedlichen' Mayas", P.M. – Altertumsforschung, ohne Datum, S. 97

205 *Küchler, Wolfgang,* a.a.O., S. 98

206 *Hartwig, Helmut,* Die Grausamkeit der Bilder, Berlin 1986, S. 8

207 *Schaper, Michael,* a.a.O., S. 179

208 „Horror – Das Monstergeschäft mit der Angst", *Cinema,* Nr. 12/1979, S. 9

209 *Postman, Neil,* Das Verschwinden der Kindheit, a.a.O., S. 9

Anhang

Erfahrungen, Denkanstöße, Konfrontationen – Betroffene berichten

Auf den nächsten Seiten haben ganz „normale" Menschen Erlebnisse, Erfahrungen und Meinungen aufgeschrieben. Es sind sehr persönlich gehaltene Beiträge, die aus verschiedenen Perspektiven auf das Thema dieses Buches eingehen.

Cornelia Gerbershagen: Es geht auch anders – Kreativität statt Fantasy

Cornelia Gerbershagen ist Leiterin eines kirchlichen Kindergartens mit 75 Kindern.

Viele Gedanken und Fragen bewegen mich, wenn ich über Fantasy-Spielzeug und seine Auswirkungen nachdenke. Wütend macht mich die Tatsache, daß wir, die Erwachsenen, den Kindern diese Welt anbieten und ermöglichen. Betroffen erlebe ich, wie die Werbung uns und unsere Kinder manipuliert. Sie erkennt, daß sich durch Schlagworte wie Kreativität und Phantasie fast jede Geldbörse öffnen läßt. Denn wer möchte nicht ein kreatives Kind, dessen alleinige Phantasie bestimmt, wie der Kampf zwischen dem „Herrscher der Unterwelt" und dem „Giganten des Universums" ausgeht? Man beachte, daß der kindlichen Phantasie eine ständig wachsende Zahl von Monstern auf der „bösen" und ebenso auf der „guten" Seite zur Verfügung stehen. Zur

Ergänzung und um die Phantasiewelt zu beleben und aktionsträchtig zu machen, kommen Kampffahrzeuge und für jede Seite ein phantastisches Schloß sowie die mit Laserstrahlwaffen gepanzerten Roboterpferde der Dämonen dazu. Sollte die Phantasie des Kindes auch jetzt noch nicht genügend angeregt sein – keine Sorge –, gibt es ja noch die Hörspielcassetten und Videos!

Was macht dieses Spielzeug für Kinder so attraktiv? Ich habe Kinder gefragt. Hier ihre Antworten:

- „Die Figuren sind einfach stark, so schön eklig."
- „Man kann so toll mit spielen. Guck mal! Kopf ab, Kopf drauf. Da staunste, was?!"
- „Mein Freund hat ja auch welche."
- „Ich finde Monster toll!"
- „Starke Figuren! Ich sammle die! Wenn meine Eltern die Einkommensteuer bekommen, dann krieg' ich 50 DM, und dann kauf' ich mir noch mehr davon!"

Ich muß neidvoll zusehen, wie Spielzeughersteller es schaffen, Kinder so schnell auf ihre Seite zu bringen. Von allen Seiten und für Jungen und Mädchen gerecht verteilt, hagelt es phantasievolles Spielzeug:

- Masters of the Universe
- Regina Regenbogen
- She-Ra, Princess of Power
- Marshall Brave Star
- Glücks-Bärchis
- Heart-Family
- und – immer und immer wieder neu: „Barbie"

Zugegeben, ich war versucht, dieser neuen Spielzeugidee nicht soviel Beachtung zu schenken, sie als vorübergehenden Trend zu betrachten. Doch die fast tägliche Auseinandersetzung mit diesem Spielzeug in meiner Kindergartenpraxis ließ das nicht zu. Ich mußte beobachten, wie selbstverständlich Kinder Rollen und Werte übernahmen, wo man als Erzieher, wollte man sie vermitteln, einen erheblich längeren Zeitraum gebraucht hätte. Zu erleben, daß Kinder sich streng an die vorgegebenen Rollen halten und kein anderes Rollenverständnis zulassen, macht mich nachdenklich. Jahrelanges Arbeiten und Hinführen zu einem kritischen Auseinandersetzen der Kinder mit sich selbst und anderen, auch Toleranz und Verstehen, sorgsames und höfliches Miteinander-Umgehen scheinen nicht mehr gefragt zu sein.

Was kann ich dagegen tun? „Einfach verbieten!" dachte ich mir. „Die Kinder dürfen das Spielzeug nicht mehr mitbringen!" Das war keine Lösung und für Kinder nicht logisch, denn warum darf man Puppen und Bären mitbringen, aber keinen He-man oder Barbie oder ...? Ich merkte immer mehr, wie ich gefordert wurde. Mein Wunsch wurde es, den Kindern eine gute Alternative anzubieten, in der Hoffnung, daß sie begreifen lernen, wieviel *eigene Phantasie und Kreativität* in ihnen steckt.

Eigene Kreativität und Phantasie setzen eigenes Tun und Wollen voraus. Die Erfahrung, ich kann etwas schaffen, mit eigenen Ideen, mit meiner Kraft, ist für Kinder und Erwachsene wichtig und macht Mut zum Leben.

Ich begann damit, die Spielfiguren, die die Kinder mitbrachten, nicht zu verbieten, sondern sie allmählich zur Nebensache werden zu lassen. Wir bauten Burgen und hohe Türme, Schlösser und Ställe. Bei all diesem Tun wurde das Bauen und Ausschmücken immer wichtiger als das Spielen mit den Figuren. Mit Decken und Gardinen und anderen Materialien entstanden sogar kleine Wohnhöhlen, in denen die Kinder selbst spielen konnten. Sie durften dort frühstücken, spielen, andere Kinder einladen. Es wurde eine gute Erfahrung für die Kinder. Dieser Prozeß hat sich über eine lange Zeit hingezogen und war auch von Rückschlägen gezeichnet. Aber der Weg und die Idee sind von den Kindern gut aufgenommen und begeistert umgesetzt worden. Wichtig war mir auch, Bauwerke u.ä. Dinge möglichst lange stehen zu lassen und nicht nach kurzer Zeit schon wieder aufzuräumen – die Kinder selbst entscheiden lassen, wann ein Spiel beendet ist.

Weiter wurde mir wichtig, daß die Kinder eigene Ideen und Vorstellungen verwirklichen. Beim Anbieten von Bastelarbeiten z.B. ließ ich Schablonen weitgehendst weg und stellte möglichst viele unterschiedliche Materialien bereit. Kreativangebote wie Töpfern, Holzarbeiten, Arbeiten mit Stein oder Stoff sind weitere Möglichkeiten, auch Rollenspiele mit selbstgefertigten Requisiten und Kostümen und anschließendem Vorführen vor Publikum.

Diese Beispiele sind sicher nur einige Schritte in die richtige Richtung; sie erheben keinen Anspruch auf Vollkommenheit und sind auch keine Patentrezepte gegen eine schleichende Manipulation unserer Kinder. Die Welt der Kinder ändert sich ständig, und mit ihr müssen wir, die wir Verantwortung für die Kinder tragen, uns ändern, d.h., wir müssen mit ihnen gehen, sie verstehen und ihnen helfen zu leben. Alle diese Gedanken, Wünsche und Taten haben für mich nur den einen Ursprung: ich möchte den Kindern helfen, daß sie zu den Persönlichkeiten heranwachsen, die Gott in seinem Schöpfungsplan gewollt hat. Daß sie begreifen lernen, daß Gott über ihrem Denken, Handeln und Begreifen steht. Peter, ein fünf Jahre alter Junge, beschreibt das so: „Du, ich weiß, daß Gott mich sieht! Er ist ja immer da! Dann sieht er auch, was ich gebaut habe. Dann sagt er: ‚Oh, wie schön!‘ und freut sich!“

Catherine Seibel: Wie Eltern helfen können

Catherine Seibel ist Mutter von zwei Söhnen und einer Tochter.

Das Ziel, das wir für die Erziehung unserer Kinder vor Augen haben, ist vorrangig, daß sie zu selbständigen Menschen heranwachsen, Menschen, die einen sicheren Halt im Wort Gottes haben und freiwillig Jesus Christus nachfolgen und seinen Willen tun. Wie auch in allen anderen Bereichen unseres Lebens, in denen wir etwas erreichen wollen, ist es wichtig, eine gute Grundlage zu legen.

So ist es meiner Ansicht nach wichtig, daß wir unsere Babys mit viel Liebe umgeben und pflegen. Das kleine Kind braucht eine Bezugsperson, eine Vertrauensperson. Das wird meistens die Mutter sein – auf jeden Fall sollten es die Eltern sein. Dieses Verhältnis leidet und nimmt Schaden, wenn ein kleines Kind zu Nachbarn oder in die Krippe abgeschoben wird.

Auch unseren Omas sollte nicht die Hauptlast der Verantwortung in der Erziehung aufgebürdet werden. Die Eltern sollten für das Kind Quelle der Liebe und Geborgenheit sein.

Ein kleines Kind muß vertrauen können. Das Kind sucht und braucht Geborgenheit und Zuwendung – nicht, wie oft behauptet wird, Freiheit. Auch alles in Frage zu stellen, verunsichert es und fördert nicht die Persönlichkeitsentfaltung, sondern eher die Möglichkeit der Manipulation. Ich kenne Leute, die es aus Furcht, ihr Kind womöglich einzuengen, zulassen, daß es allen möglichen Einflüssen ausgesetzt wird. Es wird behauptet, das Kind solle sich einmal frei entscheiden. Kleine Kinder sind jedoch damit überfordert. Erst soll das Vertrauensverhältnis gerade zu den Eltern gefestigt werden und damit das Fundament gebaut werden.

Daraus ergibt sich ein wichtiger Punkt, nämlich daß wir als Eltern den Kindern die Wahrheit sagen. Wenn ich weiß, daß die Kinder mir alles glauben und mir vertrauen, wie kann ich ihnen dann Geschichten über Nikolaus oder Osterhase weitergeben? Ja, wie kann ich ihnen Märchen und gleichzeitig biblische Geschichten erzählen? Wie kann ich ihnen einmal Wahrheit und ein anderes Mal reine Phantasiegeschichten vorlesen? Wir haben die wenigen Jahre der Vorschulzeit genutzt, um ihnen möglichst viele biblische Geschichten zu erzählen.

Wird nicht damit ein Fundament gelegt für den sicheren Halt, den junge Menschen brauchen, um im Leben zu bestehen? Sagt nicht auch Gottes Wort in Sprüche 22,6: „Gewöhnt man einen Knaben an den Weg, den er gehen soll, so läßt er nicht davon, wenn er alt wird.“?

Noch ein wichtiger Punkt ist der Umgang mit der Schuld. Auch ein Kind kennt schon Schuld, Sünde und Angst. Hier können wir durch unser Vorbild – indem wir selbst ausleben, was wir sagen – das Kind dazu hinführen, sich zu entschuldigen, selbst zu Jesus zu kommen, um bei ihm Vergebung und Frieden zu erfahren.

Indem wir uns unseren Kindern zuwenden, kann dieses Vertrauensverhältnis wachsen und gedeihen. Dies kann auf so verschiedene Weisen geschehen, wie es eben verschiedene Menschen gibt: die einen entdecken auf gemeinsamen Spaziergängen das Wunder der Schöpfung, die Pflanzen- und Tierwelt; andere basteln gerne oder sind begeistert von Singen, Sport, Malen oder Kochen. Wir haben unseren Kindern viel vorgelesen; auch manch schönes Erlebnis hatten wir beim gemeinsamen Sport. Unsere Kinder waren auch begeistert, wenn sie an der Nähmaschine Puppenkleider nähen durften! Eines können wir festhalten: Je größer die Kinder werden, desto wichtiger wird das Gespräch mit ihnen. Ein Mädchen sagte einmal: „Mir wäre es lieber, meine Eltern hätten weniger Geld, dafür mehr Zeit.“

Jedoch soll man sich mit den Kindern nicht dauernd beschäftigen. Dies wäre das andere Extrem. Es ist gut, wenn sie Freiraum zum Spielen haben. Durch häufiges Fernsehen wird die natürliche Kreativität und Phantasie zum Spielen an der Entfaltung gehindert. Die Kinder brauchen auch nicht unbedingt viel und teures Spielzeug. Mit einfachen Bausteinen können verschiedenste Kombinationen vorgenommen werden. Es ist erstaunlich, was Kinder mit ein paar Klötzen oder Tüchern alles machen können!

Ein weiterer Punkt sollte angesprochen werden: Es ist auch wichtig, daß unsere Kinder helfen lernen. Wenn sie dazu angeleitet werden, Arbeiten selbständig zu erledigen und auch Verantwortung zu übernehmen, können sie innere Freude und Befriedigung erfahren. Ja, sie können sich nützlich machen, und ihr Selbstvertrauen wird gestärkt. Sie sollen auch lernen zu geben und nicht nur zu nehmen. Es sollte ihr Wunsch sein, anderen Freude zu bereiten. Kaum etwas kann so bereichern wie der Wunsch, anderen Freude zu machen.

Nun kann sich der Vorwurf einstellen, dies führe zu Weltfremdheit. Allerdings wollen wir uns auch nicht den Maßstäben einer immer gottloseren Welt angleichen, sondern uns nach den ewigen Normen der Bibel richten. Abgesehen davon, daß die Entfaltung des inneren Menschen durch Gottesfurcht gewährleistet und das Ziel einer selbständigen und ausgereiften Persönlichkeit erreicht wird. Das hohe Ziel, Verantwortung übernehmen zu können, ist hierin enthalten. Nur wer es gelernt hat, vor Gott zu knien, kann vor Menschen stehen.

Beatrix Böni: Nicht gegen Fleisch und Blut

Beatrix Böni ist bekannt als aktive Mitarbeiterin für Kinderarbeit der Schweizerischen Zeltmission. Sie erzählt von ihren Beobachtungen des aufkommenden „neuen Denkens". Und vom Moment, wo all das, was sich da hinter den Kulissen auftürmt, sie packte, weckte, zum Tun drängte. New Age ist für wachgewordene Christen eine Chance: sie werden um so bewußter am vollkommenen Muster der Bibel festhalten wollen, es um so klarer weitervermitteln. Wo dieses Weitervermitteln Kinder betrifft, sind die Auswirkungen besonders fruchtbar.

Da sprach mich ein Geschäftsmann nach dem evangelistisch ausgerichteten Zeltvortrag an: „Gut, daß Gott uns nach und nach Hilfe gibt und wir uns ändern können." In meinem Herzen war zunächst ein kurzer Jubel – was er sagte, schien doch die Praxis dessen, was die Bibel mit „Heiligung" meint. Ich wollte keineswegs hinterfragen, erlebte jedoch bei der anschließenden Tasse Kaffee eine gesunde Ernüchterung. Für ihn hieß Gottes Chance „Reinkarnation". Was wir hier nicht schaffen, in diesem Leben, das gehen wir getrost beim nächsten wieder an ... Auf dem Heimweg kam mir die Erklärung einer Psychologin in den Sinn. Sie kennt meine Arbeit in etwa und erklärte mir einst meinen „Missionseifer" folgendermaßen: „Im vergangenen Leben warst du ein Mann, und im Augenblick ist noch etwas von diesem Wesen in dir."

Ich gehöre zu den Menschen, die sich schnell empören und angegriffen fühlen. Nach dieser kleinen Psycho-Bemerkung zuckte ich sofort zusammen, eine Rechtfertigung lag mir schnell auf der Zunge. Erst im Laufe der Zeit merkte ich, daß ein ganz neues Denken in unsere Gesellschaft Einzug gehalten hat – für mich der Beginn einer neuen Auseinandersetzung...

Klar, in meinen Referaten formulierte ich den Satz: „Wenn wir nicht denken, denken andere für uns." Dann traf gerade diese Tatsache meinen Lebensnerv: Ich entdeckte – anläßlich eines Vortrages über New Age aus biblischer Sicht –, daß andere die kommende Zeit längst vordenken. Es traf mich wie ein Blitz, als ich erkannte, daß z.B. Alice Bailey vor Jahrzehnten vieles aufgeschrieben hat, was heute sichtbar unsere Gesellschaft umformt. Ein neuer Turmbau zu Babel?

Mehr denn je wollte ich nun „Täterin des Wortes" – genau

gesagt: des Wortes der Bibel – werden! Nach diesem Vortrag saß ich über Wochen in meinem Büro und studierte verschiedene Schriften mit New-Age-Inhalten.

Mein erstes Manuskript lag noch nicht einmal in Reinschrift vor. Trotzdem nahm ich es in die Familien-Freizeit mit. Klar, daß Leute, die zum Skifahren gekommen sind, nicht unbedingt ein Referat zum Thema „New Age und die Verführung der Kinder" hören wollten. Mit Hilfe von Tageslicht-Folien und praktischen Unterlagen, wie sie an jedem Kiosk gekauft werden können, gewappnet mit dem Handgeschriebenen – so stand ich etwas unbeholfen vor den Zuhörern, die trotz der fakultativ angesetzten Stunde in großer Zahl erschienen waren.

Und dann war ich drin! Drin, nicht nur in jener Stunde, sondern im ganzen Thema. Die Gesichter vor mir sprachen Bände: Entsetzen, Aggression, Angst, Wut, Hoffnungslosigkeit und manches andere. Ich hoffte nur, daß nicht im Anschluß ein Teilnehmer mit passiver Miene dies „halt eben der Endzeit" zuschreiben würde. Wie oft hat mich dieser Satz schon in Fahrt gebracht! Aber meine Angst war umsonst. Es kamen echte Fragen.

Nur eine Woche später saß ich in einem Vorbereitungsteam für eine Großevangelisation. Den etwa zwanzig Personen schilderte ich unsere missionarische Zielsetzung und verwandte knappe zehn Minuten auf die sanft-okkulte Verführung unserer Kinder. Das war genug, um folgende Retour-Information zu hören: „Ich bin Pfarrfrau, und einer unserer Buben wollte unbedingt eine Figur der Mattel-Serie. Wir als Familie können nicht einordnen, weshalb der Kerl so versessen darauf ist. Was ist denn an dem Zeug dran?"

Eine Sonntagsschullehrerin berichtete von einem Jungen eher schüchterner Art. Er hat einige Masters-Figuren. Von seiner Mutter weiß die Sonntagsschullehrerin: „Seit unser Junge den He-man in der Hosentasche hat, ist er seiner Sache viel sicherer." Diese Plastikfigur hat in seinem und in seiner Mutter Leben Gestalt angenommen.

Kopfschüttelnd erinnerte ich mich an die letztjährige Weihnachtsfeier. In unserer Familie gehört es zur Tradition, daß ich meine Schwester, meinen Schwager und die Kinder zu unseren Eltern fahre. Wir hatten alles bereit, um ins Auto zu steigen. Da kam meinem kleinen Neffen noch in den Sinn: „Ich will den He-man mitnehmen!“ – „Und ich den Skeletor“, echote die Nichte. Ich kannte die Welt nicht mehr...

Wieder saß ich an meinem Schreibtisch im Büro. Nur etwa zwei Tage dazwischen. Dann das Telefongespräch mit meiner Freundin. Ihre Tochter besucht die Bezirksschule, und der Lehrer möchte den Schülern nun das Pendeln beibringen. Autogenes Training gehört bereits zur Regel. Auch hier kommt wieder das bange Fragen: „Was sollen wir tun?“

Noch ein letztes Beispiel, wieder ein Telefongespräch – mit einer Mutter von vier Kindern. In ihrem Dorf hat ein etwa 14jähriger Selbstmord begangen. Eigentlich wollte er seinem Leben durch Schüsse ein Ende setzen, hat sich dann aber für den Strick entschieden. Zum Lebensbild dieses jungen Menschen gehörten viele Horrorfilme, verpackt in Videoformat...

Gerade in den vergangenen Monaten wurde mir klar, wie unser Kampf eben nicht einer „gegen Fleisch und Blut“ ist, sondern gegen die listigen Anläufe des Feindes. Als Christin kann ich es mir nicht erlauben, ein frommes Solistenleben zu führen. Hinter meiner Aufgabe sehe ich längst nicht mehr „Kindertanten-Dienst“, sondern eindeutig Frontarbeit. Manchmal sogar mit Nachtschicht!

Die Zeit ist vorbei, als Sonntagsschullehrer mit „Kinderonkel“ oder „Kindertante“ betitelt wurden. Damit ist ein längst überholtes Bild aus der „guten alten Zeit“ verbunden. Nun hat mir eben dieser Tage jemand gesagt, daß „Leute wie Sie den Makel der Kindertante haben und damit fertig werden müssen“. Sicher, ich spüre manchmal diesen zarten Beigeschmack. Meistens kommt er von Leuten, die wenig Ahnung haben, was geistlicher Kampf bedeutet, wenig davon verstehen, daß heute Kinder in einen solchen verwickelt werden – und daß es gerade in der Arbeit mit Kindern darauf ankommt, ehrlich, aufgeweckt, klar zu kämpfen, und zwar heute für die Erwachsenen von morgen.

„Denn es wird eine Zeit sein, da sie die gesunde Lehre nicht ertragen, sondern nach ihren eigenen Lüsten sich selbst Lehrer aufhäufen werden, weil es ihnen in den Ohren kitzelt; und sie werden die Ohren von der Wahrheit abkehren und sich zu den Fabeln hinwenden“ (2. Timotheus 4,3-4).

Edith Hallauer: Wie sag ich's meinem Kinde?

Wie Kinder gelockt werden, sich den Fabeln und Mythen zuzuwenden, das haben die letzten Kapitel aufgezeigt. Hier der authentische Bericht einer Mutter, die mit ihrer Tochter seit einiger Zeit im Gespräch über verschiedenste New-Age-Zusammenhänge war – in lockerer Art, immer im Zusammenhang mit der guten Lehre der Bibel.

Meine neunjährige Tochter stürmt mittags zur Küchentüre herein mit den Worten: „Mami, schau, was ich mir von meinem Taschengeld Tolles gekauft habe!“

„O nein, das darf doch nicht wahr sein, das sind ja Regina-Regenbogen-Stickers! [Klebe-Bildchen, die in ein Album geklebt und zu diesem Zweck unter Kameraden ausgetauscht werden.] Warum nur bringst du die nach Hause, ich habe dir doch schon oft erklärt, warum ich nicht möchte, daß du irgend etwas von ‚Regina Regenbogen‘, ‚Glücks-Bärchi‘ oder ‚Mein kleines Pony‘ kaufst. Also bitte, gib sie her!“

„Aber Mami, die sind doch so schön und können gar nicht schlimm sein, alle Mädchen in meiner Klasse kaufen und tauschen jetzt Regina-Stickers.“

„Hör zu, Nora, wenn du heute nachmittag von der Schule heimkommst und deine kleine Schwester im Ballettunterricht ist, machen wir es uns gemütlich bei Tee und Kuchen. Ich erkläre dir alles nochmal ganz genau, okay?"

„Okay, Mami!"

Einige Stunden später ...

„Nora, wir haben uns schon so oft darüber unterhalten, daß du's schon recht gut weißt: die New-Age-Idee will, daß alle Menschen auf dieser Welt vollkommen glücklich zusammen leben – ohne Hunger, Krieg, Krankheiten, Umweltverschmutzung und ähnliche Dinge. Sie stellen sich das Leben in einer heilen, farbigen Welt vor wie in diesen Comic-Heften. Doch der Jesus Christus der Bibel, den du kennst und liebhast, hat etwas ganz anderes vorausgesagt, wie du weißt. Einmal, dann, wenn der Herr wiedergekommen ist, wird unter seiner Herrschaft – die wir prima finden werden! – tatsächlich ein solches Paradies Wirklichkeit sein. Wir müssen als Christen also nicht auf all das Schöne verzichten – nur wird sich *zuvor* alles anders zutragen, als es New Age sagt. Nun sollen aber auch Kinder schon glauben lernen, daß alles einfach, weil es die Menschen wollen, schon so prima kommt."

„Das ist aber nicht recht!"

„Nein, sicher nicht. Darum reden wir beide ja oft darüber, wie es in der Bibel steht, und glauben, daß es wirklich so kommt. So wirst du den neuen Zukunftsvorstellungen nicht glauben, wenn sie dir in Comics, Spielsachen oder TV-Sendungen gezeigt werden."

„Wie machen die denn das – was sind denn diese Vorstellungen?"

„Wir wollen zusammen diese Comics, die ich mir als Anschauungsmaterial gekauft habe, etwas genauer ansehen. Eigentlich geht es bei Regina, den Glücks-Bärchis und Ponys immer um dieselbe Geschichte: Sie wohnen in einem wunderschönen Phantasieland und wollen zusammen glücklich sein. Wenn irgendein Störenfried auftaucht, wird einfach gezaubert, und alles wird wieder gut. Die Regina zaubert mit ihren Sprühsternchen, die Bärchis mit ihrem

Glücksstrahl, der aus den kugelrunden Bäuchen kommt, und die Ponys mit ihrem Zauberhorn.

Nun will unser Gott aber nicht, daß wir uns mit Zauberei in irgendeiner Art beschäftigen, das ist ihm ein Greuel. Sondern er möchte, daß wir ihn in schwierigen Situationen um Hilfe bitten. Und wenn wir ihn lieben und mit ihm leben, tut er uns viel Gutes, weil er uns auch liebhat. Das willst du doch auch, oder?"

„Ja, klar! Mami, du bist ein Schatz, daß du mir alles nochmal erklärt hast, ich verstehe es jetzt ganz genau."

Eine Woche später stürmt sie wieder mit einem ganzen Packen Stickers in der Hand zur Türe herein. Mir bleibt beinahe die Luft weg!

„Mami, schau nur, was ich bekommen habe, die schenke ich dir alle und klebe sie in dein Musterheft. Du kannst sie dann den Müttern zeigen, wenn du ihnen über New Age erzählst."

„Sag mal, wie kommst du denn dazu?"

„Meine drei Schulkameradinnen haben mich jeden Tag gefragt, warum ich keine Stickers mehr kaufe und mit ihnen tausche, und nach ein paar Tagen habe ich es ihnen dann erzählt. Und du, die Priska, die hat Gott auch lieb und hat mir gleich alle ihre Kleber geschenkt für dich."

„Fein, dafür kannst du ihr dann ein Rubbel-Büchlein mit einer Jesus-Geschichte mitbringen."

„Die beiden anderen Mädchen kleben nur noch ihre Büchlein voll und kaufen dann auch keine Stickers mehr."

„Das ist ja großartig, kleine Tochter, ich bin richtig stolz auf dich! Weißt du was, ich lade dich dafür ins Kino ein, zu ‚Miez und Mops', einem schönen Tierfilm."

„Oh, super! Ich wollte doch schon lange gerne einmal ins Kino gehen!"

Viele Monate vor diesem Gespräch hat Nora den folgenden Brief erhalten, der sie sehr beeindruckte. Es war in der Folge einfach, ihr anhand des „Pilz-Vergleichs" aufzuzeigen, welche Lektüre für sie gut und welche ungeeignet war:

Liebe kleine Nora!

Da habe ich mich aber ganz fest gefreut, daß Du mir die Bücher geschickt hast! Die beiden mit den Regenbogen kann ich ganz, ganz gut auch noch gebrauchen. Dafür bekommst Du noch ein Extra-Taschenbuch geschenkt. Viel Spaß mit Tante Olgas Windmühle!

Gell, wenn Du in den Wald spazieren gehst, siehst Du doch manchmal Pilze. Die einen sind gut zum Essen, die andern giftig. Da bekommt man Bauchweh oder stirbt sogar. Darum muß man wissen, welche gut sind und welche nicht! Dafür gibt es Bücher, wo man nachschauen kann.

Und bei den Kindergeschichten ist es wie mit den Pilzen: Nicht alle tun den Kindern gut. Darum müssen die Mamis wissen, welche Bücher für ihre Kinder gut sind und von welchen sie Angst bekommen und nachts träumen. Die Bücher, die Dir Deine Mami gibt, die sind gut für Dich, liebe Nora. Die machen Dich froh und machen, daß Du etwas lernen kannst und ein gescheites, frohes Mädchen wirst.

Ich grüße Dich lieb

Deine Katrin

*

Die Geschichte von Nora ist noch nicht zu Ende. Nach Beendigung des Buchmanuskriptes erreichte uns folgendes „Nachspiel“:

„Noras Freundinnen nahmen ihre Rubbel-Büchlein mit den biblischen Geschichten mit in die Schule. Als es ihre Kameradinnen sahen, wollten sie – gegen Bezahlung – auch solche Büchlein haben. Einige hatte ich auf Vorrat zu

Hause, aber als die Nachfrage täglich stieg, mußten wir uns Nachschub aus der Buchhandlung besorgen. Wie freuten wir uns, daß jetzt fleißig in den Schulpausen in christlichen Büchern gerubbelt wurde – statt Stickers getauscht!

Ich gönne Nora ihren mädchenhaften Stolz. Sie erlebt jetzt so richtig, was es heißt, zu Jesus gestanden zu haben… und dabei zu gewinnen!“

Iris Meister: Mut zum Anderssein – auch in der Schule

Selbst wenn der Slogan „Gott macht aus Minus Plus“ nicht immer so offensichtlich zutrifft wie in diesem Erlebnisbericht, sind die Folgen eines klaren Kurshaltens in Glaubensfragen eine große Ermutigung. Das hat auch die 16jährige Iris Meister, Schülerin einer 9. Klasse, erlebt:

Die Deutschstunde begann. Völlig unerwartet erklärte uns der Lehrer, wir sollten einen Aufsatz schreiben zum Thema „Als welches Tier möchte ich wiedergeboren werden?“. Als ich das hörte, gingen mir viele Gedanken durch den Kopf. Sollte ich mich ganz normal verhalten und einfach auch darüber schreiben, wie es der Lehrer sagte, oder so, wie es Gott von mir verlangte? Es war ein großer Sturm in mir drinnen.

Als ich es zu Hause erzählte, fragten sie mich natürlich als erstes, was ich denn jetzt tun werde. Ich sagte einfach ehrlich, daß ich es noch nicht wisse. Doch das genügte ihnen nicht, vor allem meinem Bruder nicht. Er ist fast neunzehn, also zweieinhalb Jahre älter als ich, und ein guter Jungscharleiter. Ich bin da noch am Lernen. So kam er zu mir und sagte: Als Jungscharleiterin sollte ich mich fest zu Jesus bekennen. Ich könnte doch den Kindern in den Andachten nicht von Gott erzählen und mich selbst nicht ehrlich zu ihm bekennen. Das sah ich zweifellos ein. Also betete ich nochmals darüber und bat Gott um Kraft und Willen.

Die Eltern beteten auch für mich, nachdem wir zusammen über das Ganze gesprochen hatten. Auf einmal wurde es mir völlig klar: Ich darf nicht über dies Thema schreiben, ich muß mich zu Jesus bekennen und zu meinem Glauben an die Auferstehung, an ein Leben bei ihm nach dem Tod – und nicht an die Wiedergeburt als Tier. Am nächsten Tag suchte ich mir wichtiges Material über den Delphin heraus und bereitete mich auf einen Aufsatz über dieses Tier vor, das mich besonders fasziniert, auch, wie es Gott gemacht hat.

Als dann die Aufsatzstunde begann, betete ich als erstes nochmal. Plötzlich überkam mich eine Stärke, so etwas hatte ich noch nie erlebt! Ich hatte überhaupt keine Angst mehr. So schrieb ich den Aufsatz über die Delphine. Am Anfang des Aufsatzes jedoch erklärte ich dem Lehrer schriftlich, warum ich den Aufsatz, so wie er ihn wollte, nicht schreiben könne. Auch am Schluß fügte ich es nochmal an.

Als die Stunde dann vorbei war und die Pause kam, fragte mich meine Banknachbarin, über was ich denn geschrieben hätte. Es war nicht einfach, ihr ins Gesicht zu sagen, daß ich nicht über die Wiedergeburt geschrieben hatte, sondern einen Aufsatz über den Delphin. Sie wollte natürlich wissen, warum; so sagte ich ihr den Grund. Erstaunt sah sie mich an und fragte mich, was ich denn glaube? Ich versuchte, sie abzulenken, so daß sie die Fragen vergessen würde. Aber es gelang mir nicht. Ich betete um Hilfe und Kraft, die ich auch erhielt. So konnte ich ihr meinen Standpunkt sagen und hatte in meinem Inneren Ruhe und Frieden.

Meine Eltern wollten natürlich mit dem Lehrer sprechen, aber das mochte ich nicht.

Zu Hause wollten sie wissen, wie alles gegangen ist. Als ich alles erzählte, waren die Eltern schon ein bißchen stolz auf mich. Denn sie mußten ja alles mir überlassen, weil ich es so gewollt hatte. Für meinen Bruder war es klar, daß ich mich so verhalten habe. Er sagte, auch er habe es durchstehen müssen in der Schule. Und das war auch mein Wunsch, natürlich mit Gottes Hilfe.

Der Lehrer rechtfertigte sich – ich hätte ihn nicht recht verstanden, sagte er vor der Klasse. Er sagte auch, daß meine Note nicht gut ausfallen würde, weil ich mich nicht an sein Thema gehalten hätte. Sicher wäre mir eine gute Note auch wichtig gewesen, aber jetzt war es nicht mehr so wichtig – denn ich finde, es hat sich gelohnt. Ich glaube, wenn jemand in der gleichen Situation steht und fest auf Jesus vertraut, bekommt er auch die notwendige Kraft, das durchzustehen und sich zu Jesus zu bekennen. Eines glaube ich sicher: Ich hatte es gut, weil ich wußte: „Daheim beten sie für mich!“ Ich war nicht ganz allein.

Meine Schulkameraden akzeptieren meine Überzeugung – von daher hat sich nichts verändert. Der Lehrer kennt jetzt meinen Glaubensstandort. Es hat ihn sicher gewurmt, weil ich mich widersetzt habe, aber wie er damit fertig wird, überlasse ich Gott. Ich habe das Gefühl, daß es nicht ohne Eindruck gewesen ist. Trotzdem bin ich froh, bald mit der Schule fertig zu sein, denn es ist für uns junge Gläubige nicht leicht, so allein in der Klasse zu sein, zu unserem Glauben zu stehen und auch echt und ehrlich durchzuhalten.

Vom gleichen Autor:

Ulrich Skambraks
Vorsicht Geistheilung!
Was die Wunderheiler verschweigen

Geistheiler sind „in". Warum? Profitieren sie von der gegenwärtigen Okkult-Welle in vielen Lebensbereichen, oder sind sie ein eigenständiges Phänomen?

Ulrich Skambraks belegt anhand von historischen Beispielen, daß es zu allen Zeiten Geistheiler gegeben hat. Er geht insbesondere auf die Funktion der Zauberpriester ein, die in den letzten Jahren parallel zur Geistheilung stark an Einfluß gewonnen haben und eng mit der New-Age-Bewegung verknüpft sind (Schamanentum).

Weil die Faszination des Übernatürlichen ohne Unterscheidungsvermögen eine Gefahr bleibt, ist die Bewertung des Phänomens „Geistheilung" anhand biblischer Aussagen besonders wichtig.

Portraits zeitgenössischer Geistheiler – vorwiegend aus dem deutschsprachigen Raum – verdeutlichen, daß die okkulte Geistheilung Elemente einer Ersatzreligion enthält.

Berichte ehemaliger Patienten von Geistheilern über ihre Erfahrungen und ihre Lebenswende durch Jesus Christus runden den praktischen Nutzen dieses informativen Buches ab.

Paperback, 160 Seiten
Bestell-Nr. 15 396